ROBOT魂

THE ROBOT SPIRITS ロボットダマシイ

大全 TAIZEN

~機器人模型不滅的本質~

ROBOT魂
THE ROBOT SPIRITS ロボットダマシイ®

■有助於深入了解ROBOT魂的12大關鍵名詞

KEY WORD 001　複合材質

ROBOT魂的特色就是採用樹種種材質製造。主要素材為ABS、POM、PVC這3種樹脂材質，各部位也會因應需求，選用最適合的材質製作零件。

KEY WORD 002　ABS

這是可呈現銳利感造型的硬質塑膠。ABS不僅堅硬，亦足以負荷強烈衝擊的材質。對於講究強度的完成品玩具來說，也是經常使用到的材質之一。ROBOT魂主要運用在外裝零件和武器上。

KEY WORD 003　POM

POM是具備出色耐磨損性能的樹脂材質。市售產品通常會運用這等抗磨損性來製作驅動部位的齒輪，至於ROBOT魂則會使用在既具備可動性，又講究耐用性的關節部位上。

KEY WORD 004　PVC

聚氯乙烯。這是一種具備出色柔軟度，不易損壞的材質，對於講究「適合盡情把玩」的可動玩偶來說，絕對是不可或缺的材質。PVC在塑膠類中也是屬於高比重的素材，在營造重量感方面也能派上用場。ROBOT魂多半會使用在身體的芯部零件上。

KEY WORD 005　複合建模

ROBOT魂為了充分重現機器人模型應有的「寫實」以及「動感」這兩大特質，特意結合數位與手工兩種作業方式，經由數位建模後，再搭配師傅手工作業進行設計。

KEY WORD 006　3D-CAD

CAD為「Computer-Aided Design」的簡稱。也就是應用電腦從事設計的概念和系統。遇到較複雜的零件形狀或機構時，通常會經由數位設計，先做出立體架構以便驗證。這也是令ROBOT魂得以備出色形狀精準度和可動性的關鍵力量。

KEY WORD 007　原型

構成產品形狀基礎的試作模型。雖然ROBOT魂是使用3D-CAD設計，不過為了重現手掌和手

ROBOT魂
─不滅的本質─

「ROBOT魂」乃是BANDAI（現為BANDAI SPIRITS）於2008年推出的高年齡層消費者取向的機器人品牌。其名稱源自カトキハジメ先生的口頭禪，亦即象徵對機器人懷抱無比熱愛的自創名詞──機器人精神。

為了建構屬於機器人可動玩偶的嶄新基準，該品牌可說是盡全力打響名號，充分運用BANDAI歷來各式玩偶研發技術，實現了已塗裝完成模型，還具備足以重現作品中各經典場面的可動機構，就連造型面也經過一番精心詮釋。首要特徵則採用複合材質這點，也就是根據外觀造型、可動性、重量感、耐用性等各項條件，選擇最適合的材質來製作，令兼顧了造型美感與易於把玩的機器人玩偶「ROBOT魂」得以問世。

從首作〈SIDE MS〉00鋼彈上市後，ROBOT魂便以《機動戰士鋼彈00》的〈SIDE MS〉，以及《CODE GEASS反叛的魯路修》的〈SIDE KMF〉這兩大系列為主力，接連推出各式商品陣容。發展過程中更不斷加入其他作品的題材，展現出僅僅兩年便發售超過百款商品的高速步調。接下來也並未減緩每年推出約50款新商品的速度，在2016年時便由命運型脈衝鋼彈締造販售商品編號達到R-200的紀錄。若是連同限定商品計算在內，商品陣容更是已超過400款之多呢！不過整個系列可未曾就此停下腳步，至今也依然向造型、可動性、機構挑戰，持續追求立體產品的進步。令人瞠目結舌的豐富商品陣容、高超品質的立體造型，以及尋求更高層次的可能性，這就是ROBOT魂不滅的本質。在發展已超過8年的現今，ROBOT魂確實堪稱機器人玩偶的高標準，地位無可撼動呢。

腳等處的絕妙線條和造型，因此視部位而定，亦會搭配手工製作原型。託了融合數位設計和師傳手工技術之福，ROBOT魂才得以呈現深具魅力的造型。

KEY WORD 008　放電加工法
這是ROBOT魂所採用的鋼模製做法。先根據3D設計做出鋼製母模，再通電將該母模壓進鋼塊裡，藉此做出鋼模所需的形狀。雖然放電加工法比鈹銅合金鑄造法費事許多，不過製造出的零件不會收縮，還能呈現造型的銳利感。

「超合金魂」和「魂SPEC」等BANDAI（現為BANDAI SPIRITS）COLLECTORS事業部其他代表性品牌也是採用這種製造法。

KEY WORD 009　鈹銅合金鑄造法
過去PVC角色玩偶採用的鋼模製做法。這是一種讓鈹銅合金附著在原型表面，藉此製作鋼模的方法。由於是直接從原型翻模，因此能忠實重現造型，不過零件在生產過程中會收縮，導致成品欠缺銳利感。至於ROBOT魂則是採用前述的放電加工法來製作鋼模。

KEY WORD 010　商品陣容
不僅推出主角機體，亦發售在作品世界觀扮演重要角色的配角機體，而且種類也相當多元。

KEY WORD 011　超合金魂
BANDAI（現為BANDAI SPIRITS）COLLECTORS事業部代表性的高階機器人玩具系列。ROBOT魂正是因為在「設計」和「鋼模製作」毫無保留投入超合金魂技術，研發團隊才得以誕生。

KEY WORD 012　比例感
〈SIDE MS〉等系列會因應作品，整合各款商品的比例感。在素材和塗裝規格方面，也會採用最能襯托尺寸的形式製作成立體產品。一般機體基本會製作成全高12～13cm的尺寸，大型機體也會以更龐大的尺寸推出商品。

CONTENTS
THE ROBOT SPIRITS TAIZEN

ROBOT魂
THE ROBOT SPIRITS

⚠ 注意

※本書所刊載的商品部分可能已結束販售。
※價格均以發售當時為準，分別註明「含稅5％」或「含稅8％」。
　另外，2014年4月之後再度販售的商品，價格均為「含稅8％」。
※「ROBOT魂」的系列編號「R-Number」均簡稱為「R-」。
※機體名稱和武器名稱可能和商品名或作品中的名稱略有出入。
※限定版商品會註記販售的活動會場名稱或是魂WEB商店。
※本書內容以2016年3月時的資訊為準。

SIDE MS

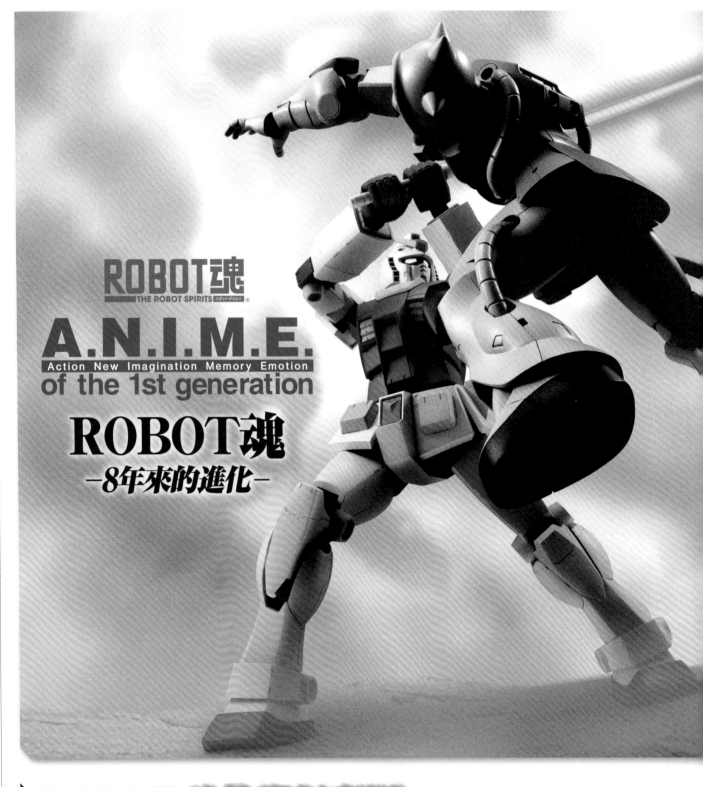

ROBOT魂
THE ROBOT SPIRITS ロボットダマシイ

A.N.I.M.E.
Action New Imagination Memory Emotion
of the 1st generation

ROBOT魂
－8年來的進化－

ROBOT魂的嶄新奮鬥

　　從回憶中開創新局——「ver. A.N.I.M.E.」乃是ROBOT魂在問世8週年時展現的更高層次進化形態。在1979年誕生的《機動戰士鋼彈》發展至今已數度推出各式立體產品。ROBOT魂參考該作品首播時的影像，並針對歷來各式產品設計深入驗證之餘，亦投注了最新技術加以研發，企求打造出定案版模型。這等兼顧動畫與寫實感的細部結構表現、忠於動畫面貌的外形與配色，以及憑藉高度可動性還原動畫經

典場面的驚人重現程度，確實堪稱是將回憶忠實呈現的成果呢。而且在首作RX-78-2鋼彈問世後，接著也陸續推出夏亞專用薩克Ⅱ、量產型薩克Ⅱ等豐富的商品陣容。另外，在相關展覽活動中，也以提案參考試作品形式發表相同比例的MA畢格・薩姆，其龐大身軀也象徵此系列蘊含著寬廣無比的發展空間。ROBOT魂以「一年戰爭」為舞台的嶄新奮鬥，可說是早已正式展開。

機動戰士鋼彈

第2集「鋼彈破壞命令」 亦可重現博得「紅色彗星」稱號的夏亞專用薩克Ⅱ施展飛踢這個經典場面，鋼彈也能仿效動畫裡重現挨了這記踢擊後的姿勢。

第1集「鋼彈轟立於大地」
重現眾人所熟知的宇宙世紀首場MS對戰，也就是鋼彈和薩克Ⅱ在SIDE 7的戰鬥。除了雙手持拿光束軍刀，肩部、手肘、腳踝等處的動作擺設亦是關鍵所在。

第24集「迫近！三重德姆」 一提到德姆，就會聯想到「噴流風暴攻擊」。鋼彈在動畫中閃避這記波攻擊的模樣也令人印象深刻。擦身而過的砲彈、破損的護盾均能藉由配件重現。

E VOLUTION 01
可動範圍

為重現動畫各式場面，MS各部位均設置對應的可動機構，可藉此擺出各種動作架勢。

胸部能往內縮，擴大肩部的可動範圍。

手肘設有雙重可動關節。以鋼彈來說，可擺出伸手取背部光束軍刀的動作。

膝蓋可彎曲到大腿緊貼小腿肚。視MS而定，也會採用小腿肚內縮的構造。

E VOLUTION 02
配件

各MS都附有包含武器在內的各式配件。

可利用手掌收納架整理豐富的手掌零件。

E VOLUTION 03
特效零件

特效零件也能改裝設在其他MS上。

E VOLUTION 04
單眼

屬於吉翁系MS特徵的單眼為可動式機構。

機動戰士鋼彈

播映期間：1979年4月7日～1980年1月26日
TV動畫
全43集

■主要製作成員
原作：矢立肇、富野喜幸
總監督：富野喜幸
動畫導演：安彥良和
人物設計：安彥良和
機械設計：大河原邦男
劇本：星山博之、松崎健一、荒木芳久、山本優、富野喜幸
音樂：渡邊岳夫、松山祐士

S STORY

宇宙世紀0079年——太空殖民地群「SIDE 3」自命為吉翁公國，並且成功將被稱為機動戰士（MS）的人型機動兵器「薩克」投入實戰，向地球聯邦發起獨立戰爭。阿姆羅・雷原是一名居住在SIDE 7的少年，在吉翁軍對該地發動突襲的契機下，他偶然搭乘聯邦軍祕密研發的新型MS「鋼彈」，就此投身於一年戰爭的烽火中。至今仍不斷推出新作的鋼彈系列正是以這部動畫為源頭。TV動畫在播映完畢後還改編為電影版三部曲。即使首播距今已超過40年，卻仍深受無數玩家熱愛，堪稱是機器人動畫的經典之作。MS、新人類、宇宙世紀等諸多專有名詞都是源自這部作品呢。

R-Number 192 SIDE MS

RX-78-2 鋼彈 ver. A.N.I.M.E.

2016年2月發售
5,400円（含稅8%）

【配件】
交換用左右手掌零件×各4種、護盾×1、光束步槍×1、光束特效零件×1、超絕火箭砲×1、軍刀特效零件×2、軍刀彎曲狀特效零件×1、交換用軍刀柄部×1、火神砲特效零件×1、噴焰狀特效零件×2、手掌收納架×1

　這是ROBOT魂全新陣容「ver. A.N.I.M.E.」的首作。不僅參考當年播出的影像，更對35年來各式產品造型徹底驗證，藉此重現完美融合動畫風格與寫實感的細部結構、外形和配色幾乎和動畫一模一樣的鋼彈。除了可比照動畫重現令人印象深刻的架勢之外，還內藏採用嶄新概念設計的頭部可動機構、胸腔活動機構等多樣化可動機構。

附有多樣化的特效零件。噴焰狀特效零件可供其他A.N.I.M.E.系列商品沿用，可藉此更充分地重現動畫的戰鬥場面。

附屬的交換用左右手掌零件共計8種。除了握拳、張開之外，亦有持拿武器用等版本，可自由搭配使用。另外，亦附有手掌收納架，以便將所有手掌零件集中保管。

光束步槍能用來擺出雙手持拿、轉身射擊等多樣架勢。不僅臂部，就連腰部也能全方位靈活轉動，得以比照動畫重現各種經典架勢呢。

M ECHANIC FILE

RX-78-2 鋼彈

　地球聯邦軍在「V作戰」中研發的肉搏戰用MS。V作戰乃是有鑑於一年戰爭初期慘敗給吉翁軍的MS，因此以試作MS和研發專用船艦作為計畫的主軸而展開。該機種引進高性能學習電腦、月神鈦合金、核心區塊系統等當時最先進的技術。尤其是憑藉能量CAP技術，率先使攜行式光束兵器邁入實用階段，造就領先吉翁軍MS的一大優勢。「鋼彈」這個名稱在戰後成為一種象徵，亦促成諸多被稱為「鋼彈型」的後繼機種接連誕生。

DATA
頭頂高：18.0m
主體重量：43.4t

頭部以具備雙眼式攝影機、天線、下巴等設計為特徵。日後的鋼彈型MS多半沿襲這個外形。

除了備有破壞力等同於戰艦主砲的光束步槍，亦配備多樣化武裝。近接戰用的光束軍刀同樣有著強大威力，足以輕易貫穿吉翁軍MS的裝甲。

R-Number SP 塊WEB商店 **SIDE MS**

RX-78-3 G-3 鋼彈
ver. A.N.I.M.E.

2016年9月出貨
5,940円（含稅8%）

【配件】
交換用左右手掌零件×各4種、護盾×1、光束步槍×1、光束特效零件×1、超絕火箭砲×1、軍刀特效零件×2、軍刀彎曲狀特效零件×1、交換用軍刀刀柄部×1、火神砲特效零件×1、噴焰狀特效零件×2、手掌收納架×1

R-Number 203 SIDE MS

RX-77-2 鋼加農
ver. A.N.I.M.E.

2016年8月發售
5,940円（含稅8%）

【配件】
交換用左右手掌零件×各4種、光束步槍×1、加農砲特效零件（大）×1、加農砲特效零件（小）×1、手榴彈×2、輔助噴射口噴焰狀特效零件×2、手掌收納架×1、機身編號貼紙×1

　這架鋼加農是與RX-78-2鋼彈在一年戰爭中一同並肩作戰的機種。由於ver. A.N.I.M.E.系列可高度還原動畫的各種架勢，無論是擺出在彈射器上待命出擊的動作，或是比照片頭動畫擺出伏地砲擊之類的姿勢都輕而易舉。不僅如此，就連加農砲也能裝設特效零件，得以更立體重現砲擊場面呢。另外，配件中還附有手榴彈喔。

M ECHANIC FILE

RX-77-2 鋼加農

DATA
全高：17.8m
主體重量：51.0t

RX系列的中程支援用MS。與鋼彈同樣分派給白色基地。

R-Number 193 SIDE MS

MS-06S 夏亞專用薩克 II
ver. A.N.I.M.E.

2016年3月發售
5,940円（含稅8%）

【配件】
交換用左右手掌零件×各4種、
薩克機關槍×1、薩克機關槍用
特效零件×1、電熱斧×1、電
熱斧（收納形態）×1、薩克火
箭砲×1、薩克火箭砲用特效零
件×1、噴焰狀特效零件×2、
爆炸狀特效零件×1、手掌收納
架×1

ver. A.N.I.M.E. 的第二作。由於可動範圍寬廣
到驚人，因此能輕鬆擺出手持機關槍或火箭砲進
行射擊的動作。動力管是採用軟質素材製作，不
會妨礙到擺設動作。不僅如此，裙甲和腰部中央
裝甲也都設有可動機構，使得腿部和腹部也具備
寬廣的可動範圍。顏色為透明橙的噴焰狀特效零
件，除了可裝設在推進背包處，亦能裝設在腳底。

搭配特效零件，即可
重現手持機關槍開火
或噴射口排出噴焰的
場面。

附有豐富的配件。爆炸狀之類的特效零件
亦可供其他 SIDE MS 商品搭配使用。

夏亞專用薩克 II
和量產型薩克 II
的推進背包在造
型上有所不同。
夏亞專用薩克 II
的屬於高機動型
規格。

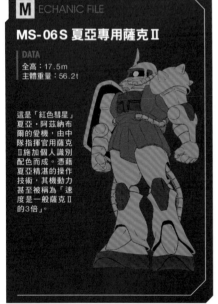

M ECHANIC FILE

MS-06S 夏亞專用薩克 II

DATA
全高：17.5m
主體重量：56.2t

這是「紅色彗星」
夏亞·阿茲納布
爾的愛機，由中
隊指揮官用薩克
II施加個人識別
配色而成。憑藉
夏亞精湛的操作
技術，其機動力
甚至被稱為「速
度是一般薩克 II
的3倍」。

M ECHANIC FILE

MS-06F 薩克 II F型

DATA
全高：17.5m
主體重量：56.2t

此乃吉翁公國軍的
量產機。一年戰爭
開戰時曾將聯邦軍
艦隊打到近乎全軍
覆沒，令人型兵器
「MS」的實用性廣
為世間所知。由於
具備高通用性，因
此後來有各式衍生
機型誕生。

R-Number 197 SIDE MS

MS-06 量產型薩克 II
ver. A.N.I.M.E.

2016年5月發售 5,940円（含稅8%）

【配件】
交換用左右手掌零件×各4種、腿部3連裝飛彈莢艙
（左右）×各1、飛彈×6、飛彈特效零件×2、手榴彈×2、
手榴彈掛架×1、艙門開闔旋鈕開關×1、馬傑拉戰車砲
×1、薩克機關槍×1、薩克火箭砲×1、電熱斧×1、電
熱斧（收納形態）×1、手掌收納架×1、隊長機用頭部
×1

這是 ver. A.N.I.M.E. 版的量產型薩克 II。除了
配色與夏亞專用薩克 II 不同，其實連細部結構
也不太一樣，例如推進背包和腿部推進器的造
型就有差異。配件雖然也附有薩克機關槍之類
的標準武裝，不過亦有附屬其他武裝。

可搭配「艙門開闔旋鈕
開關」重現第1集裡潛
入SIDE 7時的動作。
※魂STAGE台座為另
外販售的商品。

重現令人印象深刻的綠色系配色。
只要更換附屬配件，即可重現頭上
設有角狀天線的隊長機。

附有馬傑拉戰車砲和腿部飛彈莢艙
等異於夏亞專用薩克 II 的配件。手
榴彈可拿在手上。

R-Number 195 SIDE MS

MS-09 德姆
ver. A.N.I.M.E.

2016年4月發售
6,840円（含稅8%）

【配件】
交換用手掌零件（左）×3、交換用手掌零件（右）×4、交換用左右交握狀手掌零件×1、手掌收納架×1、電熱軍刀×1、巨型火箭砲×1、破損狀態鋼彈護盾×1

　採用比其他ver. A.N.I.M.E.商品更大的分量，呈現重MS中最具代表性的德姆。不僅腹部，胸部也設有可動軸，得以動用全身各部位擺出流暢的前俯後仰姿勢，甚至小腿肚頂端也可隨膝蓋彎曲往內縮，各部位都具備進一步擴大可動範圍的設計巧思呢。既然是「黑色三連星」的愛機，就該湊齊3架一起施展「噴流風暴攻擊」來展示囉。

搭配左右交握狀手掌零件，即可重現動畫中施展「奧爾提加鐵鎚」的場面。

R-Number 201 SIDE MS

MS-07B 古夫
ver. A.N.I.M.E.

2016年7月發售
6,480円（含稅8%）

【配件】
交換用手掌零件（左）×2、交換用手掌零件（右）×4、電熱劍（劍刃）×1、電熱劍（劍柄）×1、電熱鞭（長）×1、電熱鞭（短）×1、上臂破損關節×2、手掌收納架×1、護盾×1

　古夫是以曾作為「藍色巨星」蘭巴·拉爾座機而聞名的機種。可裝設在右臂處的武器電熱鞭附有長短兩種版本，還能自由地彎曲調整形狀，也能像動畫裡一樣纏繞在鋼彈的火箭砲上。雙臂選採用可自由裝卸的機構，藉以重現遭鋼彈用光束軍刀砍斷雙臂的場面，亦附有砍斷處「破損痕跡」的專用零件。至於電熱劍的劍柄亦能收在護盾裡。

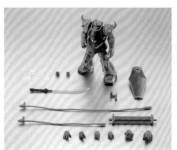

設有指部火神砲的左手亦附有握拳版本，還能用來持拿護盾。

電熱劍的劍刃部位為透明零件。只要搭配持拿武器用左手零件，即可擺出雙手持劍的架勢。

R-Number SP 魂WEB商店 SIDE MS

MS-09RS 夏亞專用里克·
德姆ver. A.N.I.M.E.

2016年8月出貨　6,840円（含稅8%）

【配件】
交換用手掌零件（左）×3、交換用手掌零件（右）×2、手掌收納架×1、電熱軍刀×1、光束火箭砲×1、巨型火箭砲×1

附有巨型火箭砲等令人印象深刻的武裝。亦有附屬破損狀的鋼彈護盾，可重現與鋼彈交戰的場面。

動畫中令人印象深刻的電熱鞭採用新素材製作，因此能靈活彎曲成各種形狀，得以擺出生動的攻擊架勢呢。

M ECHANIC FILE

MS-09 德姆

DATA
全高：18.6m
主體重量：62.6t

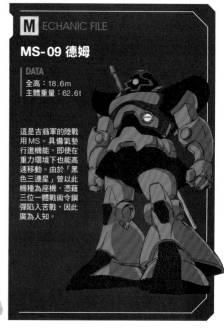

　這是吉翁軍的陸戰用MS。具備氣墊行進機能，即使在重力環境下也能高速移動。由於「黑色三連星」曾以此機種為座機，憑藉三位一體戰術令鋼彈陷入苦戰，因此廣為人知。

M ECHANIC FILE

MS-07B 古夫

DATA
全高：18.2m
主體重量：58.5t

　以薩克II為基礎研發的陸戰型MS，先行量產機率先分發給「藍色巨星」蘭巴·拉爾作為愛機。由於是針對格鬥戰特化的機種，除了備有大型護盾外，亦配備電熱鞭等獨特的武裝。

R-Number 78 SIDE MS

鋼彈

2010年11月發售
3,675円（含稅5%）

【配件】
交換用手掌零件、光束軍刀、光束步槍、護盾、超絕火箭砲、鋼彈流星鎚、超絕流星鎚、光束戟、超級燒夷彈
※首批出貨限定版附有各武裝×2

首批出貨限定版附有2套武裝，超絕火箭砲、護盾、光束步槍都能配備雙倍。

　機型編號為「RX-78」，因此鋼彈也精心安排以系列編號「R-78」的形式推出。這款商品具備當時最寬廣的可動範圍，得以重現多樣化的動作架勢，甚至還附有曾在SIDE 7使用的超級燒夷彈，動畫裡登場的豐富武裝可說是無一不備呢。不僅如此，武器類配件更能彼此拼裝，組裝出由火箭砲×光束步槍構成的原創武器喔。

M ECHANIC FILE

RX-78-3 G-3 鋼彈

DATA
頭頂高：18m
主體重量：43.4t

施加磁力覆膜處理的試機機。據說後來分派給參與阿·巴瓦·庫之戰的突擊登陸艦搭載使用。

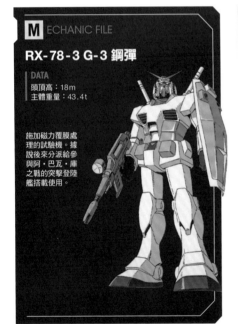

R-Number 78-2 SIDE MS

鋼彈
（追加武裝掛架規格）

2011年5月發售
3,675円（含稅5%）

【配件】
交換用手掌零件、光束軍刀、光束步槍、護盾、超絕火箭砲、鋼彈流星鎚、超絕流星鎚、光束戟、超級燒夷彈、武裝連接零件

　這是R-78 RX-78-2鋼彈的改良版商品。系列編號為「R-78-2」。不僅肩甲頂面追加武裝掛架，亦附加武裝連接零件，更易於配備各式武裝，可說是大幅提高娛樂性呢。相對於設計概念首重重現動畫場面的ver. A.N.I.M.E.，這款則著重於追求機器人玩偶的專屬玩法。

本商品附屬的武裝連接零件。可利用這些零件連接武裝，大幅提高娛樂性。

M ECHANIC FILE

RX-78-1
鋼彈原型機

DATA
頭頂高：18m
主體重量：43.4t

賈布羅研發的鋼彈第1號試作機。相對於後來投入實戰的RX-78-2，其設定數值較輕量化屬於高機動規格的機體。

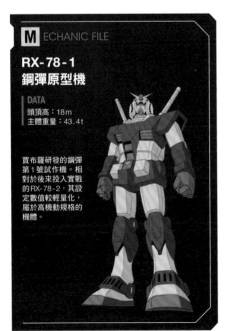

R-Number SP TAMASHII FESTIVAL 2011 會場
SIDE MS

G-3 鋼彈（金屬質感鍍膜規格）

2011年7月發售　3,500円（含稅5%）

【配件】
交換用手掌零件、光束軍刀、光束步槍、護盾、超絕火箭砲、鋼彈流星鎚、超絕流星鎚、光束戟、超級燒夷彈

R-Number SP 魂WEB商店
SIDE MS

鋼彈原型機

2011年10月出貨　3,360円（含稅5%）

【配件】
交換用手掌零件、光束軍刀、光束步槍、護盾、超絕火箭砲、鋼彈流星鎚、超絕流星鎚、光束戟、超級燒夷彈

97 SIDE MS

薩克 II

2011年7月發售　3,780円（含稅8%）

【配件】
交換用左右手掌零件×各3種、薩克機關槍×1、護盾×2、手榴彈×2、薩克火箭砲×1、帶刺肩甲×2、電熱斧×1、鐵拳火箭彈×2、火箭發射器×2

　這是根據「盡情把玩」的設計概念，徹底追求可動性的ROBOT魂版薩克II。附屬武裝多樣，從薩克火箭砲到手榴彈皆有。包含肩部護盾、帶刺肩甲，以及腿部在內，全身上下共設有16處武裝掛架，各部位都能配備武器。武裝掛架類與同時期推出的鋼彈（追加武裝掛架規格）為共通規格，亦能交換彼此武裝，自行改裝一番。

肩甲和護盾均可自由裝卸，亦能重現雙肩均為護盾或帶刺肩甲的規格。大多配件皆附有一對，可自由自在地搭配設。

與鋼彈合照。由照片可得知薩克II的體型相當壯碩呢。

這個形態是由薩克II與另外販售的馬傑拉攻擊戰車搭配組裝而成。由於兩款的連接機構為共通設計，因此亦能發揮這種原創玩法。

MECHANIC FILE

馬傑拉攻擊戰車

DATA
全長：10.2m
重量：62t

吉翁軍的多功能戰車。可分離為搭載175mm無後座力砲的馬傑拉砲塔戰機，以及車輛部位的馬傑拉基座戰車。砲塔部位亦可作為薩克的武器使用。

SP 魂WEB商店 SIDE MS

馬傑拉攻擊戰車（武裝掛架系統規格）

2011年11月出貨
3,675円（含稅5%）

【配件】
薩克坦克用特製額外零件×1、馬傑拉砲塔戰機砲管（大）×1、連接零件×2種、輔助零件（左右）×各2種、武裝掛架交換用零件（左右）×各2種

　這是在ROBOT魂系列大放異彩的戰鬥車輛馬傑拉攻擊戰車。除了精緻的細部結構外，亦重現馬傑拉砲塔戰機與馬傑拉基座戰車的分離機構。馬傑拉砲塔戰機的機翼和砲管均可自由裝卸，可組裝成供薩克II使用的馬傑拉戰車砲。不僅如此，武裝掛架與同時期推出的薩克II為共通規格，得以彼此交換武裝，更能與該款薩克II拼裝出薩克坦克。

附有可供重現薩克坦克的額外零件。只要搭配輔助零件，即可將薩克II等商品附屬的武器裝設在車輛部位上。

機動戰士鋼彈

機動戰士鋼彈 第08MS小隊

播映期間：1996年1月25日（第1卷發售）～1999年4月25日（最終卷發售）
OVA動畫
全11集（每集30分鐘）

■主要製作成員
原作：矢立肇、富野由悠季
監督：神田武幸（第1～5集）、飯田馬之介（第6～11集）
人物設計：川元利浩
機械設計：大河原邦男、カトキハジメ、山根公利
劇本：桶谷顯、北島博明
音樂：田中公平

S STORY

一年戰爭後期──降落至地球的吉翁公國軍，與地球聯邦軍雙方MS部隊在東南亞戰線激烈交戰。如同命中注定一般，隸屬小島大隊、在第08MS小隊擔任隊長的天田士郎少尉於戰場上邂逅了艾娜‧薩哈林。然而吉翁公國軍祕密研發的試作型決戰兵器，竟是由她擔任測試駕駛員。

戰況日益激烈，士郎目睹無數生命消逝，他開始迷惘自身戰鬥的意義何在。雖然在戰場上和敵軍廝殺，卻又察覺自己其實已愛上身為敵人的艾娜，更是令士郎苦惱不已。然而戰爭的瘋狂，仍舊不由分說地將這些年輕人捲入其中。

R-Number 107 SIDE MS

古夫特裝型

2011年11月發售
3,780円（含稅8%）

【配件】
交換用手掌零件、電熱鞭（錨索型）、電熱軍刀×2、電熱軍刀（大）、三連裝35㎜格林機砲×2、護盾×2、75㎜格林機砲×2

這款ROBOT魂商品完全重現了只要交由王牌駕駛員搭乘，即可展現凶神惡煞般的陸戰用MS。不僅充分展現動畫的粗獷形象，亦附有豐富的武器配件。這款古夫特裝型同樣在主體各部位設置武裝掛架，可自由掛載各式武裝配件。各關節的可動範圍也相當寬廣，足以完全重現動畫的經典場面。

共附有2挺具剽悍威力的格林機砲護盾，因此能呈現未曾在動畫出現的雙臂配備形態。除了附有一般的電熱軍刀，亦附有比照動畫形象製作的大尺寸版本電熱軍刀。

M ECHANIC FILE

MS-07B-3 古夫特裝型

DATA
頭頂高：18.2m
主體重量：58.5 t

省略左手的指部火神砲，換成一般機械手以提高通用性。可追加選配式武器等裝備對應中、遠程戰鬥。

機動戰士鋼彈0080
口袋裡的戰爭

播映期間：1989年3月23日（第1卷發售）～1989年8月24日（最終卷發售）
OVA動畫
全6集（每集約30分鐘）

■主要製作成員
原作：矢立肇、富野由悠季
監督：高山文彥
人物設計：美樹本晴彥
綜合設計：出淵裕／MS原案：大河原邦男／機械設計協力：明貴美加、石津泰志
統籌：結城恭介／劇本：山賀博之
音樂：かしぶち哲郎

S STORY　為了破壞專為新人類研發的新型鋼彈，吉翁公國軍特種部隊「獨眼巨人小隊」奉命執行此項機密任務，然而他們襲擊北極基地的行動以失敗收場，只好緊追著運往SIDE 6的鋼彈，繼續執行盧比孔作戰。另一方面，新兵巴尼的薩克Ⅱ在行動中受損迫降在SIDE 6，結識了平民少年亞爾。他被救回部隊後，隨即分發到獨眼巨人小隊，一同潛入SIDE 6，可是在過程中竟意外被亞爾撞見，不得不讓這名少年跟隨行動。雖然巴尼與亞爾之間逐漸萌生更勝友誼的深厚情感，不過戰爭將引領他們走向悲劇結局。

R-Number 075 SIDE MS

吉姆狙擊型Ⅱ

2010年9月發售
3,024円（含稅5%）

【配件】
交換用手掌零件、狙擊用步槍、光束軍刀×2、護盾

　在一年戰爭末期所研發，為投入實戰中的吉姆系最強機型。如同其名，備有可運用實體彈兵器進行長程狙擊的感測器與狙擊步槍，機體本身的性能也大幅提升，就規格來說甚至還在鋼彈之上。雖然在動畫中僅僅登場一瞬間，ROBOT魂卻也徹底重現這架令人聯想到高機動性的機體。由於頭罩部位可活動，無須替換零件即可重現狙擊模式。

R-Number SP 魂WEB商店 SIDE MS

吉姆狙擊型Ⅱ
（白色野犬隊規格機）

2011年3月出貨
3,150円（含稅5%）

【配件】
交換用手掌零件、長程光束步槍、光束軍刀×2、護盾

　雖然一年戰爭末期生產的吉姆狙擊型Ⅱ總數不多，卻有分派給特種部隊「白色野犬小隊」使用。白色野犬小隊是在電玩主機Dreamcast的遊戲《機動戰士鋼彈外傳 殖民地墜落之地》中登場的聯邦軍特種部隊，該部隊駕駛的吉姆狙擊型Ⅱ在細部規格上與原有機型不盡相同。這款ROBOT魂商品當然也重現相異之處，更為機體各部位加上隊徽和部隊編號。

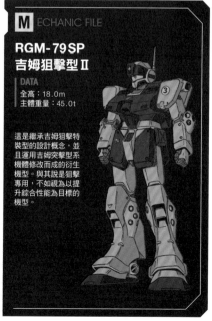

M ECHANIC FILE

RGM-79SP
吉姆狙擊型Ⅱ

DATA
全高：18.0m
主體重量：45.0t

這是繼承吉姆狙擊特裝型的設計概念，並且運用吉姆突擊型系機體修改而成的衍生機型。與其說是狙擊專用，不如視為以提升綜合性能為目標的機型。

機動戰士Z鋼彈

播映期間：1985年3月2日～1986年2月22日
TV動畫
全50集

■主要製作成員
原作：矢立肇、富野由悠季
總監督：富野由悠季
人物設計：安彥良和
機械設計：大河原邦男、藤田一己／綜合設計：永野護
音樂：三枝成章

機動戰士Z鋼彈

S STORY

　　時值一年戰爭結束7年後，宇宙世紀0087年，「迪坦斯」原本是以緝捕吉翁殘黨為要務而設立的組織，如今卻演變成秉持地球至上主義的軍閥。另一方面，地球聯邦軍亦有局部勢力對迪坦斯不滿，和利害關係一致的財政界聯手，成立反地球聯邦組織「幽谷」。雙方爆發衝突可說只是時間早晚的問題。

　　平民少年卡密兒·維登在因緣巧合下搶奪了迪坦斯研發的新型MS，順勢加入幽谷。在化名為克瓦特羅·巴吉納的夏亞與阿姆羅·雷這兩位戰爭英雄影響下，卡密兒會如何面對這場戰亂，並存活下來呢？

M ECHANIC FILE

MSZ-006 Z鋼彈

　　這是幽谷和亞納海姆電子公司合作MS研發計畫「Z計畫」所研發出的可變MS傑作機。不僅從MS形態變形為穿波機形態仍能確保高機動性能，還成功獲得可在大氣層內飛行的能力。雖然主要武裝為光束步槍、光束軍刀這類基本裝備，不過亦能因應戰況，配備火力強大的超絕MEGA巨砲，整體的攻防性能十分均衡，亦備有牢靠的變形機構。但相對地，研發成本過高也導致這架機體難以大量生產。

光束步槍能從槍口激發出光束刀，作為長柄光束軍刀使用。為了確保機動性，超絕MEGA巨砲本身也設有推進器類裝備。

DATA
全高：19.85m
主體重量：28.7t

R-Number 171 SIDE MS

Z鋼彈

2014年10月發售
4,860円（含稅8%）

【配件】
交換用手掌零件、超絕MEGA巨砲、光束步槍、光束軍刀×2、護盾、榴彈發射器用替換零件×2

　　大膽果敢地省略變形機構，將設計重心放在MS形態的體型和可動性上，進而完全重現動畫形象。由於具備寬廣的關節可動範圍，使Z鋼彈流暢地重現動畫中深具躍動感的架勢。龐大的超絕MEGA巨砲不僅能用雙手持拿，亦能擺出不少威風的射擊動作。雙臂處榴彈發射器更能替換組裝零件，重現發射狀態。

R-Number 173 SIDE MS

鋼彈 Mk-Ⅱ（幽谷規格）

2014年12月發售
4,860円（含稅8%）

【配件】
交換用手掌零件、光束步槍、超絕火箭砲、光束軍刀×2、護盾、頭部火神砲莢艙

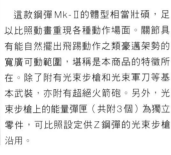

這款鋼彈Mk-Ⅱ的體型相當壯碩，足以比照動畫重現各種動作場面。關節具有能自然擺出飛踢動作之類豪邁架勢的寬廣可動範圍，堪稱是本商品的特徵所在。除了附有光束步槍和光束軍刀等基本武裝，亦附有超絕火箭砲。另外，光束步槍上的能量彈匣（共附3個）為獨立零件，可比照設定供Z鋼彈的光束步槍沿用。

R-Number SP 魂WEB商店 SIDE MS

鋼彈 Mk-Ⅱ（迪坦斯規格）

2015年7月出貨　4,860円（含稅8%）

【配件】
交換用手掌零件、光束步槍、超絕火箭砲、光束軍刀×2、護盾、頭部火神砲莢艙

以一般販售的幽谷規格為基礎，更換配色呈現迪坦斯規格鋼彈Mk-Ⅱ的限定版商品。可利用所附貼紙，自行選擇重現1號機至3號機的機體編號。至於武裝等配件則與幽谷規格相同。

機身編號可利用透明貼紙重現。雖然照片中重現1號機至3號機，不過這款商品裡僅附有1架主體。

M ECHANIC FILE

RX-178 鋼彈 Mk-Ⅱ

DATA
全高：18.5m
主體重量：33.4t

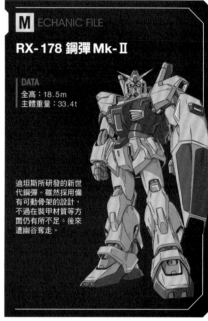

迪坦斯所研發的新世代鋼彈。雖然採用備有可動骨架的設計，不過在裝甲材質等方面仍有所不足。後來遭幽谷奪走。

M ECHANIC FILE

RMS-154 巴薩姆

DATA
全高：24.2m
主體重量：40.1t

由迪坦斯大量生產、部署各處的MS。有別於具備複雜變形機構的高階機種，為了讓一般士兵也能操作自如，因此經過徹底簡化與輕量化。

R-Number Ka signature 魂WEB商店 SIDE MS

巴薩姆

2014年1月出貨　5,775円（含稅5%）

【配件】
交換用手掌零件、光束步槍、槍榴彈發射器、光束軍刀×2、頭部火神砲莢艙、動畫設定圖稿版腰部中央區塊更換用零件

迪坦斯繼高性能薩克、馬拉賽之後，作為主力MS所研發的通用機種。商品本身是カトキハジメ根據動畫版設定圖稿，重新詮釋造型。機體各部位的機身標誌乃是利用附屬水貼紙呈現。

備有拉伸式股關節等關節機構，可動範圍相當寬廣，易於擺設各種動作架勢。

SP 魂WEB商店 SIDE MS

G 防禦機

2015年5月出貨　4,860円（含稅8%）

【配件】

長管步槍、與鋼彈Mk-Ⅱ合體用連接零件

　這款G防禦機有著龐大尺寸，配備長管步槍時全長幾乎達230㎜。由於具有可變形為G飛行機的機構，只要與另外販售的鋼彈Mk-Ⅱ合體即可重現前述形態，當然亦可忠實重現變形為超級鋼彈時的面貌。ROBOT魂還獨家設計了可將左右兩側平推進翼改裝設在鋼彈Mk-Ⅱ雙臂上的玩法。

為了避免在合體後阻礙鋼彈Mk-Ⅱ的動作，內藏飛彈莢艙的左右兩側平衡推進翼設有數個可動軸和轉動軸，得以靈活調整位置。合體時必須分離的機首駕駛艙部位在造型上也經過精心設計，為小型戰鬥機營造出存在感。

M ECHANIC FILE

FXA-05D G 防禦機

　隨著研發技術加速，鋼彈Mk-Ⅱ在戰力上開始相對屈居下風，因而研發了可供強化武裝和機體性能的支援機系統「G防禦機」。這架機體在設計概念上參考過去供RX-78使用的G組件，武裝方面以長管光束步槍和十四連裝飛彈莢艙為特徵。與鋼彈Mk-Ⅱ合體後則稱為超級鋼彈，此時G防禦機的機首駕駛艙部位會分離為小型戰鬥機。

DATA
全長：27.5m
主體重量：24.7t

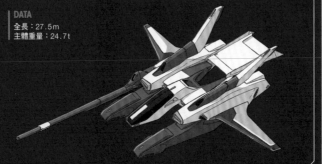

M ECHANIC FILE

FA-178 全裝甲型鋼彈 Mk-Ⅱ

DATA
全高：18.5m
重量：53.2t

Ka signature 魂WEB商店 SIDE MS

全裝甲型鋼彈 Mk-Ⅱ

2016年8月出貨
11,880円（含稅8%）

【配件】

交換用手掌零件、光束步槍、光束軍刀×2、護盾

　雖然這是2016年8月出貨的全裝甲型鋼彈Mk-Ⅱ，不過其素體鋼彈Mk-Ⅱ與既有的鋼彈Mk-Ⅱ完全不同。近乎覆蓋全身的增裝裝甲均可自由裝卸，二連裝光束槍和平衡推進翼型護盾等特徵造型更是不容錯過。機體各部位亦藉由移印方式，重現了堪稱為Ka signature系列特色的機身標誌。

R-Number 189 SIDE MS

里克·迪亞斯
(克瓦特羅·巴吉納座機)

2015年12月發售
6,840円(含稅8%)

【配件】
交換用手掌零件、光束手槍×2、黏著彈火箭砲、光束軍刀×2、替換組裝用頭部火神方陣快砲

　ROBOT魂立體重現令迪坦斯士兵聯想到「紅色彗星再現」的里克·迪亞斯(克瓦特羅·巴吉納座機)。充滿厚重感的輪廓,加上配備黏著彈火箭砲,可說是展現有如吉翁系MS的魄力呢。除了附有光束手槍和光束軍刀等標準武裝,亦可重現頭部火神方陣快砲。由於腳部能確實貼地,可在無損於動畫形象的前提下擺設各種動作架勢。

R-Number SP 魂WEB商店 SIDE MS

里克·迪亞斯(初期生產型)

2016年5月出貨
6,840円(含稅8%)

【配件】
交換用手掌零件、光束手槍×2、黏著彈火箭砲、光束軍刀×2、替換組裝用頭部火神方陣快砲

　黑色的里克·迪亞斯僅在故事初期登場,在克瓦特羅換乘百式後,便全面更換為紅色塗裝。雖然登場戲分可能比印象中來得少,卻也藉由魂WEB商店限定商品形式重現初期生產。這款商品的基本內容與克瓦特羅座機相同,配件也沒有更動。只要是鋼彈迷肯定會收藏2架,與紅色的里克·迪亞斯湊成3機編隊,本機就是如此吸引人的佳作呢。

M ECHANIC FILE

RMS-099
里克·迪亞斯

DATA
全高:18.7m
主體重量:32.2t

由幽谷和亞納海姆電子公司共同研發的第二世代MS,為幽谷的主力機種。一般機的配色原本是黑色系,後來全部統一採用克瓦特羅座機的紅色系配色。

M ECHANIC FILE

MSA-005K
鋼加農長程炮擊型

DATA
全高:18.5m
主體重量:34.5t

採用梅塔斯型骨架製造的砲擊戰規格MS。可應用變形機構擺出砲擊姿勢,因此能穩定進行射擊。試作的2架機體均分派給卡拉巴陣營。

R-Number Ka signature 魂WEB商店 SIDE MS

鋼加農長程炮擊型
(MSV版)

2013年3月出貨　5,040円(含稅5%)

【配件】
交換用手掌零件、光束步槍

　紅色系機體配色為Z-MSV版規格。配件內容與《鋼彈UC》版相同,若是想重現U.C.0087年的機體,那麼這款商品絕對是首選。主體的可動範圍相當寬廣,能擺設的動作其實比想像中來得更多樣。

R-Number 182 `SIDE MS`

百式

2015年6月發售　7,020円（含稅8%）

【配件】
交換用手掌零件、光束步槍、黏著彈火箭砲、光束軍刀×2、
雙眼型頭部交換零件

　過去被稱為「紅色彗星」的男子，如今改搭乘金色的專用機——
百式。ROBOT魂完全重現這架機體，由於具備可靈活擺設各種動
作的關節機構，能重現如同動畫中的華麗架勢。堪稱機體首要特
徵的「金色」，也藉由金屬質感塗裝還原。還能替換頭部零件，重
現點亮眼部攝影機（雙眼型）時的面貌，堪稱是更便於為整體架
勢營造生動氣氛的零件呢。至於附屬武裝則包含光束步槍、黏著
彈火箭砲、光束軍刀這幾種標準武器。

黏著彈火箭砲可掛載
於推進背包（平衡推
進翼基座）。火箭砲
本身的掛架能收納起
來，照片中就是將掛
架收納起來的狀態。

R-Number SP 魂WEB商店 `SIDE MS`

百式對應 MEGA火箭巨炮

2015年11月發售　4,104円（含稅8%）

【配件】
交換用踏板、專用台座

MEGA火箭巨砲是百式最具代表性的選配式武
裝，ROBOT魂採用與百式相同的比例立體重現這
挺武裝。雖然並未附屬百式主體，不過龐大的分
量和變形機構即足以令人滿意不已。附屬的專用
台座也經過精心設計，採用最適合與百式搭配呈
現各式場面（不僅能重現射擊姿勢，要呈現移動
形態也行！）的展示支架。

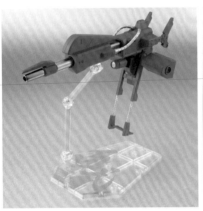

M ECHANIC FILE

MSN-00100 百式

　這是亞納海姆電子公司與幽谷作為「Z計畫」一環所研發的機體之一。研發過程
中省略了變形機構，從腿部骨架外露等設計也能隱約嗅出這點。堪稱特徵所在的金
色外裝部位加施抗光束覆膜，據說效果比一般更好。由於具備高度靈敏性和抗光束
覆膜，也是少數未配備護盾的機體。相對地，這架機體也相當難駕馭，據說亦是
為何會選擇克瓦特羅・巴吉納（夏亞・阿茲納布爾）擔任駕駛員的緣由。

DATA
全長：19.2m
主體重量：31.5t

基於研發負責人「希望此機體能名傳百年」的心願，因此命名為「百式」。堪稱特徵所在的金色裝甲在
戰場上十分醒目，卻也憑藉「金色」名號，發揮威震敵方的效果。

R-Number **199** SIDE MS

丘貝雷

2016年6月發售
7,020円（含稅8%）

【配件】
交換用手掌零件、光束軍刀×2、感應砲特效
零件左右各3種

新時代的新人類專用機「丘貝雷」
終於在ROBOT魂登場了！這次亦完
全重現以哈曼‧坎恩的孤高形象為藍
本的純白配色。龐大的雙肩處平衡推
進翼均可獨立活動，重現各種飛行場
面。後裙甲的感應砲貨櫃也能大幅向
上抬起，進而重現射出感應砲的經典
場面。商品也附屬感應砲射出狀態用
的特效零件。

MECHANIC FILE

AMX-004 丘貝雷

繼承舊吉翁公國軍的新人類專用機設計理念，為阿克西斯陣營（日後自命為新吉
翁）的代表性MS之一。這架哈曼‧坎恩專用機也針對她的高度新人類能力進行最
佳化調整。與以往的新人類專用機一樣，並未配備光束步槍等手持式武器，而是以
收納在後裙甲感應砲貨櫃裡的10具感應砲作為主要武裝。此外，亦設有兼具光束軍
刀機能的光束槍等裝備，即便進行格鬥戰也能發揮高度戰鬥力，堪稱全能試作機。

DATA
全高：18.9m
主體重量：35.2t

光束軍刀收納在靠近手腕處，平時多半作為光束槍使用。雖然使用頻率並不高，不過雙肩處平衡推進翼
內部也掛載大型光束軍刀。

R-Number **Ka** signature 魂WEB商店
SIDE MS

波利諾克‧沙曼

2013年1月出貨　6,090円（含稅5%）

【配件】
交換用手掌零件、專用護盾（蟹鉗護盾）、
光束軍刀×2、光束戰斧、交換用頭部零件

這架有著壯碩輪廓的MS由ROBOT魂立體重現了。這是一
架主要任務為偵察、搜敵的機體，因此頭部雷達碟備有可供
替換組裝的透明零件。至於各部位機身標誌則是以附屬貼紙
來呈現。

MECHANIC FILE

PMX-002
波利諾克‧沙曼

DATA
全高：19.9m
主體重量：31.6t

這是帕普提瑪斯‧西羅克
所研發的試作機，具有針
對高濃度米諾夫斯基粒子
的環境下進行偵察、搜敵
的性能。運用上則是以和
THE-O、帕拉斯‧雅典娜
合作行動為前提。

機動戰士鋼彈ZZ

播映期間：1986年3月1日～1987年1月31日
TV動畫
全47集

■主要製作成員
原作：矢立肇、富野由悠季
總監督：富野由悠季
人物設計：北爪宏幸
機械設計：伸童舍・明貴美加／機械基本設計：小林誠、出渕裕
設計協力：安彥良和、大河原邦男、藤田一己
音樂：三枝成章

S STORY

格里普斯戰役末期，演變成幽谷、迪坦斯、阿克西斯三方相爭的局面，最後以幽谷慘勝的形式收場。不過阿克西斯其實是在損傷輕微的情況下保留絕大部分戰力，趁著幽谷實力大幅衰退之際試圖左右地球聯邦政府，成功使其影響力擴及地球圈，後來更自命為新吉翁，按照哈曼・坎恩的計畫不斷拓展勢力範圍。

另一方面，阿含號雖然陷入疲弊，卻也獲得傑特・亞敘塔這群新世代力量的少年相助。傑特一行人代替不得不離開戰線的卡密兒・維登，駕駛Z鋼彈等主力MS挺身對抗新吉翁軍。

M ECHANIC FILE

MSZ-010 ZZ鋼彈

若Z鋼彈可稱為傑作機，那麼ZZ鋼彈就是「Z計畫」終極成果的最強機體。如同RX-78，採用以核心戰機為中心的變形、合體系統之餘，亦搭載頭部高出力MEGA加農砲等武裝，成功獲得壓倒性的火力。在不斷追求單一MS必須具備萬能功用後，使得第三世代MS朝著如同恐龍般的演進方向發展。在這等高性能競爭局勢中，與哈曼等新吉翁軍勢力對抗到底的ZZ鋼彈這架試作機，可說是最為醒目耀眼，堪稱是足以廣為後世傳頌的名機。

DATA
全高：21.11m
主體重量：32.7t

ZZ鋼彈除了初期形態，尚有在戰爭後期施加增裝裝甲與增強發動機等改良的強化型，以及配備全裝甲系統的全裝甲型ZZ鋼彈等多種形態。

R-Number 133 SIDE MS

ZZ鋼彈

2013年1月發售　5,040円（含稅5%）

【配件】
交換用手掌零件、雙管光束步槍、
超絕光束軍刀×2

雖然省略變形、合體機構，卻也相對兼顧可動範圍和帥氣體型。包含龐大的推進背包和雙管光束步槍等裝備在內，整體造型可說是極具分量感。當然亦能比照動畫，擺出各種深具韻味且充滿躍動感的架勢。

可比照動畫，重現合體完成之際擺出的招牌動作！超絕光束軍刀的光束刃和刀柄在尺寸上相當有分量，亦附有專屬拿取用手掌零件，能夠穩定地握持在手中。

179 SIDE MS

強化型 ZZ 鋼彈

2015年4月發售
5,940円（含稅8%）

【配件】
交換用手掌零件、雙管光束步槍、
超絕光束軍刀×2

　雖然加大尺寸的推進背包相當醒目，不過ZZ鋼彈主體也具體呈現細部修改之處。作為主體的ZZ鋼彈基本上和一般版相同，但頭部造型、各部位裝甲等處也都有更動。由於靈活程度不變，可自由擺設，因此就立體產品的觀點來看也顯得魄力十足呢。

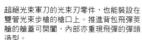

超絕光束軍刀的光束刃零件，也能裝設在雙管光束步槍的槍口上。推進背包飛彈莢艙的艙蓋可開闔，內部亦重現飛彈的彈頭造型。

SP 魂WEB商店 SIDE MS

全裝甲型 ZZ 鋼彈

2014年8月出貨　7,560円（含稅8%）

【配件】
交換用手掌零件、超絕MEGA加農砲、雙管光束步槍、
超絕光束軍刀×2

　這款商品將為了和哈曼·坎恩進行最後決戰而強化的ZZ鋼彈予以立體重現。內容是以強化型ZZ鋼彈為基礎，追加全裝甲系統。雖然無從卸下增裝甲，卻也呈現帥氣十足的體型。各部位在設計上可說是毫不吝惜地採用全新開模製作的零件。

與一般版（照片右方，另外販售）比較。

胸部、臂部、推進背包等處的飛彈莢艙，艙蓋均可自由開闔。堪稱特徵所在的超絕MEGA加農砲，也能替換推進背包的零件來裝設。

Ka signature 魂WEB商店 SIDE MS

蓋馬克

2014年5月出貨　12,960円（含稅8%）

【配件】
交換用手掌零件、感應砲×2、光束軍刀×2、替換組裝用單眼、專用台座

　全身上下均搭載各式武裝的蓋馬克，經由Ka signature系列推出立體商品。這架布滿MEGA粒子砲和推進器的機體看起來相當厚重，可動範圍卻也十分寬廣，易於擺出各種動作架勢。

除了光束軍刀，腿部加農砲亦可展開，娛樂性十足呢。

M ECHANIC FILE

AMX-015
蓋馬克

DATA
全高：25.5m
主體重量：46.3t

新吉翁（哈曼勢力）所研發的新人類專用重MS。不僅全身各部位都內藏MEGA粒子砲，更備有子母型感應砲，可展開全方位的攻擊。

鋼彈前哨戰

書籍發行：《鋼彈前哨戰》1989年9月（Model Graphix別刊）
書籍發行：《GUNDAM SENTINEL ALICE的懺悔》1990年7月（高橋昌也著）
圖像小說（使用模型拍攝特效照片）

■主要製作成員
原作：矢立肇、富野由悠季
作者：高橋昌也
機械・人物設計：カトキハジメ
機械設計：明貴美加
審核：あさのまさひこ

S STORY

宇宙世紀0088年1月25日——這一天爆發日後被稱為「培曾叛亂」的武力衝突事件。在原本駐守於小行星培曾的地球聯邦軍教導團中，標榜地球至上主義的勢力突然起兵，並以紐迪賽斯為名，向地球聯邦政府發動軍事叛變。地球聯邦軍隨即派遣α任務部隊前往制壓，這支部隊以旗艦飛馬Ⅲ號為主力搭載多架鋼彈型MS，以求迅速解決叛亂。雖然原本預期可在短期間內弭平這場叛亂，戰局卻往意料之外的方向發展。

M ECHANIC FILE

ORX-013 鋼彈Mk-V

新人類研究所（奧古斯塔和奧克蘭）所研發的正規準腦波傳導裝置搭載型MS。即便駕駛員並非新人類，亦能施展模擬全領域攻擊的線控式攻擊裝置「引導砲」。試作的3架機體中，有1架交給紐迪賽斯，據說還有1架落入阿克西斯手中，後來成為研發杜班・烏爾夫用的原型機。

DATA
頭頂高：25.42m
主體重量：38.0 t

R-Number Ka signature 魂WEB商店 SIDE MS

鋼彈Mk-Ⅴ

2013年9月出貨　8,400円（含稅5%）

【配件】
交換用手掌零件、光束步槍、護盾、光束軍刀×2、引導砲×2、引導砲轉發器×6、專用台座

鋼彈前哨戰故事中最強的敵機鋼彈Mk-Ⅴ，在Ka signature系列登場。整體造型比原設計更為洗鍊俐落，充分突顯鋼彈Mk-Ⅴ深具銳利感的輪廓。不僅各關節都能靈活擺設，引導砲和武裝等配件也相當豐富。

揮舞光束軍刀的動作相當自然流暢。雙肩處飛彈莢艙也能自由裝卸。至於各部位機身標誌則是以水貼紙來呈現。

R-Number Ka signature 魂WEB商店 SIDE MS

鋼彈Mk-Ⅴ（聯邦配色）

2014年6月出貨　8,640円（含稅8%）

【配件】
交換用手掌零件、光束步槍×2、護盾、光束軍刀×2、引導砲×2、引導砲轉發器×6、專用台座

這款商品重現了起初分派給紐迪斯討伐主力艾諾艦隊時的機體配色，也是比照鋼彈傳統風格，以白色為基調的配色。交給紐迪賽斯後則改成藍色系配色。除了附有2種光束步槍外，商品內容其餘部分都沒有更動。

附有2種光束步槍，可重現交給紐迪賽斯之前的武裝形態。

Ka 尼洛
R-Number | signature 魂WEB商店 SIDE MS

2015年1月出貨
6,840円（含稅8%）

【配件】
交換用手掌零件、光束步槍、
光束軍刀×2、增裝燃料槽×4、
備用天線零件

雖然稱為吉姆系機種，不過畢竟是以鋼彈型為基礎的量產機，有著不少與S鋼彈很相似的地方。尼洛的外形相當簡潔，因此可動範圍相當寬廣，易於擺設各種動作架勢。附屬的增裝燃料槽可組裝於小腿肚處。

各型尼洛齊聚一堂。雖然是外形類似的衍生機型，全新開模製作的零件卻不少，因此能帶給人這幾種商品似乎完全不同的印象呢。

Ka 尼洛教練機型
R-Number | signature 魂WEB商店 SIDE MS

2015年5月出貨
7,020円（含稅8%）

【配件】
交換用手掌零件、
交換用肩甲零件、
光束步槍、
光束軍刀×2、
增裝燃料槽×4、
備用天線零件

這是以尼洛為基礎的高機動規格訓練機。雙肩處追加設置可搭載熱核火箭引擎的平衡推進翼。由於配件內含一般型肩甲零件，亦可換裝成一般的尼洛。

Ka EWAC 尼洛
R-Number | signature 魂WEB商店 SIDE MS

2014年9月出貨
7,560円（含稅8%）

【配件】
交換用手掌零件、越嶺攝影機×3、
增裝燃料槽×2

為尼洛賦予預警機功能的機型。備有宛如整個罩住頭部至肩部一帶的EWAC組件，裝設於推進背包的大型增裝燃料槽亦是特徵所在。

M ECHANIC FILE

MSA-007 尼洛

DATA
頭頂高：20.20m
主體重量：34.1 t

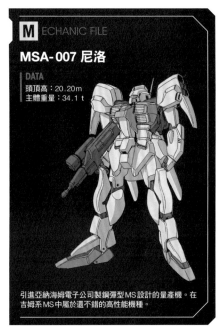

引進亞納海姆電子公司製鋼彈型MS設計的量產機。在吉姆系MS中屬於還不錯的高性能機種。

Ka 巴薩姆改
R-Number | signature 魂WEB商店 SIDE MS

2016年6月出貨
8,964円（含稅8%）

【配件】
交換用手掌零件、光束步槍、光束步槍用E彈匣×2、槍榴彈發射器、超絕火箭砲、頭部火神砲莢艙、光束軍刀×2、護盾

這是分派給地球聯邦軍教導團的巴薩姆改。在設定中是以鋼彈Mk-Ⅱ為基礎的量產機種，因此推進背包、武裝，以及機身各處細部結構都具有共通點。例如光束步槍就是由鋼彈Mk-Ⅱ的同型武裝追加槍榴彈發射器，護盾和火箭砲也都採用同型裝備。機身各處標誌則是以印製方式呈現。

有別於迪坦斯的主力機種，各部位機身標誌象徵著這是隸屬於培曾教導團的機種。

機動戰士鋼彈 逆襲的夏亞

電影上映：1988年3月12日
電影版動畫作品（松竹系）
124分鐘

■主要製作成員
原作：矢立肇、富野由悠季
監督：富野由悠季
人物設計：北爪宏幸
MS設計：出渕裕／機械設計：GAINAX、佐山善則
劇本：富野由悠季
音樂：三枝成章

S STORY
宇宙世紀0093年——新吉翁原本隨著哈曼‧坎恩陣亡而瓦解，如今卻在夏亞‧阿茲納布爾成為新任總帥之際復活了。為了肅清久居地球的人們，他決定執行使小行星墜落地球的「地球寒冬化作戰」。眼見月神5號墜落造成的災害，地球聯邦政府為之膽怯，決定以解除武裝作為交換條件，將小行星阿克西斯讓渡給夏亞，可是此舉正中他的下懷。面對在夏亞領導下的新吉翁軍，畢生勁敵阿姆羅‧雷也駕駛著ν鋼彈，與戰力有限的隆德‧貝爾隊豁出性命對抗……

R-Number 115 SIDE MS

ν鋼彈

2012年4月發售　4,536円（含稅8%）

【配件】
交換用手掌零件、光束步槍、新超絕火箭砲、護盾、光束軍刀（2種）、翼狀感應砲×6、感應砲特效零件×3、感應砲用連接零件1套

　這款商品立體重現了阿姆羅‧雷親自參與設計＆研發的最後座機ν鋼彈。不僅附有傳統的武裝類配件，亦附屬堪稱特徵的翼狀感應砲。翼狀感應砲還附有可重現光束發射前的特效零件。主體造型相當簡潔，因此關節可動範圍也相當寬廣，可充分重現動畫中的動作架勢。至於肩甲和護盾的個人識別標誌，則是以印製方式呈現。

光束步槍也可掛載在腰際。
另外亦重現了收納在左臂裡的備用光束軍刀。

R-Number SP TAMASHII Feature's VOL.5（台灣）／魂WEB商店
SIDE MS

ν鋼彈（腦波傳導框體發動Ver.）

2013年3月發售
4,500円（含稅5%）

【配件】
交換用手掌零件、拿著沙薩比逃生艙的手掌、光束步槍、新超絕火箭砲、護盾、光束軍刀（2種）、翼狀感應砲×6、感應砲特效零件×3、感應砲用連接零件1套

　這款商品重現了令人印象深刻的故事尾聲一幕，也就是ν鋼彈發動腦波傳導框體的狀態。為了表現腦波傳導框體發光的模樣，於是採取先用透明素材生產各部位零件，整體再施加珍珠質感塗裝。重現充滿幻想氛圍的片尾經典場面之餘，可動範圍和配件等方面基本上也與一般版商品相同，一樣有著十足的娛樂性，堪稱是令人喜愛不已的規格呢。

除了附有與一般版相同的武器和配件外，
亦附有拿著沙薩比逃生艙的交換用手掌零件。

SP 魂WEB商店 SIDE MS

ν鋼彈擴充完整套組

2012年9月發售　3,150円（含稅5%）

【配件】
追加翼狀感應砲×6、感應砲台座×2、
追加翼狀感應砲用推進背包連接零件、
交換用肩甲、交換用光束步槍、光束特效零件、
PET製抗光束防護罩、專用魂STAGE、
追加連接支架×3、拿著沙薩比逃生艙的手掌
（※ν鋼彈主體另外販售）

　這是可用來重現ν鋼彈另一種面貌的
擴充零件套組。商品中追加6具翼狀感
應砲，可一舉配備12具感應砲。不僅如
此，更附有可供翼狀感應砲重現光束防
護罩的特效零件。

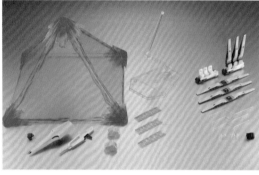
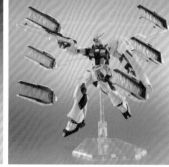

SP 魂WEB商店 SIDE MS

ν鋼彈
翼狀感應炮套組

2012年9月發售　1,575円（含稅5%）

【配件】
追加翼狀感應砲×6、感應砲台座×2、
追加翼狀感應砲用推進背包連接零件、
追加連接支架×3、光束特效零件
（※ν鋼彈主體為另外販售的商品）

　這是僅追加翼狀感應砲相關零件的擴充套組。只要搭配主體
本身所附屬的裝備，即可重現最多達12具的翼狀感應砲配備形
態。不僅如此，搭配特效零件、追加連接臂零件後，更能重現
一舉射出6具翼狀感應砲的模樣。可說是擁有能進一步提升ν鋼
彈娛樂性的商品呢。

M ECHANIC FILE

RX-93 ν鋼彈

　由駕駛員阿姆羅・雷親自設計，委由亞納海姆電子公司研發的新人類專用鋼彈。
不僅備有光束步槍、光束軍刀、新超絕火箭砲這類傳統武裝，亦配備外形獨特的6
具翼狀感應砲。有別於基本為筒形的新吉翁系感應砲，這種有著龐大板形外貌的翼
狀感應砲，不僅輸出功率較高，續用時間也較長。據說因為在駕駛艙一帶設置腦波
傳導框體，可將性能發揮至前所未見的境界，但這方面直到最後都無從了解詳情。

DATA
頭頂高：22.0m
主體重量：27.9t

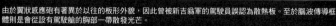

由於翼狀感應砲有著異於以往的板形外貌，因此曾被新吉翁軍的駕駛員誤認為散熱板。至於腦波傳導框
體則是會從設有駕駛艙的胸部一帶散發光芒。

R-Number 121 SIDE MS

沙薩比

2012年9月發售　5,250円（含稅5%）

【配件】
交換用手掌零件、光束散彈步槍、護盾、光束戰斧（斧形態）、
光束戰斧（劍形態）、光束軍刀×2、感應砲×6

　　由於肩甲和腿部推進器都頗具分量，因此關節機構也經過
一番精心設計，得以發揮出比原有設定更寬廣的可動範圍。
重現深具厚重感的體型之餘，亦能比照動畫擺出各種架勢，
均衡感絕佳。除了附有光束散彈步槍、感應砲、護盾，亦附
屬2種光束戰斧等配件，武裝方面同樣相當豐富。

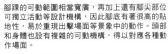

腳踝的可動範圍相當寬廣，再加上還有腳尖部位
可獨立活動等設計機構，因此腳底有著很高的貼
地性，易於重現出擊場面等景象中的動作。頭部
和身體也設有複雜的可動機構，得以對應各種動
作場面。

M ECHANIC FILE

MSN-04 沙薩比

　　夏亞・阿茲納布爾不僅是新吉翁總帥，亦是一名MS駕駛員，於是精心打造這架
最後的愛機。這架MS乃是投注舊吉翁系MS技術精華而成的新人類專用機。由於
引進足以增強腦波傳導性能的腦波傳導框體技術，堪稱是達到與以往新人類專用機
截然不同層次的名機。

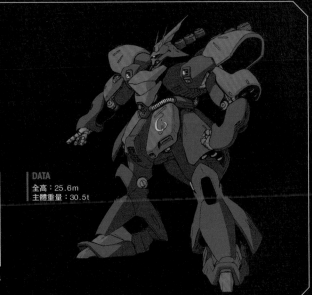

DATA
全高：25.6m
主體重量：30.5t

不僅MS本身性能達到極高境界，更具備新人類專用機的機能。由於是總帥專用的超規格機體，因此也
有無法使用一般艦載機彈射裝置之類器材的場面。

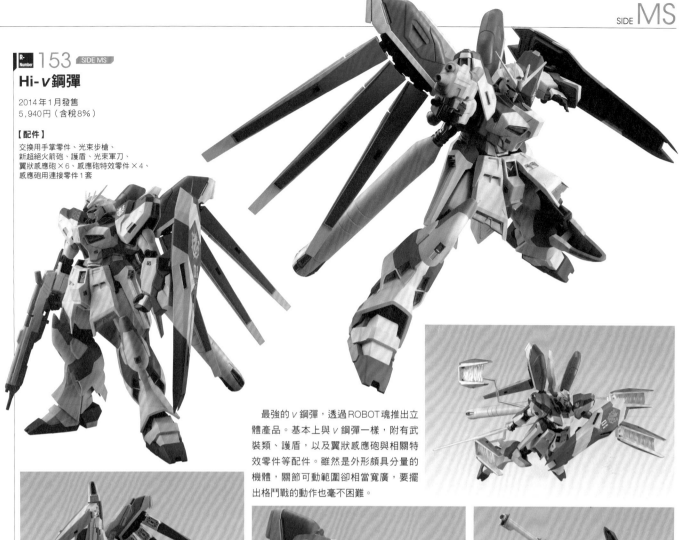

Hi-ν鋼彈

2014年1月發售
5,940円（含稅8%）

【配件】
交換用手掌零件、光束步槍、
新超絕火箭砲、護盾、光束軍刀、
翼狀感應砲×6、感應砲特效零件×4、
感應砲用連接零件1套

最強的ν鋼彈，透過ROBOT魂推出立
體產品。基本上與ν鋼彈一樣，附有武
裝類、護盾，以及翼狀感應砲與相關特
效零件等配件。雖然是外形頗具分量的
機體，關節可動範圍卻相當寬廣，要擺
出格鬥戰的動作也毫不困難。

光束軍刀的光束為藍色。組裝於背部的感應砲射出狀態用連接
零件，最多可裝設4具翼狀感應砲。

M ECHANIC FILE

RX-93-ν2 Hi-ν鋼彈

原為地球聯邦軍與亞納海
姆電子公司共同合作的研發
計畫，不過隆德・貝爾隊受
到夏亞叛亂的影響而擴增權
限，於是這項計畫便移交給
該部隊管轄。經由阿姆羅・
雷修改設計後，不僅配備腦
波傳導裝置和翼狀感應砲，
更從當時擄獲的機體腦波傳
導型德卡上引進腦波傳導框
體，得以進一步強化新人類
專用機的性能。

DATA
頭頂高：20.0m
主體重量：27.9t

機動戰士鋼彈 逆襲的夏亞
貝爾特琪卡之子

初版發行：1988年2月20日（角川文庫）
小說（全1卷）

■主要製作成員
原作：矢立肇、富野由悠季
作者：富野由悠季
機械設計：出渕裕
封面主圖・內文插圖：美樹本晴彥

S STORY
夏亞・阿茲納布爾成為新吉翁總帥後，為了肅清久居地球
的人們，他決定執行小行星墜落地球的作戰。阿姆羅・雷與
隆德・貝爾隊則全力阻止夏亞的暴行。這部作品是以電影版
動畫《機動戰士鋼彈 逆襲的夏亞》為基礎，由富野由悠季
親自撰寫獨家劇情發展的小說版。不僅在登場人物和MS設
定等方面有所更動，而且正如作品名稱所示，茜恩・亞基改
由自《機動戰士Z鋼彈》起就登場的貝爾特琪卡・伊爾曼所
取代。

機動戰士鋼彈 閃光的哈薩威

初版發行：1989年2月28日（角川文庫）
小說（全3卷）

■主要製作成員
原作：矢立肇、富野由悠季
作者：富野由悠季
機械設計：森木靖泰
封面主圖、內文插圖：美樹本晴彥

S STORY

時值夏亞叛亂結束十多年後的宇宙世紀0105年——久居地球的部分人類仍然持續汙染環境，更由特特權階級掌控一切。針對腐敗特權階級發動攻擊的祕密組織「馬夫提・納比優・艾林」也因此崛起。雖然馬夫提形同恐怖組織，卻廣受太空移民支持而形成一股勢力。馬夫提實質領導者正是哈薩威・諾亞，他繼承阿姆羅・雷與夏亞・阿茲納布爾的遺志，挺身對抗地球聯邦政府。

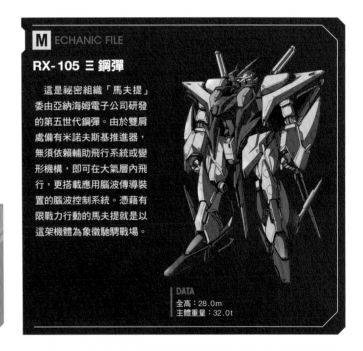

M ECHANIC FILE

RX-105 Ξ鋼彈

這是祕密組織「馬夫提」委由亞納海姆電子公司研發的第五世代鋼彈。由於雙肩處備有米諾夫斯基推進器，無須依賴輔助飛行系統或變形機構，即可在大氣層內飛行，更搭載應用腦波傳導裝置的腦波控制系統。憑藉有限戰力行動的馬夫提就是以這架機體為象徵馳騁戰場。

DATA
全高：28.0m
主體重量：32.0t

R-Number Ka signature 魂WEB商店
SIDE MS

Ξ鋼彈

2013年6月出貨　10,500円（含稅5%）

【配件】
交換用手掌零件、光束步槍、護盾、光束軍刀×2、感應飛彈×2、水貼紙、專用台座

此架機體作為繼承阿姆羅鋼彈的象徵，因此選用排在ν之後的下一個希臘字母「Ξ」來命名。堪稱Ξ鋼彈特徵的雙肩處米諾夫斯基推進器，在飛行形態時可以展開。雖然機體造型看起來既厚重又複雜，可動範圍卻比想像中來得更寬廣，足以自由擺設各種動作。

附屬武器包含光束步槍、光束軍刀、護盾，以及感應飛彈等裝備。各部位機身標誌則以水貼紙呈現。

R-Number Ka signature 魂WEB商店
SIDE MS

Ξ鋼彈─飛彈莢艙裝備（機身標誌印刷 Ver.）

2016年2月出貨　16,200円（含稅8%）

【配件】
交換用手掌零件、光束步槍、護盾、光束軍刀×2、飛彈莢艙組件、感應飛彈、專用台座

以全新開模零件追加了在大型機台電玩「機動戰士鋼彈 極限VS.」系列中登場的原創武裝。這款可掛載在機體背後的飛彈莢艙是由カトキハジメ先生重新詮釋造型而成。頭部的造型等處也經過改良，重現電玩中登場的機體配色。有別於先前利用水貼紙來呈現機身標誌，這款商品的各部位機身標誌都是直接印製而成。

R-Number **Ka** signature 魂WEB商店 SIDE MS

潘娜洛普

2015年8月出貨
23,760円（含稅8%）

【配件】
交換用手掌零件、光束步槍、光束軍刀×2、
飛行組件、水貼紙、專用台座

在同時代 MS 當中最為龐大的潘
娜洛普推出立體商品。雖然作為基
底的奧德修斯鋼彈在造型上相對簡
潔，不過配備上如同將機體整個罩
住的固定式飛行組件後，便形成前
所未見的巨型鋼彈。飛行組件本身
也能單獨展示，可和奧德修斯鋼彈
並列陳設喔。

各部位的機身標誌是以水貼紙來呈現。

R-Number **Ka** signature 魂WEB商店 SIDE MS

潘娜洛普
機身標誌印刷 Ver.

2015年9月出貨　28,080円（含稅8%）

【配件】
交換用手掌零件、光束步槍、光束軍刀×2、
飛行組件、專用台座

有著歷來最龐大分量的潘娜洛普，也以機身標誌印刷 Ver. 面貌登
場。前一款商品的水貼紙機身標誌均改成直接印製在零件上，機體
各部位配色更是以塗裝呈現，讓玩家可輕鬆享受高超的品質呢。
雖然配件和商品主體沒有大幅更動，不過光是省下黏貼水貼紙的作
業，其實就算得上驚人的差異了呢。

雖然裝上飛行組件之後，頭部和腰部就幾乎完全被固定住了，不
過臂部和腿部仍具有一定的可動範圍。

M ECHANIC FILE

RX-104FF 潘娜洛普

DATA
頭頂高：26.0m
主體重量：36.4t

RX-104 奧德修斯鋼彈在配備固定式飛行組件（米諾夫
斯基推進器）後，即可獲得第五代MS的性能。

機動戰士鋼彈UC

特映會播出：2010年3月12日～2014年6月6日（第7章）
OVA動畫
全7章

■主要製作成員
原作：矢立肇、富野由悠季
監督：古橋一浩
故事：福井晴敏
人物設計：安彥良和（原作）、高橋久美子（動畫版）
機械設計：大河原邦男（MS原案）、カトキハジメ、石垣純哉、佐山善則、玄馬宣彥
編劇統籌：むとうやすゆき
音樂：澤野弘之

S STORY

時值U.C.0096年，傳說「拉普拉斯之盒」隱藏足以顛覆地球聯邦政府的機密，如今盒子持有者畢斯特財團決定讓渡給新吉翁殘黨軍「帶袖的」。米妮瓦・拉歐認為此舉將成為引發全新戰爭的扳機，為了阻止這場交易而潛入「產業7號」。米妮瓦在此邂逅學生巴納吉・林克斯，自稱奧黛莉・伯恩，並藉助巴納吉的力量見到財團當家卡迪亞斯，希望對方能中止交易。然而一切已然太遲，聯邦早已派遣特種部隊攻入該處。卡迪亞斯在戰火中把能夠掌握「盒子」下落的獨角獸鋼彈託付給巴納吉，他也因而被捲入「盒子」的爭奪戰中。

R-Number 040 SIDE MS

獨角獸鋼彈（獨角獸模式）

2009年11月發售　2,940円（含稅5%）

【配件】
交換用手掌零件、光束軍刀用光束刃零件×2、重火力光束步槍、護盾

這款商品重現一般形態。重火力光束步槍的前握把能夠活動，可擺出以雙手持槍的架勢。光束軍刀則能以收納在推進背包的柄部搭配光束刃零件加以重現。

R-Number 051 SIDE MS

獨角獸鋼彈（破壞模式）

2010年2月發售　3,675円（含稅5%）

【配件】
交換用手掌零件、重火力光束步槍、光束軍刀用光束刃零件×2、光束軍刀×4、護盾、超絕火箭砲、光束格林機砲×2、彈匣（重火力光束步槍）×2

這款商品重現NT-D啟動狀態。附有豐富武裝，2挺光束格林機砲不僅能掛載在前臂上，亦可改為用手持拿。天線附有以硬質和軟質兩種素材製作的版本。

R-Number 104 SIDE MS

獨角獸鋼彈
（破壞模式）
全可動ver.

2011年10月發售　4,200円（含稅5%）

【配件】
交換用手掌零件、重火力光束步槍、光束軍刀×2、超絕火箭砲、護盾、光束格林機砲×2、彈匣（重火力光束步槍）×2、彈匣（超絕火箭砲）

全新開模製作。同樣附有豐富武裝，可動範圍相當寬廣。膝關節甚至能彎曲到160度以上。

M ECHANIC FILE

RX-0 獨角獸鋼彈

DATA
全高：19.7m（獨角獸模式）／21.7m（破壞模式）
主體重量：23.7t

「UC計畫」下研發的機體，具有當偵測到新人類存在時就會啟動的破壞模式。

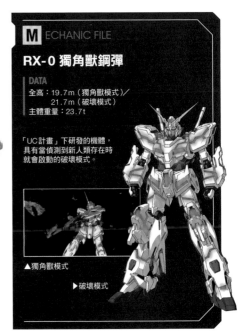

▲獨角獸模式

▶破壞模式

R-Number 159 SIDE MS
獨角獸鋼彈（破壞模式）
全裝甲型對應版

2014年4月發售
4,320円（含稅8%）

【配件】
交換用手掌零件、
重火力光束步槍、
光束軍刀×2、
超絕火箭砲、護盾、
光束格林機砲×2、
彈匣（重火力光束步槍）
×2、
彈匣（超絕火箭砲）

這款商品是以全可動ver.
為基礎，並追加可供裝設
全裝甲組件的連接機構。
右方照片則是裝設另外販
售的R-140相關零件。

R-Number SP TAMASHII NATION 2013會場／魂WEB商店 SIDE MS
獨角獸鋼彈（破壞模式）
重塗裝 Ver.

2013年11月發售 5,658円（含稅8%）

【配件】
交換用手掌零件、重火力光束步槍、光束軍刀×2、超絕火箭
砲、護盾、光束格林機砲×2、彈匣（重火力光束步槍）×2、
彈匣（超絕火箭砲）

以全裝甲型對應
版為基礎，比照覺
醒狀態施加塗
裝而成的版本。
外裝部位施加珍
珠質感，腦波傳
導框體則為金屬
綠塗裝，局部營
造暈染效果。

R-Number 140 SIDE MS
全裝甲型
獨角獸鋼彈
（獨角獸模式）

2013年5月發售
5,775円（含稅5%）

【配件】
交換用手掌零件、重火力光束步槍、
光束軍刀×2、護盾用連接零件、全
裝甲型用武裝1套、魂STAGE1套

比照全可動ver.全新開模製
作的獨角獸模式，並以全裝甲
型規格登場。腿部和推進背包
均設置可供掛載武裝的連接機
構，同時也附屬分量驚人的各
式武裝配件，這些武裝亦可改
為用手持拿。不僅如此，更附
有支撐一對增裝推進器的魂
STAGE。

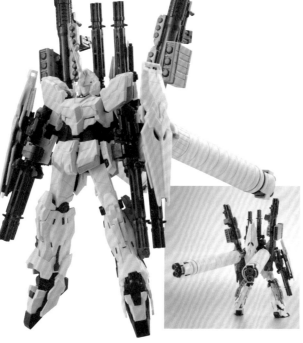

RX-0 全裝甲型
獨角獸鋼彈
（獨角獸模式）

DATA
全高：19.7m
主體重量：45.1t

這個決戰規格源自
巴納吉友人拓也‧
伊禮的提案。雖然
盡可能搭載了類‧
阿含號上剩餘的裝
備，不過並不會妨
礙到變身為破壞模
式的機能。

R-Number SP 魂WEB商店 SIDE MS
獨角獸鋼彈
（感應盾裝備）

2014年9月發售 5,940円（含稅8%）

【配件】
交換用手掌零件、重火力光束步槍、光束軍刀×2、
護盾×3、光束格林機砲×3、感應盾用連接零件、
魂STAGE1套

比照最後決戰面貌呈現的覺醒規格。主體是以全
可動ver.為基礎，腦波傳導框體和臉孔局部均施加
金屬綠塗裝。除了附有感應盾用連接零件，亦附屬
可供重現感應盾陣列的魂STAGE。

可搭配支架和連接零件，重現動畫場面（左圖）。亦可自全裝甲型獨角獸
鋼彈（獨角獸模式）取用零件裝設（上圖）。

機動戰士鋼彈UC

R-Number SP 魂WEB商店 SIDE MS

獨角獸鋼彈
（腦波傳導框體發光規格）
GLOWING STAGE 套組

2012 年 9 月發售
7,875 円（含稅 5%）

【配件】
交換用手掌零件、重火力光束步槍、光束軍刀×2、超絕火箭砲、護盾、光束格林機砲×2、彈匣（重火力光束步槍）×2、彈匣（超絕火箭砲）、GLOWING STAGE 1 套

採用 OMS（溢色噴塗）技術，還原腦波傳導框體發光狀態的特別規格商品。附有設置 LED 特殊照明的專用台座 GLOWING STAGE，可進一步呈現在黑暗中發出光芒的模樣。

R-Number SP 魂WEB商店 SIDE MS

獨角獸鋼彈
（腦波傳導框體發光規格）

2012 年 9 月發售　5,250 円（含稅 5%）

【配件】
交換用手掌零件、重火力光束步槍、光束軍刀×2、超絕火箭砲、護盾、光束格林機砲×2、彈匣（重火力光束步槍）×2、彈匣（超絕火箭砲）

這款商品規格並未附屬 GLOWING STAGE，只有主體和其他配件。以全可動 ver. 為基礎的主體也經過螢光漆塗裝。

R-Number SP 魂WEB商店 SIDE MS

獨角獸鋼彈（覺醒規格）
GLOWING STAGE 套組

2013 年 4 月發售
7,875 円（含稅 5%）

【配件】
交換用手掌零件、重火力光束步槍、光束軍刀×2、超絕火箭砲、護盾、光束格林機砲×2、彈匣（重火力光束步槍）×2、彈匣（超絕火箭砲）、GLOWING STAGE 1 套

這款商品採用不同於 SP 系列感應盾裝備的方式來呈現覺醒規格。主體以螢光綠塗裝呈現腦波傳導框體發光狀態。模型組中附屬的 GLOWING STAGE 與腦波傳導框體發光規格為同型配件，但也有比照主體配色更改為綠色的專用款。

R-Number SP 魂WEB商店 SIDE MS

獨角獸鋼彈（覺醒規格）

2013 年 4 月發售
5,250 円（含稅 5%）

【配件】
交換用手掌零件、重火力光束步槍、光束軍刀×2、超絕火箭砲、護盾、光束格林機砲×2、彈匣（重火力光束步槍）×2、彈匣（超絕火箭砲）

這款商品內容規格並未附屬 GLOWING STAGE，只有主體和其他配件。和腦波傳導框體發光規格一樣是以全可動 ver. 為基礎，可動性非常高，武裝等配件也幾乎相同。主體的腦波傳導框體部位與周圍都是以螢光綠塗裝加以展現，護盾上展開外露的腦波傳導框體部位亦比照辦理。

R-Number SP 魂WEB商店 SIDE MS

獨角獸鋼彈＆報喪女妖
命運女神型最後射擊 Ver.

2015 年 10 月發售　15,120 円（含稅 8%）

【配件】
〔獨角獸鋼彈〕交換用手掌零件、重火力光束步槍、光束軍刀×2、護盾×3、光束格林機砲×3、感應盾用連接零件、魂 STAGE 1 套／〔報喪女妖命運女神型〕交換用手掌零件、重火力光束步槍、光束軍刀×2、武裝戰甲 DE（破壞模式）、彈匣、轉輪砲、重現膝蓋破損狀態用零件、光束十手特效零件、魂 STAGE 1 套

重現最後一集高潮場面的套組。獨角獸鋼彈的腦波傳導框體塗裝為金屬綠，裝甲部位則塗裝為帶綠色調的珍珠白，亦附有感應盾。至於報喪女妖命運女神型則是將腦波傳導框體塗裝為金屬銅色，散發黑色光澤的裝甲部位也施加珍珠質感塗裝。

機動戰士鋼彈ＵＣ

R-Number 117 SIDE MS
報喪女妖

2012年5月發售
4,410円（含稅5%）

【配件】
交換用手掌零件、武裝戰甲BS、武裝戰甲VN、重火力光束步槍、護盾、光束軍刀×2、超絕火箭砲、彈匣（重火力光束步槍）×2、彈匣（超絕火箭砲）

這款商品重現由瑪莉姐・克魯斯搭乘時的報喪女妖（破壞模式）。主體是以全可動ver.為基礎，當然也重現右手的武裝戰甲BS，以及連同展開機構在內的左手處武裝戰甲VN。亦附有動畫中未曾使用的重火力光束步槍等獨角獸鋼彈1號機專屬武裝。

M ECHANIC FILE

RX-0 獨角獸鋼彈2號機 報喪女妖

DATA

全高：19.7m（獨角獸模式）／
　　　21.7m（破壞模式）
主體重量：24.0t

這是在重力環境下進行試驗的2號機。擁有屬於增裝腦波傳導框體裝備的武裝戰甲BS／VN。

▲獨角獸模式

▶破壞模式

R-Number 141 SIDE MS
報喪女妖命運女神型（獨角獸模式）

2013年5月發售　3,990円（含稅5%）

【配件】
交換用手掌零件、重火力光束步槍、光束軍刀×2、武裝戰甲DE、武裝戰甲XC、彈匣、轉輪砲、武裝戰甲VN（鉤爪展開Ver.）

素體是以R-140全裝甲型獨角獸鋼彈作為基準。附有可供報喪女妖裝設（上圖）的武裝戰甲VN鉤爪展開Ver.，以及全新手掌零件等額外零件。

R-Number 158 SIDE MS
報喪女妖命運女神型（破壞模式）

2014年4月發售　4,536円（含稅8%）

【配件】
交換用手掌零件、光束軍刀×2、武裝戰甲DE（破壞模式）、重火力光束步槍、彈匣、轉輪砲、獨角獸模式用額外零件

腿部設有可對應全裝甲組件的連接機構。附有可讓報喪女妖命運女神型（獨角獸模式）還原成報喪女妖（獨角獸模式）的推進背包用零件（上圖）。

R-Number SP TAMASHII NATION 2014會場／魂WEB商店 SIDE MS
報喪女妖命運女神型（最後決戰Ver.）

2014年10月發售　7,000円（含稅8%）

【配件】
交換用手掌零件、光束軍刀×2、武裝戰甲DE（破壞模式）、重火力光束步槍、彈匣、轉輪砲、重現膝蓋破損狀態用零件、光束十手特效零件

以最後決戰時的覺醒狀態為藍本，施加金屬質感塗裝而成的版本。不僅附有重現右膝蓋破損狀態用零件，亦附屬全新開模製作的光束十手之光束刃特效零件。

R-Number SP 東京鋼彈最前線官方商店／魂WEB商店 SIDE MS
獨角獸鋼彈3號機 鳳凰（破壞模式）

2014年7月發售
5,800円（含稅8%）

【配件】
交換用手掌零件、重火力光束步槍、光束軍刀、武裝戰甲DE（展開Ver.）

這款商品是以全裝甲對應版為基礎，因此具備出色的可動性和娛樂性。一對武裝戰甲DE和報喪女妖命運女神型為同型裝備，除了可裝設在推進背包上，亦能掛載在手臂上。

R-Number 055 SIDE MS
武裝強化型傑鋼

2010年3月發售　3,675円（含稅5%）

【配件】
交換用手掌零件、光束步槍2種、火箭砲、光束軍刀

光束步槍附有傑鋼用和吉姆Ⅱ用兩種，天線部位也附有硬質和軟質零件兩種版本。臂部增裝裝甲可自由裝卸。

R-Number SP 魂WEB商店 SIDE MS
傑鋼（D型）

2010年9月發售　2,940円（含稅5%）

【配件】
交換用手掌零件、光束步槍2種、火箭砲、光束軍刀

與武裝強化型傑鋼一樣附有2種光束步槍，天線部位也同樣附有硬質和軟質零件兩種版本。腰部左側的手榴彈掛架可自由開闔。

R-Number 079 SIDE MS
新安州

2010年11月發售
5,250円（含稅5%）

【配件】
交換用手掌零件、光束步槍、光束軍刀×2、光束斧（光束刃2種）×2、護盾

一款附有多樣武裝且頗具分量的商品。光束斧可在裝設於護盾內側的情況下展開光束刃，臂部裝甲可替換組裝重現光束拐刀。另外，設置在光束步槍底面的槍榴彈發射器可改為收納在護盾內側，背部與腿部的可動式推進器均備有展開機構。

R-Number 155 SIDE MS
新安州
（Animation Edit.）

2014年1月發售　5,940円（含稅8%）

【配件】
交換用手掌零件、交換用前臂裝甲零件×3、交換用破損狀態頭部、光束步槍、光束軍刀×2、光束斧（光束刃2種）×2、火箭砲、護盾

比照動畫形象製作的新規格新安州。機身的紅色更為鮮明，頭部零件為全新開模製作。不僅備有№ 079附屬的新安州用武裝，亦全新附屬實體彈型火箭砲，可重現episode 5、6中與雷比爾將軍號交手時的對艦戰場面。此外，火箭砲可裝設在光束步槍底面，或是掛載在護盾內側。

亦附有破損狀態頭部（右圖）。甚至備有原創機構，可供獨角獸鋼彈（全可動ver.）附屬的光束格林機砲掛載於護盾內側（下圖）。

R-Number 054 SIDE MS

基拉·祖魯

2010年3月發售
3,150円（含稅5%）

【配件】
交換用手掌零件、光束機關槍、光束斧（展開時）、光束斧（收納時）、手榴彈×2、鐵拳火箭彈、背部武裝掛架、腰部彈匣裝備零件×2

比照設定附有多樣武裝的商品。前裙甲可更換零件，掛載備用彈匣，重現機體攜帶各式裝備的全副武裝形態。光束機關槍的狙擊用瞄準器和槍榴彈發射器均可自由裝卸。光束斧附有展開和收納狀態兩種版本。附帶一提，堪稱「帶袖的」特徵所在的臂部和胸部浮雕，也都藉由高精確度的塗裝予以重現。

M ECHANIC FILE

AMS-129 基拉·祖魯

DATA
全高：20.0m
主體重量：21.8t

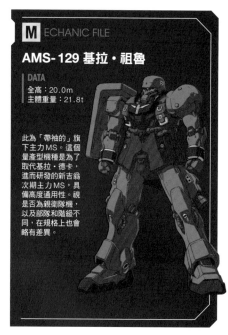

此為「帶袖的」旗下主力MS。這個量產型機種是為了取代基拉·德卡，進而研發的新吉翁次期主力MS，具備高度通用性。視是否為親衛隊機，以及部隊和階級不同，在規格上也會略有差異。

R-Number SP 魂WEB商店 SIDE MS

基拉·祖魯（親衛隊機）

2011年2月發售　3,150円（含稅5%）

【配件】
交換用手掌零件、光束機關槍、光束斧（展開時）、光束斧（收納時）、手榴彈×2、鐵拳火箭彈×4、背部武裝掛架、腰部彈匣裝備零件×2

主體部位以R-083安傑羅·梭斐專用機為素體的親衛隊規格，重現了雙肩均為帶刺肩甲、「帶袖的」浮雕等與一般機型差異之處，全新開模製作的推進背包也有別於一般機／安傑羅專用機。頭部設置不同於R-054基拉·祖魯的可動式單眼機構，亦和安傑羅座機一樣追加基拉·德卡的護盾。

R-Number 083 SIDE MS

基拉·祖魯
（安傑羅·梭斐專用機）

2010年12月發售　3,465円（含稅5%）

【配件】
交換用手掌零件、大型加農砲、推進背包、護盾、鐵拳火箭彈×4

這款商品乃是比照在episode 2配備朗格·布魯諾砲改的面貌，立體重現親衛隊規格的安傑羅座機。不僅配色與R-054基拉·祖魯不同，在沿襲基礎造型之餘，亦搭配許多全新開模製作的零件，因此造型上比一般機更具分量。備有可動式單眼更是一大改良之處。

M ECHANIC FILE

AMS-129 基拉·祖魯
（安傑羅·梭斐專用機）

DATA
全高：20.0m
主體重量：27.3t

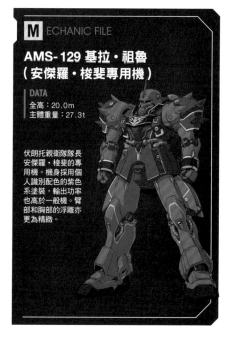

伏朗托親衛隊隊長安傑羅·梭斐的專用機。機身採用個人識別配色的紫色系塗裝，輸出功率也高於一般機。臂部和胸部的浮雕亦更為精緻。

R-Number 157 SIDE MS

剎帝利

2014年3月發售　13,824円（含稅8%）

【配件】
交換用手掌零件、光束軍刀×2、光束軍刀（里澤爾）、感應砲×24、感應砲特效零件大×6、感應砲特效零件小×6、推進器噴焰特效零件×8、專用台座

這是一款不僅內含主體和各式武裝，甚至就連重現感應砲射出狀態用連接零件都應有盡有的大型商品。支撐平衡推進翼的基座內藏棘輪機構，可藉此穩定擺設各種架勢。不僅附有可供重現感應砲射出狀態用的特效零件（2種），亦有重現平衡推進翼處推進器噴焰的特效零件（2種）。這些特效零件與主體各式機構相搭配可發揮出無比樂趣呢。

M ECHANIC FILE

NZ-666 剎帝利

DATA
全高：22.3m
主體重量：29.7t

「帶袖的」旗下的腦波傳導裝置搭載型MS。局部採用腦波傳導框體，加上匯集各式機能的平衡推進翼等設計，雖然是20m級的機體，卻具有和昆・曼沙同等的火力。

比照episode 1附有奪取自里澤爾的光束軍刀。平衡推進翼本身不僅能靈活擺動，內藏的感應砲貨櫃和輔助機械臂也均能展開。

R-Number SP 魂WEB商店 SIDE MS

剎帝利修補版&
修復版零件套組

2014年10月出貨　16,200円（含稅8%）

【配件】
交換用手掌零件、修復版換裝零件1套、感應飛彈展開零件1套、專用台座、鐵拳火箭彈、光束軍刀

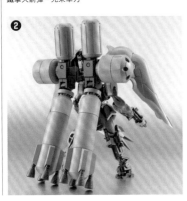

可替換零件①～③，重現修改版。右腿也內藏格林機砲④，或是修改後感應飛彈展開狀態。

Ka 銀彈
signature 魂 WEB 商店
SIDE MS

2014年12月出貨　9,720円（含稅8%）

【配件】
交換用手掌零件、光束步槍、護盾、光束軍刀×2、引導砲轉發器×6、附纜線引導砲×2、臂部用纜線×2、機身標誌水貼紙

這款商品是經由「Ka signature」系列立體重現的賈爾·張座機。並非採用MSV版設定，而是比照動畫規格呈現整體造型與塗裝，亦一併再現未曾在動畫中使用過的光束步槍和護盾。引導砲和線控式光束手臂光束砲均能搭配專用纜線零件，重現射出狀態。護盾處MEGA光束砲也能展開砲管部位。

Ka 拜藍特裝型
signature 魂 WEB 商店
SIDE MS

2012年4月出貨
6,090円（含稅5%）

【配件】
光束軍刀×2、機身標誌水貼紙

「Ka signature」系列的首款商品。鉤爪臂為可動式，只要在MEGA粒子砲的發射口裝設光束刃零件，即可重現光束軍刀。

Ka 鋼加農長程炮擊型
signature 魂 WEB 商店
SIDE MS

2012年6月出貨
5,040円（含稅5%）

【配件】
交換用手掌零件、光束步槍、機身標誌水貼紙

「Ka signature」系列的第2款商品。背部光束鋼加農砲和右肩處光束砲均可活動，亦可展開腰部輔助機械臂重現砲擊姿勢。另有推出Z-MSV版。

Ka 薩克 I 狙擊型
signature 魂 WEB 商店
SIDE MS

2012年8月出貨　5,040円（含稅5%）

【配件】
交換用手掌零件、光束狙擊步槍1套、備用槍管零件×5、備用槍管盒×2、機身標誌水貼紙

「Ka signature」系列的第3款商品。備用槍管除了附有一般版本，亦附屬剛排除後呈現赤熱狀態，以及仍稍微發燙狀態兩種版本的零件。

M ECHANIC FILE

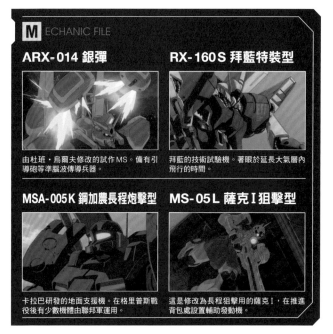

ARX-014 銀彈

由杜班·烏爾夫修改的試作MS。備有引導砲等準腦波傳兵器。

RX-160S 拜藍特裝型

拜藍的技術試驗機。著眼於延長大氣層內飛行的時間。

MSA-005K 鋼加農長程炮擊型

卡拉巴研發的地面支援機。在格里普斯戰役後有少數機體由聯邦軍運用。

MS-05L 薩克 I 狙擊型

這是修改為長程狙擊用的薩克 I，在推進背包處設置輔助發動機。

THE ROBOT SPIRITS TAIZEN

機動戰士鋼彈 F91

電影上映：1991年3月16日
電影版動畫作品（松竹系）
115分鐘

■主要製作成員
原作：矢立肇、富野由悠季
監督：富野由悠季
人物設計：安彥良和
MS設計：大河原邦男
劇本：伊東恆久、富野由悠季
音樂：門倉聰

S STORY

夏亞叛亂結束後，地球圈經過一段沒有大規模動亂的時光。太空移民獨立運動之類的事情宛如曇花一現消逝無蹤，人們也在惰性影響之下漸漸失去緊張感。然而宇宙世紀0123年時，以「高貴者應肩負起統治人類的重責大任」為口號，提倡宇宙貴族主義的羅納家起兵行動，派出名為骷髏尖兵的MS部隊襲擊佛隆迪亞Ⅳ。原本過著和平生活的少年西布克・阿諾就此被捲入戰火，更在因緣巧合下成為鋼彈F91的駕駛員。

R-Number 059 SIDE MS

鋼彈 F91

2010年4月發售　3,150円（含稅5%）

【配件】
交換用手掌零件、面罩開啟狀態頭部（硬質天線零件）、肩部鰭片、腿部推進器、光束步槍、光束盾、光束軍刀×2、光束砲

外形簡潔的鋼彈F91忠實比照動畫形象立體重現。雖然機體本身相當苗條，卻也附屬光束步槍、V.S.B.R.和光束砲等豐富的武裝配件，能充分感受到這架機體的強大攻擊力。光束盾亦以透明零件呈現。

就像在主篇動畫裡展現的活躍身手一樣，這款商品也能藉由高度可動性來表現F91所具備的出色靈敏性。各部位冷卻鰭片也能替換零件來重現。

R-Number SP 魂WEB商店 SIDE MS

鋼彈 F91（殘像 Ver.）

2010年8月出貨
3,150円（含稅5%）

【配件】
交換用手掌零件、面罩開啟狀態頭部（硬質天線零件）、肩部鰭片、腿部推進器、光束步槍、光束盾、光束軍刀×2、光束軍刀（旋轉狀態）×2、光束砲

當F91展開將機體性能發揮至極限的最高幅度運作時，隨著啟動強制冷卻機體的功能，亦會一併發生金屬剝離現象。在這個狀態下進行高速機動時便會產生「具有質量的殘像」。這款商品正是以呈現前述概念為訴求，包含武裝類配件在內的零件也均以透明素材來呈現，只要與一般版F91搭配展示，即可表現動畫中施展分身攻擊的意境。

雖然商品內容基本上和一般版相同，卻也追加象徵高速旋轉光束軍刀狀態的特效零件。

M ECHANIC FILE

F91 鋼彈 F91

DATA
頭頂高：15.2m
主體重量：7.8t

這是在方程式計畫下所研發的試作鋼彈之一。堪稱是匯集了生化電腦和腦波傳導框體等歷來各式鋼彈系MS搭載技術精華於一身的高性能機體。雖然一般狀態下的機體性能是控制在制限器設限範圍內，不過當駕駛員能力超過上限時，亦可發揮出超越極限的超高速機動。

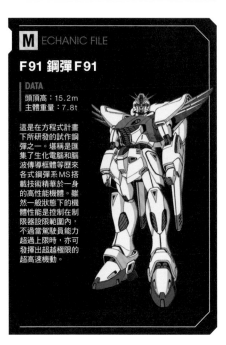

067 SIDE MS

迪南·肯

2010年7月發售 3,150円（含稅5%）

【配件】
交換用手掌零件、光束步槍、光束盾、光束軍刀

這個機種的研發前提在於施展一擊遠颺戰法，在以進行近接戰為主的骷髏尖兵系MS中，它也是少數將光束步槍列為標準裝備的機體。由於在主篇動畫中曾出現過一腳把傑鋼頭部給踢斷的場面，因此這款商品當然也能重現使勁抬腿一踢的動作，可說是能完美地重現動畫中的形象呢。

設置在大型推進背包和腿部等處的噴射口噴嘴均為可動式機構。另外，光束盾是以透明零件來呈現。

073 SIDE MS

迪南·宋

2010年8月發售 3,150円（含稅5%）

【配件】
交換用手掌零件、射擊長矛、光束盾

由於運用目的是制壓太空殖民地，因此針對避免誘爆敵機的格鬥戰性能進行了特化。雖然充分比照動畫中的形象將迪南·宋立體重現，堪稱特徵所在的龐大左右肩甲卻也精心設置了可動機構，不會干涉到臂部的動作。射擊長矛則是備有伸縮機能，可藉此重現射出狀態。

有別於迪南·肯，光束盾為圓形的。至於射擊長矛則是亦能重現射出狀態。

SP 魂WEB商店 SIDE MS

迪南·肯
（黑色尖兵規格）

2011年2月出貨 3,465円（含稅5%）

【配件】
交換用手掌零件、光束步槍、光束盾、光束旗

這款商品重現了薩比尼也有搭乘過的黑色尖兵規格迪南·肯。附有光束旗零件。

SP 魂WEB商店 SIDE MS

迪南·宋
（黑色尖兵規格）

2011年10月出貨 3,360円（含稅5%）

【配件】
交換用手掌零件、射擊長矛、光束盾、光束旗

這款商品重現了被稱為黑色戰隊（黑色尖兵）的特種規格。附有光束旗零件。

M ECHANIC FILE

XM-01 迪南·宋

DATA
頭頂高：14.0m
主體重量：7.9t

這是骷髏尖兵下的格鬥戰用MS。為了避免在殖民地內交戰時誘爆敵機，因此並未配備火器類的武裝。

XM-02 迪南·肯

DATA
頭頂高：13.9m
主體重量：7.1t

這是設想施展一擊遠颺戰法而研發的骷髏尖兵系MS。有時亦會作為指揮官機使用。

機動戰士骷髏鋼彈

第1卷初版發行：1995年3月10日
漫畫作品（KADOKAWA）
全6卷

■主要製作成員
原案：矢立肇
原作：富野由悠季
漫畫：長谷川裕一
MS設計：カトキハジメ、長谷川裕一

S STORY

貝拉・羅納叛變後，由羅納家掀起的宇宙巴比倫建國戰爭
迅速往平息方向發展。隨著時光流逝，宇宙世紀0133年，
人類終於將生活圈拓展至木星一帶。雖然隨著建造太空殖民
地，確實也拓展出嶄新的邊疆，卻也出現企圖進攻地球圈的
木星帝國。能夠對抗木星帝國與其最尖端科技的，唯有自稱
宇宙海盜的神祕組織「骷髏尖兵」。人類歷史將再度上演戰
爭的一頁。

M ECHANIC FILE

XM-X1
骷髏鋼彈X1

S.N.R.I.（海軍戰略研究
所）研發的木星圈用MS，
原本機型編號F-97，共有
X-1至X-3這3架同系機
型。由於具備X字形可動式
推進器，即使在木星領域的
高重力環境下也能發揮高機
動性，更可配備抗光束覆膜
披風。作為宇宙海盜骷髏尖
兵的象徵，骷髏鋼彈也有非
凡的活躍表現。

DATA
頭頂高：15.9m
主體重量：9.5t

R-Number 026 `SIDE MS`

骷髏鋼彈X1

2009年6月發售
3,150円（含稅5%）

【配件】
交換用手掌零件、面罩開啟狀態頭部
（硬質天線零件）、斬刀破壞槍（可分
離為破壞槍和光束斬刀）、光束軍刀、
電熱短刀、烙鐵標識器、ABC披風

這款商品著重漫畫的簡潔造
型，講求立體重現充滿躍動感
的架勢。在繼承方程式系列特
徵的高可動性之餘，屬於獨門
特色的可動式推進器在可動範
圍方面也極為寬廣。附屬武器
亦相當豐富，斬刀破壞槍可分
離為破壞槍和光束斬刀。由於
ABC披風（抗光束覆膜披風）
是軟質素材製，因此具有一定
的柔軟度。

深具魄力的ABC披風具有一定柔軟度，
而且造型更著重於表現故事裡的形象呢。

R-Number SP 魂WEB商店 `SIDE MS`

骷髏鋼彈X1改
（全可動Ver.）

2015年6月出貨
7,020円（含稅8%）

【配件】
交換用手掌零件、交換用頭部（展開瞄準器狀態頭
部）、破壞槍、光束斬刀、螺旋鞭、電熱短刀、全可
動ABC披風

這款翻新商品將原本固定式的ABC披風
改良為可動式，不致妨礙肩部和臂部等處
的關節活動。主體本身以骷髏鋼彈X1全
覆式披風型為基礎，依舊具有寬廣的關節
可動範圍，體型上也詮釋得比之前商品更
為壯碩。本款商品也能實現背部可動式推
進器整個被ABC披風罩住的模樣，因此可
重現漫畫中的經典場面。

附有一套基本武裝，亦追加螺旋鞭、展開瞄準器狀態頭部等全新開模製作
的零件。

R-Number 160 〔SIDE MS〕
骷髏鋼彈X1
全覆式披風型

2014年5月發售
5,940円（含稅8%）

【配件】
交換用手掌零件、交換用臉部零件、全覆式披風1套、I力場特效零件×2、雀屏式碎擊弩1套、村正狂刀1套

　這款商品立體重現骷髏鋼彈X1因應作戰需求而配備增裝裝甲的面貌。堪稱首要特徵的推進器內藏型ABC積層裝甲「全覆式披風」具備寬廣可動範圍，不會妨礙動作擺設。雙肩處I力場產生裝置等各部位還能裝設特效零件，重現漫畫各種經典場面。

附有豐富的武裝類配件，亦可搭配I力場特效零件，重現全副武裝之貌。

R-Number SP 〔魂WEB商店 SIDE MS〕
骷髏鋼彈X1改・改
配件套組

2014年11月出貨
3,240円（含稅8%）

【配件】
主體用交換零件1套、專用手掌零件、雀屏式碎擊弩展開狀態重現零件、破壞槍、烙鐵標識器特效零件、光束斬刀、核心戰機（機首）、專用台座（※骷髏鋼彈X1全覆式披風型主體為另外販售）

　可供骷髏鋼彈X1全覆式披風型使用的配件套組，內容包含武器、特效零件、可供重現核心戰機的機首零件等，可供原就具備高度娛樂性的骷髏鋼彈X1全覆式披風型搭配組裝，發揮更多樂趣。全覆式披風本身未附一般武器，而這款套組附有破壞槍和光束斬刀，顯得格外貼心呢。

只要與主體附屬的可動式推進器相連接，即可重現核心戰機。至於雀屏式碎擊弩則能搭配專用零件，重現外形略有差異的展開狀態。

R-Number 027 〔SIDE MS〕
骷髏鋼彈X-2改

2009年7月發售
3,990円（含稅5%）

【配件】
交換用手掌零件、面罩開啟狀態頭部、斬刀破壞槍（可分離為破壞槍和光束斬刀）、光束斬刀用光束刃、光束軍刀、射擊長矛、長管步槍、光束盾、ABC披風

具有和X-1一樣能夠自由重現各種架勢的高度可動性，造型上也重現由木星帝國重製的可動式推進器和頭部等細部差異。

　這款ROBOT魂商品立體重現薩比尼・夏爾駕駛的漆黑骷髏鋼彈X-2改。除了附有標準武器的斬刀破壞槍，亦附射擊長矛和長管步槍等裝備，可說是相當豪華。能如同罩住全身般裝設在機體上的ABC披風與X-1同樣為軟質素材，高柔軟度不致嚴重妨礙關節活動。

R-Number 170 SIDE MS

骷髏鋼彈 X2 改（全可動 Ver.）

2014年9月發售　5,184円（含稅8%）

【配件】
交換用手掌零件、面罩開啟狀態頭部、破壞砲、
光束軍刀×2

　這款商品是比照全可動 Ver. 重新設計骷髏鋼彈 X2改。和X1改同樣以全覆式披風型的素體為基礎，重現屬於X2改的外形特徵。不僅加大可動式推進器的尺寸、忠實重現頭部造型，體型也顯得更壯碩，關節可動範圍當然也十分寬廣，足以重現漫畫各種經典場面。

附有造型具銳利感的面罩開啟狀態頭部、破壞砲，以及光束軍刀等配件。

R-Number 064 SIDE MS

骷髏鋼彈 X-3

2010年6月發售　3,150円（含稅5%）

【配件】
交換用手掌零件、交換用頭部（散熱狀態頭部）、村正狂刀、村正狂刀用光束刃零件（共3片）、破壞槍、光束斬刀、光束軍刀×2、電熱短刀

　這款ROBOT魂商品立體重現骷髏鋼彈的3號機X-3，堪稱首要特徵的村正狂刀亦附有專用光束刃零件。包含可裝設在腳底的電熱短刀在內，也附破壞槍和光束斬刀等豐富的基本武裝。具備整個系列共通的寬廣關節可動範圍，足以重現重現漫畫裡各種動作架勢。

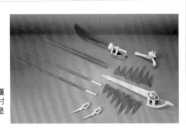
附屬的武裝類配件一覽。不僅光束刃類的特效配件豐富，村正狂刀的光束刃在造型上更是詮釋得深具魄力。

R-Number SP 魂WEB商店 SIDE MS

骷髏鋼彈 X3

2015年2月發售　5,616円（含稅8%）

【配件】
交換用手掌零件、交換用臉部零件、村正狂刀、
Ｉ力場特效零件×2

　以X1改為首的翻新版，終於也輪到X3登場了！壯碩體型同樣是以大家熟知的X1全覆式披風型為基準，並把這款具備寬廣可動範圍的出色素體修改為X3規格。配件除了堪稱首要特徵的村正狂刀外，亦附有Ｉ力場特效零件。

村正狂刀加上光束特效零件，顯得豪邁又醒目，令人印象深刻。亦附有面罩開啟狀態的頭部零件（替換用臉部零件）。

光束砲可掛載在腰部後側。V.S.B.R.也具備了寬廣的可動範圍。

鋼彈 F91
（哈里遜・馬汀座機）

R-Number SP 魂WEB商店 SIDE MS

2010年11月出貨
3,150円（含稅5%）

【配件】
交換用手掌零件、面罩開啟狀態頭部（硬質天線零件）、肩部鰭片、腿部推進器、光束步槍、光束盾、光束軍刀×2、光束砲

　這款商品為地球聯邦軍哈里遜・馬汀上尉駕駛的量產型F91，當然也採用其個人識別配色的藍色予以重現。除了胸部設有象徵地球聯邦軍的V字形標誌以外，其餘部位都和既有商品相同，附屬武裝和配件也比照一般版F91。由於ROBOT魂版F91原本就深受肯定，得以在保留原有優點之下重現哈里遜座機。

鋼彈 F91
（哈里遜・馬汀座機）
骷髏心 Ver.

R-Number SP 魂WEB商店 SIDE MS

2014年11月出貨　4,536円（含稅8%）

【配件】
交換用手掌零件、面罩開啟狀態頭部（硬質天線零件）、肩部鰭片、腿部推進器、光束步槍、光束盾、光束軍刀×2、光束砲

　這款商品重現在漫畫《機動戰士骷髏鋼彈 骷髏心》登場的量產型F91哈里遜・馬汀座機。機體配色從原有的藍、黃雙色更改成藍、黃、白3色。雖然基本上是F91既有商品的更換配色版本，頭部造型和股關節也經過改良，股關節追加球形關節可動軸，更易於擺出大幅跨步之類的動作。

除了改良股關節，其餘部位並沒有太大的更動，由此可見F91這款基礎商品的完成度有多麼高呢。

M ECHANIC FILE

XM-X2
骷髏鋼彈X2

DATA
頭頂高：15.9m
主體重量：9.5t

　這是3架骷髏鋼彈當中的2號機，為薩比尼・夏爾的專用機。雖然採用神似黑色尖兵時期的黑色系配色，機體性能上卻和X1毫無差異。備有長管步槍、破壞砲等大型光束兵器，叛變之際與金凱杜・納烏的X1交手時，也充分展現雙方戰鬥風格的差異。這架機體後來遭木星帝國擄獲，於可動式推進器等處施加修改。

M ECHANIC FILE

XM-X3
骷髏鋼彈X3

DATA
頭頂高：15.9m
主體重量：9.5t

　此乃骷髏鋼彈的3號機，由托比亞・亞羅納克斯搭乘。雖然3號機的基本性能和X1、X2沒有差異，不過雙臂改為內藏I力場產生器，藉以取代原有的光束盾。主要兵裝為遠近攻擊兩用的武器「村正狂刀」，其劍形主體外圍設有14具小型光束軍刀激發器，可組成巨大光刃，內藏有狂刀槍。

M ECHANIC FILE

F91 鋼彈F91
（哈里遜・馬汀座機）

DATA
頭頂高：15.2m
主體重量：7.8t

　這是S.N.R.I.在「方程式計畫」下研發的鋼彈型MS之一。有別於西布克・阿諾過去運用的原型機，這架機體為量產型，並比照率領地球聯邦軍F91部隊的哈里遜・馬汀上尉的個人識別配色，採用藍色系塗裝。除了生化電腦和冷卻系統等部分經過更動外，亦可在不會造成金屬剝離現象的情況下啟動極限運作模式。

機動戰士Ｖ鋼彈

播映期間：1993年4月2日～1994年3月25日
TV動畫
全51集

■主要製作成員
原作：矢立肇、富野由悠季
總監督：富野由悠季
人物設計：逢坂浩司
機械設計：大河原邦男、カトキハジメ、石垣純哉
音樂：千住明

S STORY

　　地球聯邦軍在宇宙巴比倫建國戰爭中已呈現衰敗之相，令眾太空殖民地的不安感與日遽增。有鑑於聯邦軍的無能，各殖民地的自治、自衛意識高漲，結果造成殖民地國家紛紛自立的亂象。宇宙世紀0153年，殖民地國家之一的「贊斯卡爾帝國」開始進攻地球圈。相對於毫無章法零散抵抗的地球聯邦軍，民間積極整合挺身對抗的祕密組織「神聖軍事同盟」展露了頭角。

　　在贊斯卡爾帝國的MS部隊與神聖軍事同盟交戰時，地球上的少年胡索・艾溫意外地捲入其中，並且搭上新型的MS──Ｖ鋼彈。

R-Number 087 SIDE MS

Ｖ鋼彈

2011年2月發售　3,780円（含稅5%）

【配件】
交換用手掌零件、光束步槍、
光束軍刀（2種）、光束盾

　　雖然MS一度走上如同恐龍般的進化方向，不過到了Ｖ鋼彈時代又恢復簡潔樸實的外觀。這款ROBOT魂版Ｖ鋼彈在省略設定中的合體機構之餘，卻也相對將MS形態的完成度製作得更加精湛。雖然附屬武器只有光束步槍、光束盾，以及光束軍刀，相當精簡，不過憑藉足以自由擺設各種架勢的高度關節可動性，要重現動畫各種動作架勢仍是輕而易舉。

光束軍刀除了附有一般的細長狀光束刃零件，亦附有扇狀版本。由於光束盾的基座可動範圍相當廣，不會卡住整體的動作擺設。

M ECHANIC FILE

LM312V04 Ｖ鋼彈

　　這是反抗軍組織神聖軍事同盟所研發的鋼彈型MS之一。這架機體引進以核心戰機為中心，上半身和下半身能夠分離＆合體的系統，得以一開始就生產數架機體。雖然這種鋼彈型MS仍帶有幾分單一特製試作機的味道，卻也備有打從一開始就整頓好大量生產機制的特徵。由於發展性高，因此後來亦有強化通信機能的六式，以及配備背掛式增裝背包的Ｖ鋼彈突進型等衍生機型登場。

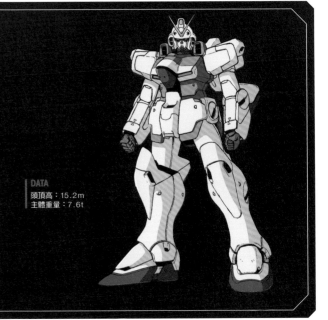

DATA
頭頂高：15.2m
主體重量：7.6t

除了胡索・艾溫之外，瑪貝特・芬格哈特等諸多駕駛員也都搭乘這款機種。與Ｖ鋼彈同系統的機體，至少生產數十架，分派至各地戰線運用。

R-Number 176 SIDE MS

V鋼彈突進型

2015年2月發售
4,860円（含稅8%）

【配件】
交換用手掌零件、光束步槍、光束軍刀、光束盾、背掛式增裝背包、精靈光束砲

這是由V鋼彈追加背掛式增裝背包，以及手持式武裝精靈光束砲而構成。相較於既有商品，V鋼彈主體採用全新開模製作的頭部，臂部和膝蓋等處也經過修改，機體配色亦更貼近動畫形象。雖然具備寬廣可動性和出色完成度的主體幾乎維持原樣，卻新增強化武裝，就連細部也經過修飾，可說是相當值得購買的良作呢。

通稱為「曬衣竿」的精靈光束砲。由於也附有可供穩定持拿的零件，無論用右手或左手都能持拿相當牢靠。

R-Number SP 魂WEB商店 SIDE MS

V鋼彈突進型 & V鋼彈六式 零件套組

2011年2月出貨
1,260円（含稅5%）

【配件】
V鋼彈六式用交換零件（頭部、腳部）、光束加農砲、背掛式加農砲、精靈光束砲
（※V鋼彈主體為另外販售）

為了服務購買V鋼彈主體的玩家，這款替換用的零件套組也正式推出了。內容包含V鋼彈突進型用背掛式加農砲和精靈光束砲，以及六式用的頭部、腰部光束加農砲、腳背護甲。這些零組件不僅能供V鋼彈使用，要裝設在V鋼彈突進型上也不成問題。由於勝利型在故事裡原本就有數款機體存在，因此對於想多湊幾架機體的玩家來說，堪稱是最值得購買的零件套組呢。

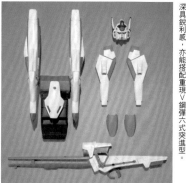

這款零件套組中並不包含V鋼彈主體。六式的頭部天線深具銳利感，亦能搭配重現V鋼彈六式突進型。

M ECHANIC FILE

LM312V06 V鋼彈六式

DATA
頭頂高：15.2m
主體重量：7.6t

強化通信&偵察能力的V鋼彈衍生機型之一。本身作為指揮官用機體而研發，有幾架機體分發給伯勞隊等部隊使用。

LM312V04+SD-VB03A V鋼彈突進型

DATA
頭頂高：15.2
主體重量：9.2t

配備背掛式加農砲的V鋼彈強化機。另行配備精靈光束砲，因此也能以長程支援型機種的身分大顯身手。

機動戰士V鋼彈

R-Number 089 SIDE MS

V2鋼彈

2011年3月發售　3,888円（含稅5%）

【配件】
交換用手掌零件、光束步槍、光束手槍、槍榴彈發射器、光束軍刀、光束盾、光之翼（最大輸出功率）、展開狙擊用瞄準器狀態頭部

　這是以先前推出的V2鋼彈突擊殲滅型為基礎，經過如採用全新開模製作的頭部零件等諸多修改，立體重現V2鋼彈的商品。在沿襲勝利型共通的簡潔造型之餘，亦搭載可經由米諾夫斯基驅動裝置施展的「光之翼」等裝備，可說是宇宙世紀最強的鋼彈。當然亦備有全系列共通的寬廣關節可動範圍，得以更忠實地重現動畫中各種深具躍動感的架勢。

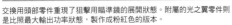

交換用頭部零件重現了狙擊用瞄準鏡的展開狀態。附屬的光之翼零件則是比照最大輸出功率狀態，製作成粉紅色的版本。

雖然光束盾有時可能會妨礙到臂部的動作擺設，但因附有可供延長基座部位的零件，因此還是能自由地擺設動作。關節可動範圍和之前商品一樣頗為寬廣，亦可進一步裝設突擊殲滅型零件。

M ECHANIC FILE

LM314V21 V2鋼彈

　此乃神聖軍事同盟所研發的MS，搭載米諾夫斯基驅動裝置作為推進輪機，雖然小型，卻能發揮出遠在既有機種之上的出色機動力。從米諾夫斯基驅動裝置釋出的多餘能量被稱為「光之翼」，可作為影響範圍相當廣的破壞兵器使用。機體中心的核心戰機僅製造2架，在其中一架壯烈犧牲後，實質上只剩胡索座機尚存。V2專用的衣架（上半身組件）和靴子（下半身組件）的數量並不多，不過到了贊斯卡爾戰爭末期已生產不少數量，且完成實戰配備。

有別於一開始就是以大量生產為前提的勝利型，V2是作為神聖軍事同盟象徵的機體，因此生產數量有限。另外亦備有突擊殲滅型等多項強化方案。

DATA
頭頂高：15.5m
主體重量：11.5t

V2鋼彈突擊殲滅型

2010年3月發售　5,250円（含稅5%）

【配件】
交換用手掌零件、交換用頭部硬質天線零件、光束步槍、光束步槍用多功能發射器、光束軍刀、光束盾、光束盾基座延長零件、光之翼、突擊型組件、殲滅型組件

　　這款ROBOT魂商品立體重現V2鋼彈的強化方案，也就是配備突擊型組件和殲滅型組件的形態。兩種增裝裝備的確都頗具分量，卻也不會因此妨礙V2鋼彈這個素體本身的寬廣可動範圍，這點相當令人驚訝呢。雖然並未重現MEGA光束盾的展開機構，不過相對附有光之翼特效零件等豐富配件，就內容來說其實頗令人滿意呢。

由於亦附有光束步槍、光束軍刀等基本武器，因此可重現全副武裝狀態的V2鋼彈突擊殲滅型。即使加上分量這麼龐大的增裝裝備，主體也確保了相當穩定的可動性。

LM314V23/24 V2鋼彈突擊殲滅型

　　作為V2鋼彈的強化方案，本款機型設計了將反艦戰需求納入考量的中長程砲擊用增裝裝備「殲滅型組件」，以及反MS戰用的增裝裝備「突擊型組件」。雖然兩者運用目的並不相同，起初也沒設想到同時搭載運用的狀況，不過彼此間不會造成干涉，因而造就了全方位攻擊形態的突擊殲滅型。這個形態不僅具備MEGA光束加農砲和MEGA光束步槍等大火力武裝，更擁有MEGA光束盾這銅牆鐵壁般的防禦裝備，可以說形成了最強的機體。在以天使環為中心爆發的攻防戰中投入實戰後，隨即對贊斯卡爾帝國MS部隊展現壓倒性的強大實力。

DATA
頭頂高：15.5m
主體重量：13.8t

實戰中多半是因應戰況，選擇搭載殲滅型組件或突擊型組件。真正同時搭載殲滅型組件和突擊型組件的情況只出現在最後決戰中。

機動武鬥傳 G 鋼彈

播映期間：1994年4月1日～1995年3月31日
TV動畫
全49集

■主要製作成員
原作：矢立肇、富野由悠季（源自《機動戰士鋼彈》）
總監督：今川泰宏
編劇統籌：五武冬史
人物設計：逢坂浩司
機械設計：大河原邦男、カトキハジメ、山根公利
音樂：田中公平

STORY

此時期人類的活動範圍已拓展至太空，亦有絕大部分人口移居至太空殖民地，並改元為未來世紀。由於大範圍毀滅兵器造成國家之間對立，人類面臨滅亡的危機，因此決定以鋼彈武鬥會的代理戰爭形式爭奪世界主導權。在這個運作系統下，每個國家各自派出代表的鋼彈鬥士參與戰鬥，奪得冠軍寶座就象徵國家能擁有未來4年的世界領導權。

時值第13屆鋼彈武鬥會，身為新日本代表的多門‧火州來到地球，除了參加以地球全土為擂臺的初賽，並且打進決賽奪得冠軍之外，他其實還另有使命。多門四處追尋下落的神祕男子和惡魔鋼彈，究竟隱藏著何等祕密呢……。

R-Number 178 SIDE MS

閃光鋼彈

2015年4月發售
5,940円（含稅8%）

【配件】
交換用手掌零件、閃光掌用手掌零件、
光束劍×2、超級模式用交換零件（頭部、腿部）

這款商品以可動性為前提，立體重現新日本代表機體的閃光鋼彈。除了具備唯有ROBOT魂才做得到的寬廣可動範圍，就連膝關節處也搭載水平轉動軸，得以重現動畫中的格鬥動作，可供重現超級模式的變形機構也相當講究。由於採用替換組裝式的頭部零件，可說是兼顧出色的造型重現度與精湛的關節可動性呢。

考量到閃光鋼彈本身是以格鬥戰為主的機體，因此能擺出充滿狂野氣息的架勢。追加水平轉動軸的膝關節格外值得注目呢。

M ECHANIC FILE

GF13-017NJ 閃光鋼彈

DATA
全高：16.2m
重量：6.8t

第13屆大賽新日本代表的鋼彈，為御村博士設計&研發，在攻防雙方面皆具備出色均衡性的機動鬥士。雖然幾乎沒有步槍之類的射擊武器，卻能施展捏住對手頭部加以破壞的必殺技「閃光掌」。另外還搭載能夠憑藉搭乘者爆發憤怒情感而啟動的「超級模式」等機能，因此被視為第13屆大賽的冠軍候選之一。另有同系機型的旭日鋼彈。

R-Number 168 SIDE MS

神鋼彈

2014年9月發售　5,184円（含稅8%）

【配件】
交換用手掌零件、神劍×2、交換用零件
（胸部、拳甲）、光環零件（PET）

這款ROBOT魂商品重現了投入第13屆鋼彈武鬥會決賽的新日本代表機——神鋼彈。身體關節備有拉伸式活動機構，膝關節還增設水平轉動軸，更備有可讓股關節往前滑移的可動機構，在設計上可說是比其他系列更加著重可動性能。胸部和拳甲的機構則能經由替換組裝零件予以重現。

啟動超絕模式時產生的光環，也能藉由特效零件重現。除了附有神劍的光束劍刃，亦附屬爆熱神掌甲的發光狀態手掌等豐富配件。

R-Number SP 魂WEB商店 SIDE MS

神鋼彈 配件套組

2015年3月出貨
3,780円（含稅8%）

【配件】
交換用手掌零件、雙手交錯抱於胸前用零件
（臂部、胸部）、擂臺角柱、替換組裝式打擊狀
特效零件1套、機關加農砲展開零件
（※神鋼彈主體為另外販售）

神鋼彈主體本身已具備高超的完成度，這款配件套組更是進一步提升娛樂性。除了可比照片頭動畫，重現站在擂臺角柱上這個令人印象深刻的場面之外，亦可搭配大量的打擊狀特效零件。還能利用配件重現主體省略的機關加農砲狀態，更能搭配固定式替換零件，重現雙手環胸的招牌架勢。

展示台座製作成最適合神鋼彈的擂臺角柱造型，當然可搭配雙手交叉抱胸零件來展現神鋼彈的招牌架勢。只要有了這些配件，即可重現片頭動畫的經典場面了。

R-Number SP 魂WEB商店 SIDE MS

神鋼彈 明鏡止水 Ver.

2015年12月出貨
6,480円（含稅8%）

【配件】
交換用手掌零件、神劍×2、交換用零件（胸部、拳甲）、光環零件、石破天驚拳特效零件
×1

尺寸龐大的石破天驚拳特效零件。其他配件則沒有更動之處。

這款商品重現多門領悟明鏡止水的境界後，不僅啟動神鋼彈的超絕模式，更散發出金色光芒的面貌。主體不僅採用金色素材製造零件，亦施加金色塗裝。對於希望重現東方不敗師徒對決場面的玩家來說，這是絕對不可或缺的良作。

M ECHANIC FILE

GF13-017NJⅡ 神鋼彈

DATA
全高：16.6m
主體重量：7.5t

這是取代雖克服淘汰混戰，卻在與惡魔鋼彈軍團交戰時受到重創的閃光鋼彈，繼續以新日本代表身分參與決賽的機體。搭載遠在閃光鋼彈之上的超絕模式，能夠讓領悟明鏡止水境界的多門將戰鬥力發揮至最大極限。

R-Number 174 SIDE MS
宗師鋼彈

2015年1月發售　5,184円（含稅8%）

【配件】
交換用手掌零件、宗師纏巾

　亞洲宗師不僅為新香港代表，同時也是上一屆賽事的冠軍。這款商品重現他所駕駛的機動鬥士。宗師鋼彈當然也繼承堪稱本系列共通特徵的寬廣關節可動範圍，能夠搭配膝關節的水平轉動軸、股關節處滑移機構等設計，擺出動畫中的動作。除了能重現流派東方不敗特色的招牌架勢之外，甚至能做出雙手交錯抱於胸前的動作，可自由擺設各種動作的幅度相當高呢。另外，背部機翼是固定為可大幅張開的攻擊模式，不能展開成覆蓋住全身的一般模式。

附屬武器並不多，不過宗師纏巾是以透明零件來呈現。除此之外，亦附有暗黑絕用透明色塗裝版手掌等造型生動的交換手掌零件。

R-Number SP 魂WEB商店 SIDE MS
宗師鋼彈
配件套組

2015年6月出貨
4,536円（含稅8%）

【配件】
斗篷零件、宗師纏巾、打擊狀特效零件1套、遠距貫手零件、雙手交錯抱於胸前用零件（※宗師鋼彈主體為另外販售）

　與神鋼彈相同，宗師鋼彈也推出可提高娛樂性的配件套組。內含豐富的打擊狀特效零件、更改形狀的宗師纏巾、斗篷形態的機翼型裝甲，以及可增加機翼可動範圍的擴充零件等配件。另外，只要替換組裝雙手抱胸的固定式臂部零件，即可讓該架勢顯得更自然流暢。

附有豐富的打擊狀特效零件，可搭配神鋼彈重現激烈的對戰場面。即使是幾乎覆蓋住全身的斗篷狀態，裝甲也仍保留若干可動性。

R-Number SP 魂WEB商店 SIDE MS
宗師鋼彈 明鏡止水 Ver.

2016年4月出貨
6,696円（含稅8%）

【配件】
交換用手掌零件、宗師纏巾、石破
天驚拳特效零件×1

與多門・火州的神鋼彈一樣，宗師鋼彈也推出明鏡止水Ver.。這款商品是以透明素材塗裝金色，藉此呈現各部位的色調差異。在比照既有商品附屬配件之餘，亦追加石破天驚拳特效零件。這款特效零件在顏色上與神鋼彈附屬的不同，若是打算重現師徒對決的決賽場面，絕對是不可或缺的高完成度配件。

石破天驚拳特效零件為紫色，與神鋼彈的橙色版本不同。關節可動範圍和配件都和既有商品一樣，沒有大幅度更動。

R-Number SP 魂WEB商店 SIDE MS
風雲再起

2015年10月出貨
6,480円（含稅8%）

【配件】
交換用腿部零件、韁繩、交換用手掌零件（神鋼彈用、宗師鋼彈用）、專用台座

為了供神鋼彈、宗師鋼彈拉住韁繩，附有各自專用的手掌零件。

可供機動鬥士搭乘的機動戰馬「風雲再起」也在ROBOT魂登場。不僅非人型機種本身即相當罕見，還具備可供另外販售的神鋼彈、宗師鋼彈騎乘等機能，娛樂性可說是非常高呢。由於必須供鋼彈騎乘，因此腿部除了基座以外均製作成固定式零件。不過只要替換組裝腿部零件，即可讓風雲再起如同真正馬匹擺出抬腿動作，架勢躍動感十足。另外附有光束狀韁繩零件。

M ECHANIC FILE
GF13-001NHⅡ 宗師鋼彈

DATA
全高：16.7m
重量：7.2t

第12屆大賽冠軍亞洲宗師所駕駛的新香港代表機動鬥士。雖然宣稱是為了第13屆大賽而研發，不過據說是利用惡魔鋼彈細胞將上屆大賽的各式機體，如九龍鋼彈等機種特徵合而為一，可說是來歷成謎。這架機體還能完美重現亞洲宗師施展流派東方不敗的所有武術。

M ECHANIC FILE
風雲再起

DATA
全高：不明
主體重量：不明

這是可供機動鬥士騎乘駕馭的輔助機體「機動戰馬」，據說是作為第12屆大賽冠軍獎品贈送給亞洲宗師。這架機動戰馬由亞洲宗師的愛駒「風雲再起」搭乘，在機體內部擔當駕駛員。不僅可變形為圓盤狀的台座形態，還具備可搭載1架機動鬥士直接飛出大氣層的能力。

新機動戰記鋼彈 W

播映期間：1995年4月7日～1996年3月29日
TV動畫
全49集

■主要製作成員
原作：矢立肇、富野由悠季
監督：池田成
人物設計：村瀬修功
機械設計：大河原邦男、カトキハジメ、石垣純哉
編劇統籌：隅澤克之
音樂：大谷幸

STORY

A.C. 195年，地球圈統一聯合憑藉武力，統治太空的殖民地群。為了打倒暴政，殖民地的局部組織展開反抗行動「流星作戰」，派出具備壓倒性戰鬥力的MS「鋼彈」前往地球，這5架鋼彈針對聯合和其幕後的祕密組織「OZ」展開恐怖攻擊。然而負責駕駛鋼彈的5名少年——希洛・唯、迪歐・麥斯威爾、特洛瓦・巴頓、卡特爾・拉巴伯・溫拿、張五飛，反遭到OZ利用，竟成為推動該組織趁勢崛起的戰爭火種。他們5人只好重新面對這個世界的一切，即使得背負傷痛也在所不惜，在不斷奮戰的過程中追尋和平之道。

R-Number 156 SIDE MS

飛翼鋼彈

2014年2月發售　5,184円（含稅8%）

【配件】
交換用手掌零件、交換用破損狀頭部、破壞步槍、光束軍刀（2種光束刃）、飛鳥模式用替換組裝零件1套

　這款商品全新詮釋故事前半的主角機。體型和可動性都具備極高超的水準，還具有可變形為飛鳥形態的變形機構，可說是一款兼顧帥氣造型與娛樂性的商品。尤其是背部機翼還搭載原創機構，共有三處可展開，能藉此擺設出更具躍動感的架勢。

附有可重現片頭動畫的戰損版頭部。護盾中間設有轉折機構，可重現從中抽出光束軍刀的機能。光束軍刀另附有彎曲狀的光束刃零件。

機翼處可動機構有助於擺出更加帥氣威風的架勢。雖然只要取下手掌零件即可變形，不過若進一步搭配腹部用替換零件，即可重現更優美的輪廓。

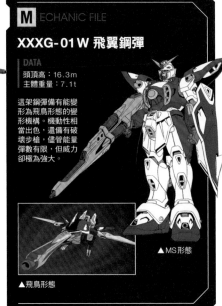

M ECHANIC FILE

XXXG-01W 飛翼鋼彈

DATA
頭頂高：16.3m
主體重量：7.1t

這架鋼彈備有能變形為飛鳥形態的變形機構。機動性相當出色，還備有破壞步槍，儘管能量彈數有限，但威力卻極為強大。

▲MS形態

▲飛鳥形態

R-Number 118　SIDE MS

飛翼鋼彈零式

2012年6月發售　4,410円（含稅5％）

【配件】
交換用手掌零件、雙管破壞步槍1套、護盾、光束軍刀＆柄部×2、變形用交換零件、機關加農砲展開零件×2

　備有豐富機構，只要為身體和腿部替換組裝零件，即可變形為新飛鳥形態。由於肩部設有專屬可動機構，亦附有專用手掌零件，因此能重現用雙手持拿雙管破壞步槍的架勢。

M ECHANIC FILE

XXXG-00W0 飛翼鋼彈零式

DATA
頭頂高：16.7m
主體重量：8.0t

本機為5架鋼彈的基礎機體。搭載追尋完美勝利的程式「零式系統」，啟動時會對駕駛員的精神造成極大負荷。

▲MS形態

▲新飛鳥形態

R-Number 095　SIDE MS

飛翼鋼彈零式
（EW版）

2011年6月發售
4,104円（含稅8％）

【配件】
交換用手掌零件、光束軍刀、雙管破壞步槍、魂STAGE

　堪稱EW版特徵的「羽翼」，透過分割多片零件加以還原。由於各部位都能擺出細微的動作，可讓羽翼呈現更生動的模樣，亦可重現用羽翼覆蓋機身的衝入大氣層形態。2挺破壞步槍可替換零件組裝成雙管破壞步槍，也能用雙手持拿。機關加農砲則備有無須替換組裝即可展開的機構，光束軍刀也能收納在副翼中。

R-Number SP　TAMASHII NATION 2012 會場／魂WEB 商店
SIDE MS

飛翼鋼彈零式（EW版）
珍珠質感鍍膜 Ver.

2012年10月出貨
4,500円（含稅5％）

【配件】
交換用手掌零件、光束軍刀、雙管破壞步槍、專用塗裝魂STAGE

由珍珠質感塗裝、金屬質感塗裝、透明零件搭配而成的限定版商品。附有印製羽毛飄散圖樣的專用台座。

M ECHANIC FILE

XXXG-00W0
飛翼鋼彈零式（EW版）

DATA
頭頂高：16.7m
主體重量：8.0t

為5架鋼彈的原型機。羽翼狀組件分為主體的外翼，以及輔助的內翼，具備多重機能。羽翼覆蓋機身即可衝入大氣層。

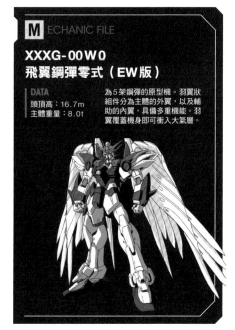

R-Number SP　魂WEB 商店
SIDE MS

飛翼鋼彈（EW版）

2011年10月出貨
3,990円（含稅5％）

【配件】
交換用手掌零件、破壞步槍、護盾、光束軍刀、能量彈匣莢艙×2

這款商品立體重現カトキハジメ老師設計的飛翼鋼彈EW版。左右臂可裝設能量彈匣莢艙，光束軍刀能收納在護盾內側。

R-Number SP 魂WEB商店 **SIDE MS**

死神鋼彈

2014年6月出貨　4,860円（含稅8%）

【配件】
交換用手掌零件、光束鐮刀1套、破壞盾

在故事前半登場的5架鋼彈中，這是最後一架在ROBOT魂系列立體重現的商品。收納狀態的光束鐮刀可掛載在腰部後側，而展開狀態的鐮刀柄部亦附有一般版本，以及表現動感用的彎曲狀版本。光束刃則附有鐮刀狀和槍尖狀兩種版本。破壞盾的前端可展開，可藉裝設光束刃零件重現射出狀態。

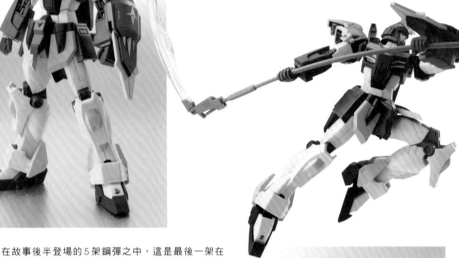

R-Number 151 **SIDE MS**

地獄死神鋼彈

2013年11月發售　5,040円（含稅5%）

【配件】
交換用手掌零件、雙刃光束鐮刀、破壞盾

在故事後半登場的5架鋼彈之中，這是最後一架在ROBOT魂系列立體重現的商品。堪稱首要特徵的斗篷狀裝備「動態斗篷」能比照設定自由開闔。雙刃光束鐮刀的前端部位可活動，裝設光束刃零件即可重現展開形態；柄部亦附有一般版本和表現動感用的彎曲狀版本。

R-Number 142 **SIDE MS**

重武裝鋼彈改

2013年6月發售
4,410円（含稅5%）

【配件】
交換用手掌零件、二連裝光束格林機砲×2、光束格林機砲掛載用連接零件×2、軍用短刀

重現故事後半搭配豐富武裝的改良機。胸部、左右肩甲、雙腿處的武裝艙蓋無須替換組裝即可開啟，可重現動畫中全武器艙蓋開啟的狀態。右臂的軍用短刀也能翻轉朝向前方。雙重光束林機砲可透過連接零件裝設在推進背包上。附帶一提，商品有額外多附一挺雙重光束林機砲，可重現原創的雙臂全副武裝型態。

128 SIDE MS

沙漠鋼彈改

2012年11月發售　3,990円（含稅5%）

【配件】
交換用手掌零件、電熱彎刀2種、光束衝鋒槍、護盾

和重武裝鋼彈改一樣，也是比故事前半的初期機體更早推出的後半改良機。除了附有電熱彎刀和護盾，亦附有沙漠鋼彈改才追加的光束衝鋒槍。電熱彎刀附有一般版本和象徵赤熱化的透明零件版本，這對武器不僅能掛載在推進背包上，還能重現裝設在護盾上的熔斷鉗形態。主體的可動性也相當高。

SP 魂WEB商店 SIDE MS

沙漠鋼彈&
重武裝鋼彈零件套組

2013年7月出貨　2,310円（含稅5%）

【配件】
沙漠鋼彈用交換零件1套、
重武裝鋼彈用交換零件1套

這套零件套組只要為重武裝鋼彈改和沙漠鋼彈改替換組裝，即可重現故事前半的初期機體。沙漠鋼彈除了備有換裝零件，亦附有大型電熱彎刀；至於重武裝鋼彈則附有在南極決鬥時使用的臂部內藏式光束軍刀。光束格林機砲亦設有可活動的前握把，能藉此重現用雙手持拿這挺武器的架勢。

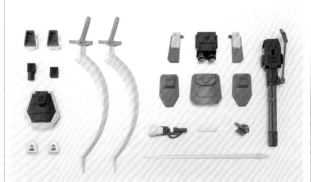

M ECHANIC FILE

XXXG-01D 死神鋼彈

擅長隱匿蹤跡行動的鋼彈。內藏的超絕干擾器能夠令雷達失效，得以在敵人無從注意的情況下消滅對方。

XXXG-01D2 地獄死神鋼彈

這是死神鋼彈的修改機。經由改良超絕干擾器以提升匿蹤性能之餘，亦配備動態斗篷，一舉強化防禦力。

XXXG-01H 重武裝鋼彈

全身搭載各式實體彈火器，堪稱著重攻擊力的鋼彈。再加上左臂還可備有光束格林機砲，可發揮出壓倒性的強大火力。

XXXG-01H2 重武裝鋼彈改

這是調整成適合太空戰鬥的重武裝鋼彈改修機。由於光束格林機砲改為二連裝，因此火力也獲得強化。

XXXG-01SR 沙漠鋼彈

著重於力量與裝甲的鋼彈。擅長沙漠環境的肉搏戰，能運用赤熱化的電熱彎刀進行格鬥。

XXXG-01SR2 沙漠鋼彈改

這是調整成適合太空戰鬥的沙漠鋼彈修改機。除了新增光束衝鋒槍之外，亦搭載零式系統。

SP 魂WEB商店 SIDE MS

神龍鋼彈

2013年9月出貨
4,410円（含稅5%）

【配件】
交換用手掌零件、光束長柄刀、光束長柄刀特效零件2種、神龍盾、交換用神龍臂零件、神龍臂延長零件×2

　　神龍臂備有展開機構，附有龍牙部位能活動的大尺寸龍首零件供替換，亦備有臂部延長零件，光束長柄刀則附有大小兩種光束刃零件。最值得一提的是各式手掌零件，包含持拿護盾、一般張開狀，以及造型更生動的左手，而且持拿光束長柄刀用手掌除了一般版本之外，亦附屬拇指角度不同的斜持版本。

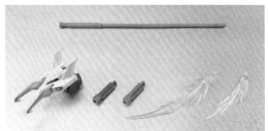

125 SIDE MS

雙頭龍鋼彈

2012年10月發售
4,410円（含稅5%）

【配件】
交換用手掌零件、雙頭光束三尖刀2種、雙頭龍盾、雙重神龍臂延長零件

　　無損帥氣威風的體型之餘，亦搭載無須替換組裝即可展開神龍臂的機構。由於龍牙部位可活動，加上附有延長零件，因此展開狀態能呈現極高的可動性。雙頭光束三尖刀不僅附有三叉狀光束刃零件，亦附槍尖狀光束刃零件。與日後推出的神龍鋼彈一樣，附有持拿護盾用右手等豐富的交換用手掌零件，得以搭配擺出更多元的動作架勢。

左右兩側的神龍臂、背部的二連裝光束加農砲均可展開，武裝機構方面相當豐富。

130 SIDE MS

次代鋼彈

2012年12月發售　4,725円（含稅5%）

【配件】
交換用手掌零件、光束劍（大、小）、MA形態用替換組裝零件1套

　　主武裝光束劍可藉由單芯線連接在右腰際上，亦能掛載在該處。光束刃零件附有大小兩種尺寸，可搭配專用手掌零件，重現用手持劍的架勢。電熱鞭的每一節均可活動，亦備有延長用零件。基本上無須替換零件即可變形為MA形態，不過只要進一步搭配組裝用零件，即可令外形更像雙頭飛龍。機翼部位也是每一節均可活動。

R-Number 134 SIDE MS
托爾吉斯

2013年2月發售　4,104円（含稅8%）

【配件】
交換用手掌零件、交換用整備中頭部、
多佛砲、護盾、光束軍刀、步槍

繼托爾吉斯Ⅲ、托爾吉斯2之後，總算推出了最初型的托爾吉斯。頭部為全新開模製作的零件，能夠左右轉動，亦附有里歐型臉部的整備中頭部。用來裝設多佛砲和護盾的掛架能夠轉動，噴射器部位則備有展開機構，因此便於配合主體的高度可動性擺設各種架勢。此外更首度立體重現僅在片頭動畫中出現的步槍。

R-Number SP 魂WEB商店 SIDE MS
托爾吉斯2

2012年1月出貨　3,675円（含稅5%）

【配件】
交換用手掌零件、多佛砲、護盾、光束軍刀

只要搭配專用的手掌零件，即可比照動畫，重現雙手扛著多佛砲的架勢。護盾內側則能收納2柄光束軍刀。

R-Number 101 SIDE MS
托爾吉斯Ⅲ

2011年8月發售　3,675円（含稅5%）

【配件】
交換用手掌零件、強化加農砲、電熱鞭、光束軍刀

強化加農砲可替換組裝零件，重現展開形態。將護盾末端替換為展開狀態零件後，亦可重現電熱鞭，這部分和次代鋼彈一樣每節均可活動。噴射器亦備有展開機構。

M ECHANIC FILE

XXXG-01S 神龍鋼彈

近接戰專用的鋼彈，被五飛稱為哪吒。右臂為伸縮自如的神龍臂，最前端內藏火焰噴射器。

XXXG-01S2 雙頭龍鋼彈

神龍鋼彈的強化修改機。如同雙頭龍這個名號，左右兩側均設置神龍臂，火力方面亦經過大幅的強化。

OZ-13MS 次代鋼彈

這是未配備任何射擊武器的格鬥戰用鋼彈，能夠變形為具備出色巡航能力的MA形態。機身搭載和零式系統同等的程式。

OZ-00MS 托爾吉斯

此乃所有MS原型機的機體。本身是在無視搭乘者安全的概念下設計，因此擁有常人無法駕駛的高輸出功率和機動性。

OZ-00MS2 托爾吉斯Ⅱ

這是調度托爾吉斯用零件組裝而成的2號機，頭部造型稍有不同。為特列斯‧克休里納達的專用機。

OZ-00MS2B 托爾吉斯Ⅲ

因為專用裝備的研發進度延遲，當初未能趕上運用的托爾吉斯同型機。強化加農砲的最大輸出功率足以與彎管破壞步槍相匹敵。

R-Number 122 SIDE MS

里歐（苔綠色）

2012 年 8 月發售
3,150 円（含稅 5%）

【配件】
交換用手掌零件、105 mm 機關槍

　這是本系列第 2 款推出的商品。附有可將 105 mm 機關槍掛載在背後的武裝用連接零件。大腿外側也設有連接機構，可從另外販售的里歐選配式裝備套組取用武裝掛載該處。也附有可供擺出雙手持拿機關槍動作的交換用手掌零件。

R-Number 122-W SIDE MS

里歐選配式裝備套組

2012 年 8 月發售　2,100 円（含稅 5%）

【配件】
交換用手掌零件（綠）、護盾（綠）、光束軍刀×2、肩部光束砲（綠）×2、多佛砲、火箭砲、可動頭部（綠）

　可供苔綠色版、宇宙用苔綠色版、飛行組件裝備版這幾種配色使用的里歐用武裝套組。量產機里歐的真正價值，就在於可使用選配式裝備套組。不僅能重現動畫中出現的各種里歐武裝形態，亦可自由搭配原創的武裝形態呢。

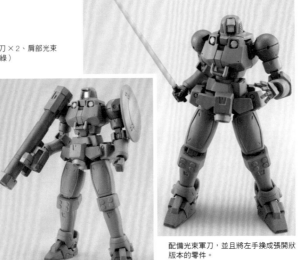

配備火箭砲和護盾的狀態。護盾內側還掛載 2 柄光束軍刀。

R-Number 152 SIDE MS

里歐（飛行組件裝備）

2013 年 12 月發售
3,465 円（含稅 5%）

【配件】
交換用手掌零件、105 mm 機關槍、飛行組件、推進器×2

　里歐主體與苔綠色版為相同規格，附有全新開模製作的飛行組件和腿部推進器。飛行組件的機翼部位可活動，還能折疊起來。本商品亦能使用里歐選配式裝備套組。

配備光束軍刀，並且將左手換成張開狀版本的零件。

上方照片是更換肩甲，配備多佛砲的狀態。下方照片則是重現更換為肩部光束砲的機型。

R-Number SP 魂 WEB 商店 SIDE MS

里歐（宇宙用）

2013 年 1 月出貨
3,150 円（含稅 5%）

【配件】
交換用手掌零件、光束步槍、廣域噴射器

　這次採用紫色系配色的宇宙型里歐。主體與苔綠色版為相同規格，卻附有全新開模製作的廣域噴射器，武裝方面則附有光束步槍。可對應另外販售的里歐選配式裝備套組 2。

R-Number 162 SIDE MS

里歐（宇宙用苔綠色）

2014 年 6 月發售
3,240 円（含稅 8%）

【配件】
交換用手掌零件、光束步槍、廣域噴射器

　這是苔綠色的宇宙型里歐。主體與苔綠色版為相同規格，附有和宇宙用一樣的廣域噴射器與光束步槍。可對應另外販售的里歐選配式裝備套組。

SP 魂WEB商店
SIDE MS

里歐選配式
裝備套組 2

2013年1月出貨
2,100円（含税5%）

【配件】
交換用手掌零件（紫）、宇宙用光
束步槍（短管）、護盾（紫）、光束
軍刀×2、一般肩甲（紫）、多佛
砲、機關槍、可動頭部（紫）

　可供紫色版宇宙用里歐對應的里歐武裝套組。有別於里歐選配式裝備套組，雖然省略火箭砲和肩部光束砲，卻全新附屬105㎜機關槍和宇宙用光束步槍（短管）。交換用手掌和首款套組同樣附有與機身配色相同的張開狀版本，交換用頭部也是相同規格。

SP 魂WEB商店
SIDE MS

里歐（藍）

2014年5月出貨　3,564円（含税8%）

【配件】
交換用手掌零件、105㎜機關槍、飛行組件、
推進器×2

　聯合軍在東南亞地區所使用的藍色版里歐。主體與苔綠色版為相同規格，附有持拿武器用手掌一對，以及擺出雙手持槍動作的專屬左手零件。配件為地面用裝備，附有比照機體配色以藍色呈現的飛行組件和腿部推進器，規格與飛行組件裝備附屬的相同。至於武裝則附有105㎜機關槍。可對應另外販售的里歐選配式裝備套組3。

SP 魂WEB商店
SIDE MS

里歐選配式裝備套組 3

2014年5月出貨　2,160円（含税8%）

【配件】
交換用手掌零件、新型光束步槍、大型光束砲、護盾（藍）、光束軍
刀用光束刃×2、肩部光束砲（藍）×2、可動頭部（藍）

這是藍色版的商品，武裝可供其他里歐使用。上方這挺大型光束砲亦可供另外販售的宇宙用里歐配備。

M ECHANIC FILE

OZ-06 MS 里歐

DATA
頭頂高：16.2m
主體重量：7.0t

量產型MS。具備可對應多樣化戰局的高度通用性，因此地球統一聯合和OZ均有使用這個機種。此外，本機也有宇宙規格和地面規格等各式衍生機型和選配兵裝。

新機動戰記鋼彈W

R-Number 138 — SIDE MS
艾亞利茲（OZ機）
2013年4月發售　3,675円（含稅5%）

【配件】
交換用手掌零件、交換用頭部、交換用腿部、
鏈式步槍、飛彈莢艙2種

可替換頭部和腿部，變形為飛行形態。鏈式步槍和
飛彈可裝設在機翼的派龍架（掛架）上。飛彈亦附有
手持型版本。尚有推出配色相異的限定版諾茵座機。

R-Number SP — 魂WEB商店 SIDE MS
艾亞利茲（諾茵座機）
2013年8月出貨　3,675円（含稅5%）

【配件】
交換用手掌零件、交換用頭部、交換用腿部、鏈式步槍、飛彈
莢艙2種

R-Number SP — 魂WEB商店 SIDE MS
拜葉特＆漢摩斯
2013年10月出貨　7,875円（含稅5%）

【配件】
拜葉特主體、交換用手掌零件、光束加農砲1套、交換用頭部
零件／漢摩斯主體、交換用手掌零件、行星防禦裝置1套、光
束槍、粉碎盾、粉碎盾用光束軍刀、交換用頭部零件

拜葉特不僅光束加農砲可展開為發射狀態，背面的發動機也
備有開闔機構。漢摩斯的行星防禦裝置則是每一具均可活動。
粉碎盾也附有光束軍刀部位的光束刃零件可使用。

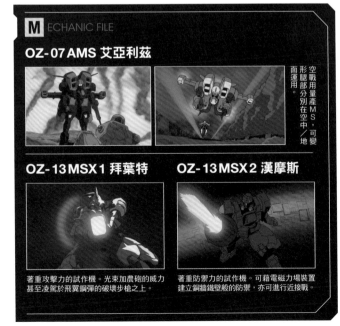

MECHANIC FILE
OZ-07 AMS 艾亞利茲
空戰用量產MS，可變形。腿部分別在空中／地面運用。

OZ-13 MSX1 拜葉特
著重攻擊力的試作機。光束加農砲的威力甚至凌駕於飛翼鋼彈的破壞步槍之上。

OZ-13 MSX2 漢摩斯
著重防禦力的試作機。可藉由電磁力場裝置建立銅牆鐵壁般的防禦，亦可進行近接戰。

新機動戰記鋼彈W
雙重故事 G-UNIT

連載期間：1997年～1998年
漫畫連載
全3卷

■主要製作成員
原作：矢立肇、富野由悠季
漫畫：鴇田洸一
機械設計：阿久津潤一

S **STORY**
時值A.C.195年，隨著OZ崛起，地球圈統一聯合也失去力量，不過太空殖民地群仍無法從聯合的壓迫中真正獲得解放。同一個時期，遠離地球圈的工業都市殖民地MO-Ⅴ希望能加入OZ旗下，於是向對方推銷原本為了自衛而暗中研發的MS「G-UNIT」。可是該機體被誤判為「鋼彈」，導致獨立戰鬥部隊「OZ榮耀」鎖定MO-Ⅴ並發動攻勢。身為G-UNIT測試駕駛員的安迪·巴內特雖然還不夠熟練，但為了保護殖民地，決定挺身迎戰。

M **ECHANIC FILE**

OZX-GU01A
雙子座鋼彈01

由MO-Ⅴ獨自研發的原創MS。伯格博士以研發出最強MS為目標，根據G-UNIT構想設計而成。以核心為主體，可更換組件和選配式裝備對應各種戰況。更搭載視駕駛員本身狀況，將機體性能發揮至極限的PX系統。1號機是由安迪駕駛，2號機則由他的哥哥歐帝搭乘。

DATA
全高：17.3m
主體重量：7.9t

R-Number 165 SIDE MS

雙子座鋼彈01
（突擊推進器裝備）

2014年7月發售　4,860円（含稅8%）

【配件】
交換用手掌零件、突擊推進器裝備1套、加速步槍、G-UNIT盾、光束劍×2

雖然在漫畫版是由2號機先配備，不過宇宙用突擊推進器裝備規格在ROBOT魂卻是先推出1號機的立體商品。G-UNIT盾不僅能將加速步槍掛載在內側，掛載臂部的位置還有三處能選擇。附帶一提，為了研發這款商品，特地請機械設定師阿久津潤一老師全新繪製研發用畫稿，可說是在整體造型改良更具銳利感，細部結構在視覺資訊量也更豐富的前提下立體重現呢。

突擊推進器為可動式構造。亦可更換零件，換裝為一般形態的雙子座鋼彈01。

R-Number SP 魂WEB商店 SIDE MS

雙子座鋼彈02
＋高機動型組件

2014年12月出貨　5,184円（含稅8%）

【配件】
交換用手掌零件、步槍、護盾、光束軍刀、高機動型組件

這款2號機採用對應大氣層內的高機動組件規格立體重現。除了配色以外，加速步槍和G-UNIT盾都和雙子座鋼彈01為相同規格，因此高機動型組件也能供雙子座鋼彈01配備，突擊推進器亦可供雙子座鋼彈02使用。附帶一提，雙子座鋼彈02同樣能換裝為一般形態。

機動新世紀鋼彈X

播映期間：1996年4月5日～1997年12月27日
TV動畫
全39集

■主要製作成員
原作：矢立肇、富野由悠季
監督：高松信司
編劇統籌：川崎ヒロユキ
人物設計：西村誠芳
機械設計：大河原邦男、石垣純哉
音樂：樋口康雄

S STORY

地球聯邦軍和宇宙革命軍之間的大規模戰爭，演變至總體戰局面。在第7次宇宙戰爭的這場戰火中，隨著殖民地墜落地球，人類面臨滅亡邊緣，然而戰爭終究得以落幕。該場戰爭結束後過了15年，戰後紀元0015年，自然環境終於出現復甦徵兆，地球人類掙扎討生活的過程中，少年嘉羅德・蘭邂逅了不可思議的少女蒂芬・艾迪爾。在以蒂芬為目標的爭奪戰中，嘉羅德帶著她逃進某座廢棄工廠，竟發現舊聯邦軍遺留的鋼彈，情急之下與蒂芬搭上該機，沒想到照理已被封存的X鋼彈卻啟動了。

R Number 145 SIDE MS

雙X鋼彈

2013年7月發售　5,184円（含稅8%）

【配件】
交換用手掌零件、雙管衛星加農砲展開用替換零件1套、破壞步槍、超絕光束劍×2、防禦盾

這款ROBOT魂商品立體重現由決戰兵器X鋼彈進一步強化的雙X鋼彈。堪稱首要特徵的雙管衛星加農砲，可藉伸縮機構重現發射狀態；反射板也以金色印刷重現精緻的細部紋路。駕駛艙部位亦利用透明零件來呈現，內側的細部結構更還原金屬的質感。

附有破壞步槍、防禦盾、超絕光束劍等標準武裝。亦附屬臂部和腿部的反射板展開狀態零件。

M ECHANIC FILE

GX-9901-DX
雙X鋼彈

DATA
頭頂高：17.0m
重量：7.8t

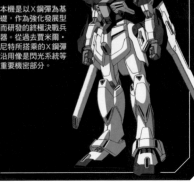

本機是以X鋼彈為基礎，作為強化發展型而研發的終極決戰兵器。從過去賈米爾・尼特所搭乘的X鋼彈沿用像是閃光系統等重要機密部分。

R-Number SP 魂WEB商店抽選販售 SIDE MS

G獵鷹

2014年1月出貨
4,275円（含稅5%）

【配件】
能料槽×2、專用台座

這款ROBOT魂立體重現鋼彈型MS的支援用機體，能夠和另外販售的雙X鋼彈合體。由於搭載分離＆合體機構，整體深具分量，與雙X鋼彈合體後更顯得龐大無比。戰鬥機型態的座艙罩部位是以透明零件來呈現。

合體為飛行形態時，能夠牢靠固定鋼彈，相當穩定。兩種形態也都能搭配專用台座擺設展示。

M ECHANIC FILE

G獵鷹

DATA
全長：18.8m
主體重量：6.1t

這是舊聯邦軍研發的鋼彈型用支援機，亦可和空霸鋼彈或豹式鋼彈合體。

R-Number 163 SIDE MS

法薩可鋼彈 膛炮型

2014年6月發售　5,940円（含稅8%）

【配件】
交換用手掌零件、光束軍刀、打擊砲

這款ROBOT魂商品忠實地重現總是阻擋在嘉羅德面前，由弗羅斯特兄弟所駕駛的鋼彈。膛砲型這架強化改良型機體的特徵在於胸部的三重高頻超音波砲，商品當然也連同該處的發射機構一併重現。由於身體也內藏伸縮機構，再加上各關節可動範圍相當寬廣，因此能擺出各種動作架勢。

M ECHANIC FILE

NRX-0013-CB
法薩可鋼彈膛炮型

DATA
頭頂高：17.8m
主體重量：8.3t

由聯邦政府重建委員會研發的次世代鋼彈進一步強化改良而成，駕駛員為夏基亞·弗羅斯特。

∀鋼彈

播映期間：1999年4月2日～2000年4月14日
TV動畫
全50集

■主要製作成員
原作：矢立肇、富野由悠季
總監督：富野由悠季
人物設計：安田朗（原案）、菱沼義仁（設定）
機械設計：大河原邦男、席德・米特、重田敦司、沙倉拓實
音樂：菅野洋子

S STORY

過去為了逃離地球前所未見的文明毀滅災難，有一部分人類移居至月球上，就此自稱為月球人。另一方面，地球上倖存的人們雖然免於滅亡，卻也只能在文明水準嚴重倒退的情況下求生存。到了正曆2345年，就在北美大陸英格雷薩領地比西尼迪舉辦成人儀式的那一晚——歷經兩千年的時光後，月球人開始大舉回到地球。雖然他們的夙願在於回歸故土，然而文明水準的差異導致摩擦不斷，後來更演變成武力衝突。為了平息相異文化間的歧見，月球人少年羅蘭・謝亞克駕駛逆A鋼彈，積極扮演雙方的溝通橋樑……。

R-Number 039 SIDE MS

逆A鋼彈

2009年10月發售
3,240円（含稅5%）

【配件】
交換用手掌零件、光束步槍、光束軍刀×2、護盾、背部武裝掛架、胸部武器艙、腿部噴射翼換裝零件

這款商品立體重現英格雷薩領地民兵團的白色巨神「逆A鋼彈」。出自席德・米特手筆的流暢優雅造型與以往各式鋼彈型MS截然不同，有著別具特色的均衡感。這款ROBOT魂商品在毫無破綻還原這份造型之餘，亦秉持一貫風格擁有寬廣的可動範圍，就算和動畫中一樣不持拿武器，也能毫不困難地擺出深具躍動感的架勢。

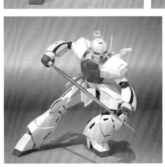

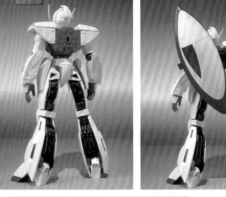

附有光束步槍、護盾等基本武裝，這些也都能夠裝設在背面的武器掛架上。噴射翼還附有可重現被奈米機械堵塞的零件；光束軍刀則是比照動畫，製成較細長的模樣。

R-Number 039SP SIDE MS

逆Ａ鋼彈
（奈米皮質裝甲質感 Ver.）

2010年7月發售　4,725円（含稅5%）

【配件】
交換用手掌零件、光束步槍、光束軍刀×2、護盾、背部武裝
掛架、胸部武器艙、腿部噴射翼換裝零件

　這款奈米皮質裝甲質感Ver.乃是根據可藉奈米
機械自我修復的設定，採用全面施加金屬塗裝來
營造表面質感。不僅主體，就連武器等配件也施
加金屬質感塗裝，使得整體散發絕佳的高級感。
關節可動範圍則和既有商品一樣寬廣，可重現各
種動作架勢。

逆A鋼彈本身輪廓相
當修長，與營造奈米
皮質裝甲質感特有高
級感的金屬塗裝十分
相襯。

R-Number SP 魂WEB商店 SIDE MS

逆Ａ鋼彈
（月光蝶 Ver.）

2010年4月出貨
3,885円（含稅5%）

【配件】
交換用手掌零件、光束步槍、光束軍刀
×2、護盾、背部武裝掛架、胸部武器
艙、月光蝶零件、專用台座

　藉由超大型特效零件，重現
過去摧毀了文明社會的逆Ａ鋼
彈最強武裝（機能？）「月光
蝶」。配合月光蝶特效零件本身
質感，主體也改用透明零件搭
配金屬塗裝，藉此統一整體質
感。武器等配件當然也比照採
用透明零件搭配金屬塗裝的呈
現方式。專用魂STAGE亦為透
明零件版本。

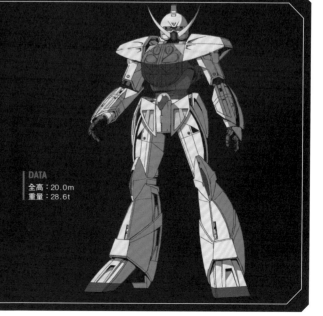

M ECHANIC FILE

SYSTEM-▽99 逆Ａ鋼彈

　這架神祕MS原本隱藏在英格雷薩領地膜拜的神像內部，後來由羅蘭・謝亞克搭
乘，作為民兵團的核心大顯身手。據說其實是過去毀滅地球文明的元凶，和逆X一
樣備有可以從背面釋放出「月光蝶」的最強武器（機能）。雖然來歷不明，但亦有
說法認為這架機體是用來提防移居太陽系外的人類回過頭來侵略。動力源為縮退
爐，還有可憑藉Ｉ力場光束驅動機體運作等機能，可說是集結遠遠超越既有MS技
術的科技製造而成。

DATA
全高：20.0m
重量：28.6t

在月球人存留的黑歷史中指出，正是逆Ａ鋼彈釋放出月光蝶才導致地球文明瓦解。另外，在故事裡其實
甚少提到「鋼彈」這個名字。

▽鋼彈

M ECHANIC FILE

CONCEPT-X6-1-2（PROJECT-6 DIVISION-1 BLOCK-2）逆X

這架神祕機體是自月球的輪迴神山出土，後來成為金格納的座機，阻擋在羅蘭等
人面前。來歷和逆A鋼彈一樣神祕，據說是從外太空漂流過來。由於地球圈對來自
外太空的侵略感到危懼不安，因此便以逆X為藍本研發出逆A鋼彈。然而原本擔憂
的侵略並未發生，最後逆A鋼彈卻使用在人類的內戰上。至於逆X則在經過反覆修
復後成了左右不對稱的機體，與搭載豐富武器同為特徵所在。另外更有可分離各部
位，透過遙控施展全領域攻擊等新人類專用機的特色。

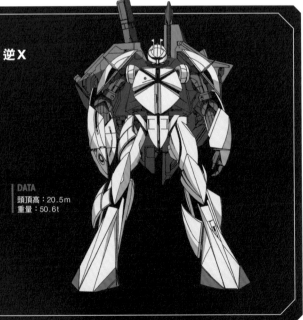

DATA
頭頂高：20.5m
重量：50.6t

可藉腦波傳導裝置控制四肢，進而施展全領域攻擊。被稱為X頂部戰機的頭部亦能獨立行動，甚至能操
控衛星軌道砲凱拉斯基利。

R-Number 011 SIDE MS

逆X

2009年2月發售
3,150円（含稅5%）

【配件】
交換用手掌零件、光束步槍、光束火箭砲、
手槍、閃光掌展開狀態臂部

　這款商品立體重現輪廓簡潔、
造型卻左右不對稱且複雜的逆X。
比照ROBOT魂一貫作風設計寬廣
的可動範圍之餘，亦重現這架優
美MS的體型。背部武裝掛載平台
「運載組件」可裝設火箭砲和光束
步槍等武器。堪稱特徵所在的閃光
掌也能替換零件，重現展開狀態。

通稱閃光掌的熔斷破碎機械手，可替換零件
予以重現。腰部和肩部的可動範圍相當寬
廣，因此能擺出深具魄力的動作。腿部不僅
膝蓋和腳踝都能活動，就連小腿、腳跟、腳
尖也設有可動關節，足以穩定擺出散發野性
的動感架勢。

R-Number SP CHARA HOBBY 2009 會場／魂WEB商店
SIDE MS

逆X
（月光蝶透明Ver.）

2009年8月出貨
3,500円（含稅5%）

【配件】
交換用手掌零件、光束步槍、光束火箭砲、手槍、閃光掌展開狀態臂部

　月光蝶乃是曾將地球文明社會摧毀殆盡的終極兵器。這款商品藉由透明素材，象徵啟動該系統狀態的特別版逆X，就連武器等配件也是採用透明素材，局部施加珍珠＆金屬質感塗裝。可說是既充滿幻想氣息，又成功營造整體感。月光蝶特效零件和專用的透明版魂STAGE均為另外販售。

R-Number SP 魂WEB商店
SIDE MS

逆A鋼彈／逆X用
月光蝶特效零件＆專用台座套組

2010年4月出貨　　【配件】
735円（含稅5%）　月光蝶特效零件×2、專用台座×2、各種連接零件

　內容包含可分別供透明版逆A鋼彈和逆X使用的月光蝶，以及專用透明版STAGE的配件套組。雖然亦可供一般版商品使用，不過主體均為另外販售。

R-Number SP SIDE MS

逆A鋼彈vs逆X 月光蝶對決套組

2010年4月發售　　　【配件】
8,120円（含稅5%）　逆A鋼彈：交換用手掌零件、光束步槍、光束軍刀×2、護盾、背部武裝掛架、胸部武器艙、月光蝶零件、專用台座
　　　　　　　　　　逆X：交換用手掌零件、光束步槍、光束火箭砲、手槍、火箭發射器、月光蝶零件、專用台座

　這款對決套組是以堪稱永恆勁敵逆A鋼彈與逆X為題材，重現彼此動用最強攻擊手段「月光蝶」對決的場面。附屬的主體均為透明零件製月光蝶Ver.。

R-Number SP 魂WEB商店
SIDE MS

逆A鋼彈系列用武器套組

2010年7月發售
1,890円（含稅5%）

【配件】
逆X用光束軍刀、鋼彈流星鎚、絞鑽棍、火箭砲

　可供逆A鋼彈與逆X等機體選配使用的武器套組。光束軍刀可供裝設在逆X的右手上，亦附有設置組裝槽的機械手零件（僅限一般配色）。為了方便另外販售的瓦德能夠持拿，火箭砲附有與手掌一體成形的握把零件。另外，絞鑽棍、鋼彈流星鎚則可供逆A鋼彈等機體持拿。

R-Number **068** SIDE MS

卡布爾

2010年7月發售
2,700円（含稅8%）

【配件】
頭部艙蓋展開零件、臂砲×2

與單眼部位連為一體的駕駛艙蓋，可替換零件重現展開狀態。雖然附屬武裝只有裝設在前臂上的臂砲，不過整體能擺出各種搞笑動作，把玩起來相當有意思呢。

　　這款商品立體重現在輪迴神山一舉挖出的多架卡布爾。可靈活彎曲的臂部內藏數個球形關節，能夠擺出和動畫裡一樣的姿勢；關節可動範圍也相當寬廣，尤其拉伸式腰部關節更有助於擺出用雙手抱住膝蓋的「體育課坐姿」。不僅如此，駕駛艙蓋可經由替換零件重現開闔狀態，胸部飛彈艙蓋也設有開闔機構。雖然機體本身相當簡潔小巧，卻具備十足的娛樂性呢。

M ECHANIC FILE

AMX-109 卡布爾

　　在英格雷薩領地輪迴神山挖掘出許多此款機型的MS。外觀上與AMX-109卡普爾很相似，不過全高較矮，內部構造也不同，難以確認是否為相同機種。但是相對容易操縱，就算是英格雷薩民兵團的地球人也能迅速學會駕駛。民兵團裡亦有運用在土木作業上，在戰鬥以外的諸多領域也能展現活躍身手。其中亦有將機體改成紅色，還為右臂追加渥頓的手掌，並配備絞紋鑽棍的科雷·南達專用卡布爾這類衍生機型存在。

有別於卡普爾，搭乘時是由頭頂處艙蓋進入。由於顯示器的視野很狹窄，不時可見開著艙蓋運用的場面。挖掘出來的數量似乎不少，民兵團也廣泛分發給成員使用。

DATA
頭頂高：14.0m
重量：38.7t

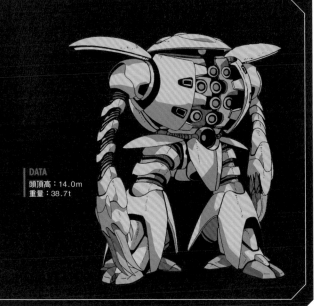

R-Number SP 魂WEB商店 SIDE MS
科雷專用卡布爾

2010年11月出貨　2,940円（含稅5%）

【配件】
大型絞鑽棍、渥頓手零件、頭部艙蓋展開零件、臂砲×2

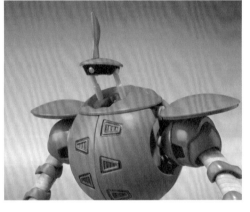

渥頓右手的手指具備若干可動性，能夠持拿絞鑽棍。除此以外的配件和一般版相同，不過替換用頭部艙蓋展開零件上設有尖角。

這是科雷・南達重返蒂亞娜回歸軍後，將卡布爾改造為專用機體而成的紅色版本。他不僅擅自改造民兵團運用的卡布爾機構，還將機體配色換成紅色，更在頭頂處追加尖角，右手則加裝渥頓的手掌，可利用該處持拿絞鑽棍。由於出擊時連結2架卡布爾，成功發揮3倍的輸出功率。附帶一提，渥頓手掌還可以當作火箭飛拳發射出去。

R-Number SP 魂WEB商店 SIDE MS
瓦德

2010年7月出貨　1,995円（含稅5%）

【配件】
交換用手掌零件、關節破壞戟、突擊步槍、火神砲

這款ROBOT魂商品立體重現蒂亞娜回歸軍的通用MS。雖然按照設定將尺寸製作得很小巧，不過關節可動範圍相當寬廣，甚至連駕駛艙蓋開闔機構等處也都精確再現。附有突擊步槍和火神砲等槍械，亦附屬能夠施加電擊的關節破壞戟等豐富武裝。

M ECHANIC FILE
MRC-U11D 瓦德

蒂亞娜回歸軍的通用小型MS。不僅能參與戰鬥，亦廣泛應用在運輸貨物等任務上。原本是掃蕩人類用的兵器，可說是不適合與MS交戰的機體。

DATA
頭頂高：7.0m
重量：一

在數架機體合作下，雖然有些魯莽，不過亦曾一同迎戰逆A鋼彈。

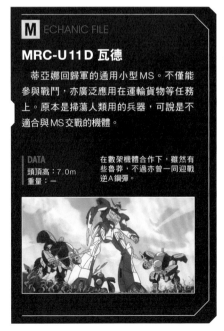

機動戰士鋼彈 SEED

播映期間：2002年10月5日～2003年9月27日
TV動畫　全50集

■主要製作成員
原作：矢立肇、富野由悠季
監督：福田己津央
人物設計：平井久司
機械設計：大河原邦男、山根公利
編劇統籌：兩澤千晶
音樂：佐橋俊彥

S STORY

隨著操控遺傳基因達到最佳境界的人類──調整者的誕生，世界也邁入宇宙紀元（C.E.）的新時代。當調整者人口不斷增加，於殖民地群PLANT形成一股新興勢力後，一般人類──自然人備感威脅，在雙方對立與日俱增的情況下，地球聯合與PLANT之間終於爆發戰爭。憑藉唯有調整者才能駕馭新兵器「MS」之力，PLANT壓制在數量上占優勢的地球聯合，然而戰局也就此陷入膠著狀態。

C.E.71年，PLANT陣營軍隊「札夫特」襲擊了中立國歐普的資源衛星「海利歐波里斯」，企圖奪取聯合陣營的新型MS。在該地就讀的學生煌・大和偶然被捲入這場攻擊行動。身為調整者的他也搭上新型MS「鋼彈」擊退敵機，為了保護朋友，他不得不選擇與同胞為敵……。

R-Number 100 SIDE MS

翔翼型攻擊鋼彈

2011年9月發售
3,780円（含稅5%）

【配件】
交換用手掌零件、
光束軍刀×2、
光束步槍、護盾、
突擊刀「破甲者」×2、
專用台座

此乃值得紀念的編號R-100商品。由擔綱主任機械作畫監督的動畫師重田智老師徹底審核，得以在還原動畫形象──「SEED風格架勢」的前提下立體重現。此等構造不僅能讓身體大幅度後仰，還能在無損整體外形下，擺出大幅張開腿部的動作，膝蓋彎曲時更能呈現銳利的角度。就連交換用的張開狀手掌也製作得相當生動，有助於擺出更帥氣的動作場面。另外附有藍色規格的SEED專用台座。

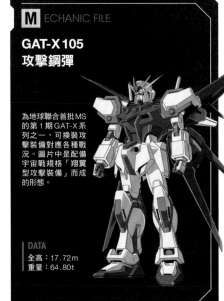

從主體到武器細部的所有可動機
構和造型比例都經過徹底考證，
得以比照動畫，重現各種深具魄
力的架勢。

M ECHANIC FILE

GAT-X105
攻擊鋼彈

為地球聯合首批MS的第1期GAT-X系列之一，可換裝攻擊裝備對應各種戰況。圖片中是配備宇宙戰規格「翔翼型攻擊裝備」而成的形態。

DATA
全高：17.72m
重量：64.80t

R-Number SP 魂WEB商店 SIDE MS
重炮型攻擊裝備&
巨劍型攻擊裝備套組

2011年9月出貨
2,100円（含稅5%）

【配件】
重炮型攻擊裝備（320㎜超高脈衝砲「炎神」、複合式武器莢艙）、巨劍型攻擊裝備（15.78m對艦刀「槍刀」、透視構圖造型15.78m對艦刀「槍刀」、光束迴旋鏢「麥達斯刀」、火箭錨「鐵戰車」）

可供翔翼型攻擊鋼彈使用的擴充零件套組，可重現重炮型攻擊鋼彈和巨劍型攻擊鋼彈。炎神備有可從推進背包往前伸出的展開機構，再現動畫中的發射姿勢。槍刀附有一般版本和比照透視構圖製作的大尺寸版本。麥達斯刀等武器使用的光束刀則將特效造型做得深具動感，更有助於擺設SEED風格的架勢。

R-Number 135 SIDE MS
全備型攻擊鋼彈

2013年3月發售
4,725円（含稅5%）

【配件】
交換用手掌零件、光束軍刀×2、光束步槍、護盾、突擊刀「破甲者」×2、火箭砲、多功能突擊型攻擊裝備、320㎜超高脈衝砲「炎神」、複合式武器莢艙、15.78m對艦刀「槍刀」、透視構圖造型15.78m對艦刀「槍刀」、光束迴旋鏢「麥達斯刀」、火箭錨「鐵戰車」、專用台座

這是在《機動戰士鋼彈SEED》HD重製版中登場，配備3種攻擊裝備的新形態，但是卻無法單獨重現翔翼型攻擊鋼彈、重炮型攻擊鋼彈與巨劍型攻擊鋼彈這幾種原有的裝備型態。主體的攻擊鋼彈改良過胸部，得以擴大可動範圍。雖然各攻擊裝備的武裝幾乎和既有商品完全相同，不過多功能突擊型攻擊裝備和火箭砲均為全新開模製作。

R-Number SP 魂WEB商店 SIDE MS
嫣紅攻擊鋼彈
（I.W.S.P.裝備）

2012年2月出貨 3,990円（含稅5%）

【配件】
交換用手掌零件、I.W.S.P.攻擊裝備、30㎜六管式格林機砲、光束迴旋鏢特效零件、突擊刀「破甲者」×2、護盾

由攻擊鋼彈搭配統合兵裝攻擊裝備I.W.S.P.而成的商品。攻擊鋼彈本身將配色更換為卡佳里・由拉・阿斯哈使用的嫣紅規格，護盾和交換用手掌零件也比照採用這個配色。由於外形與構造和R-100的主體相同，因此便沿用翔翼型攻擊裝備。I.W.S.P.攻擊裝備的機翼可活動，結合式護盾的光束迴旋鏢也附有可供裝設的光束刀零件。

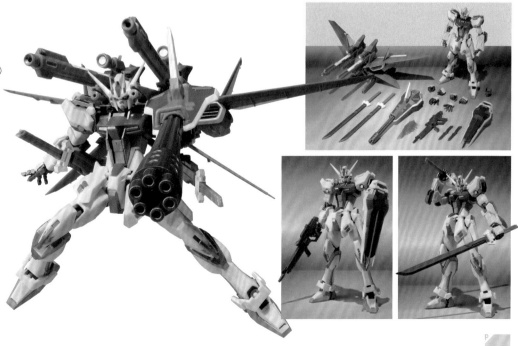

R-Number 119 SIDE MS

決鬥鋼彈（突擊護甲）

2012年8月發售
4,725円（含稅5%）

【配件】
交換用手掌零件、突擊護甲、光束步槍、護盾、
光束軍刀×2、專用台座

一般形態的決鬥鋼彈只要裝設裝甲零件並更換局部零件，即可換裝為突擊護甲形態。為了便於擺出SEED風格架勢，突擊護甲設有原創的可動機構，避免妨礙動作擺設。右肩的磁軌砲「破壞神」可活動，左肩處飛彈莢艙的艙蓋也能開闔。附有橙色規格的SEED專用台座。

R-Number 114 SIDE MS

暴風鋼彈

2012年3月發售
3,990円（含稅5%）

【配件】
交換用手掌零件、94㎜高能量收束火線光束步槍、
350㎜砲擊管、設有武裝掛架的側面護甲、專用台座

繼攻擊鋼彈後，這款商品也繼承以擺設SEED風格架勢為前提的構造。步槍和砲擊管可連接起來，構成超高脈衝長射程狙擊步槍或對裝甲散彈砲，在這個狀態下同樣能擺出SEED風格架勢。肩部側面護甲可更換為設有武裝掛架的版本，增加掛載武器的擴充性。附有綠色規格的SEED專用台座。

R-Number SP 魂WEB商店 SIDE MS

電擊鋼彈

2013年3月出貨　4,410円（含稅5%）

【配件】
交換用手掌零件、攻盾系統「三犄」、穿刺鍊爪
「縛狼鎖」、縛狼鎖展開狀態零件、
光束軍刀零件、專用展示架

電擊鋼彈是第1期GAT-X系列最後推出立體商品的一架機體。右臂的三犄可將收納超高速運動體貫徹彈「槍騎兵標槍」的護盾部位向外掀開，這個設計不僅更便於擺設動作架勢，還能取出槍騎兵標槍改為用手持拿。左臂的縛狼鎖也可更換零件，重現射出時張開前端鉤爪的狀態。纜線本身是用單芯線來呈現，容易擺設動作。附有紫色規格的SEED專用台座。

R-Number 132 SIDE MS
神盾鋼彈

2013年1月發售
4,410円（含稅5%）

【配件】
交換用手掌零件、光束步槍、護盾、
光束軍刀×4、專用台座

本商品聚焦在擺出SEED風格架勢，因此省略MA形態用變形機構，但相對具備十分高的可動性。雙臂和腳尖均可替換零件為伸出光束軍刀的狀態，能夠比照動畫，帥氣重現與攻擊鋼彈激烈交戰的場面。左右側裙甲可分別掛載光束步槍和護盾。附有紅色規格的SEED專用台座。

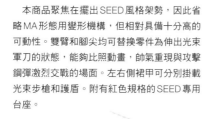

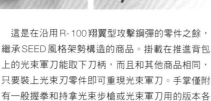

R-Number 126 SIDE MS
攻擊刃

2012年10月發售
3,150円（含稅5%）

【配件】
交換用手掌零件、光束步槍、光束軍刀、護盾

這是在沿用R-100翔翼型攻擊鋼彈的零件之餘，繼承SEED風格架勢構造的商品。掛載在推進背包上的光束軍刀能取下刀柄，而且和其他商品相同，只要裝上光束刃零件即可重現光束軍刀。手掌僅附有一般握拳和持拿光束步槍或光束軍刀用的版本各一對。

M ECHANIC FILE

GAT-X102 決鬥鋼彈

GAT-X103 暴風鋼彈

第1期GAT-X系列最初完成的機體。針對肉搏戰的開發高通用性機體，後來配備札夫特的強化裝備「突擊護甲」。

第1期GAT-X系列機體之一，屬於擅長砲擊支援的機體，配備火力強大、種類豐富的實體彈／光束兵器。

GAT-X207 電擊鋼彈

GAT-X303 神盾鋼彈

GAT-01 攻擊刃

第1期GAT-X系列機體之一，為特殊任務用機體。具有可散布幻象粒子的光學迷彩機能。

第1期GAT-X系列機體之一，為具備可變形機構的機體。MA形態有巡航形態和砲擊形態這兩種。

以攻擊鋼彈為藍本的地球聯合軍首款量產型MS，省略了攻擊裝備系統。

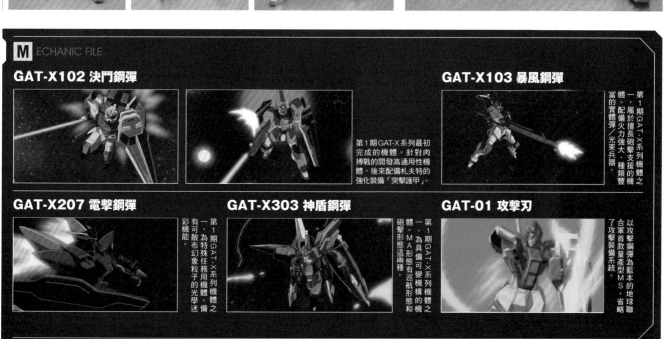

R-Number 183 SIDE MS
自由鋼彈

2015年8月發售
5,940円（含稅8%）

【配件】
交換用手掌零件、光束步槍、護盾、光束軍刀用光束刃×2、光束軍刀用柄部×2、雙頭光束軍刀用柄部、特製機身標誌貼紙＆手冊（首批出貨版附錄）

　此款商品具備雙軸可動機構，並搭配球形關節的設計，除了可前後左右擺動，更能做出上半身扭腰使勁的動作。擺設幅度更為寬廣，可以說在擺設SEED風格架勢上達到嶄新的境界。首批出貨的附錄手冊內含自由鋼彈、正義鋼彈、天帝鋼彈等各式機型用機身標誌貼紙。自由鋼彈用圖樣收錄了以出廠時為藍本的札夫特規格，以及和永恆號會合之後的煌‧大和規格這2種版本。

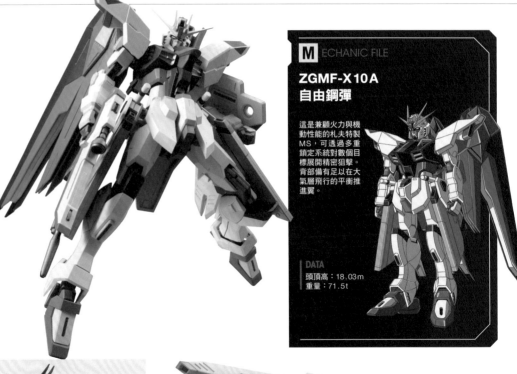

M ECHANIC FILE

ZGMF-X10A
自由鋼彈

這是兼顧火力與機動性能的札夫特製MS，可透過多重鎖定系統對數個目標展開精密狙擊。背部備有足以在大氣層飛行的平衡推進翼。

DATA
頭頂高：18.03m
重量：71.5t

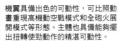

機翼具備出色的可動性，可比照動畫重現高機動空戰模式和全砲火展開模式等形態。主體也具備能夠擺出扭轉使勁動作的精湛可動性。

R-Number SP 魂WEB商店 SIDE MS
天帝鋼彈

2016年1月出貨
10,800円（含稅8%）

【配件】
交換用手掌零件、審判式光束步槍、複合兵裝防盾系統、龍騎兵用特效零件（大×3、中×2、小×6）

　這款商品就連堪稱天帝鋼彈特徵所在的龍騎兵系統也都詳盡地重現了。中、小版本龍騎兵在掛載狀態下仍可活動，射出狀態亦能搭配特效零件重現動畫場面。推進背包基座的連接臂可活動。複合兵裝防盾系統不僅能如同設定套在手臂上，還能裝設光束刃零件，重現伸出光束軍刀的狀態。

R-Number 185 SIDE MS

正義鋼彈

2015年9月發售
6,480円（含稅8%）

【配件】
交換用手掌零件、光束步槍、護盾、光束軍刀×2、連結用光束軍刀柄部、推進背包擴充零件（左右）

　　與自由鋼彈一樣備有雙軸可動機構搭配球形關節的設計，可流暢擺出各種架勢，自然重現動畫中的SEED風格架勢。堪稱正義鋼彈特徵的背部載具命運-00，能按照設定展開＆自由裝卸，分離後也有著在搭乘之際可進一步提高娛樂性的原創機構。和自由鋼彈一樣附有光束軍刀柄部零件，可重現連結為雙頭光束劍的形態。

M ECHANIC FILE

ZGMF-X09A
正義鋼彈

DATA
全高：18.56m
重量：75.4t

這是備有多樣化武裝的自由鋼彈兄弟機。背部的命運-00能夠分離開來，還可遙控操作展開攻擊。

讓正義鋼彈搭乘在分離開來的命運-00背面時，只要搭配附屬的專用零件，即可擴充左右兩側的腳踏部位。這樣一來可擺設的架勢也會更多樣呢。

M ECHANIC FILE

ZGMF-X13A
天帝鋼彈

備有龍騎兵系統的核心動力搭載型MS，可經由遙控操作龍騎兵進行立體攻擊。

DATA
全高：18.16m
重量：90.68t

機動戰士鋼彈SEED

機動戰士鋼彈 SEED DESTINY

播映期間：2004年10月9日～2005年10月1日
TV動畫
全50集

■主要製作成員
原作：矢立肇、富野由悠季
監督：福田己津央
人物設計：平井久司
機械設計：大河原邦男、山根公利
編劇統籌：兩澤千晶
音樂：佐橋俊彥

S STORY

在地球聯合與PLANT爆發武力衝突後，就連中立國歐普也被捲入戰火之中，遭到波及的少年真·飛鳥失去了家人，他只好強忍悲傷移居至PLANT。雖然日後總算停戰，但自然人與調整者雙方的嚴重對立依舊未能化解，埋下未來引發戰爭的火種⋯⋯

C.E.73年，真進入札夫特從軍，成為了新型MS脈衝鋼彈的駕駛員。就在他分發至新造船艦「智慧女神號」，並參與該艦的進宙儀式時，聯合軍的特殊部隊「幻痛」突然襲擊該地，還奪走脈衝鋼彈以外的新型鋼彈。這場襲擊為全新的戰爭揭開序幕，真甚至不得不與和聯合勾結的故鄉——歐普為敵。

R-Number 085 SIDE MS

命運鋼彈

2011年1月發售
4,410円（含稅5%）

【配件】
交換用手掌零件、光束步槍、護盾、背部光束劍、光束砲、光束迴旋鏢、PET製光束盾、透明特效零件、魂STAGE

　和SEED系列一樣，這款商品也是由主任機械作畫監督重田智老師審核。主武裝背部光束劍「亞隆戴特」和高能長射程光束砲均可重現從中折疊的收納形態，以及整個展開的攻擊形態。雙肩處光束迴旋鏢附有投擲和軍刀狀態的光束刃零件共2種。掌部光束砲「掌中槍」版手掌零件藉塗裝表現發光效果，當然也附有其他的交換用手掌。至於光之翼則以透明零件來呈現，亦附有專用台座。

M ECHANIC FILE

ZGMF-X42S
命運鋼彈

DATA
全高：18.08m
重量：79.44t

這架真專用機結合了脈衝鋼彈各式外掛裝備的機能於一身，不僅能對應肉搏戰和砲擊戰，亦具備高度機動性，甚至還備有隱藏在掌心的武器，以及光束盾等嶄新概念的武裝。

R-Number 205

威力型脈衝鋼彈

2016年9月發售　6,480円（含稅8%）

【配件】

交換用手掌零件、威力型外掛裝備、光束步槍、光束軍刀×2、護盾、雷射對艦刀「聖劍」（透視構圖造型）

沿用命運鋼彈的素體設計之餘，亦全新開模製作威力型外掛裝備、光束步槍與護盾。更附有製作成透視構圖造型的聖劍。

R-Number 202

炮擊型薩克戰士（露娜瑪莉亞座機）

2016年7月發售　6,480円（含稅8%）

【配件】

交換用手掌零件、砲擊型輔助裝備、光束戰斧、光束突擊槍

高能長射程光束砲無須替換組裝，即可重現展開狀態。換裝機構亦能組裝另外販售的攻擊裝備等配件（可對應2016年2月起發售的新商品）。

M ECHANIC FILE

ZGMF-X56S/α 威力型脈衝鋼彈

威力型為高機動規格，而脈衝鋼彈本身即能因應戰況，換裝各式外掛裝備。

ZGMF-1000 薩克戰士（露娜瑪莉亞專用機）

札夫特的新型量產機。紅色的露娜座機多半是以砲擊形態出擊。

R-Number 200

命運型脈衝鋼彈

2016年6月發售
6,480円（含稅8%）

【配件】

交換用手掌零件、命運型外掛裝備、雷射對艦刀「聖劍」×2、光束步槍、交換用連接零件1套

這款是編號R-200的紀念商品，首批出貨版包裝盒以重田智老師筆下的全新畫稿設計，規格豪華。雷射對艦刀「聖劍」附有2柄，無須替換即可重現連結後的雙頭劍形態；雷射刃則以透明零件呈現。2門砲管伸縮式光束他塔藉由可靈活轉動的連接臂架在肩上，或是從腋下往前伸出，具備自由調整射擊方式的機構呢。

M ECHANIC FILE

ZGMF-X56S/θ 命運型脈衝鋼彈

DATA

全高：—
重量：—

此試作機備有集威力、巨劍、轟擊這3種外掛裝備特性於一身的命運型外掛裝備，共計製造4架。1號機採用以紅紫色為基調的配色。

與命運鋼彈一樣，機翼部位能展開。砲管伸縮式光束砲塔的砲管部位也按照設定搭載伸縮機構。

R-Number 072 SIDE MS

攻擊自由鋼彈

2010年8月發售　3,675円（含稅5%）

【配件】
交換用手掌零件、背部機動兵裝翼、光束步槍、光束軍刀（單一、雙頭）、光束盾、全砲火展開模式用連接零件（首批生產版限定附錄）

這也是經過重田老師審核的商品。特徵所在的超級龍騎兵機動兵裝翼不僅8片機翼均可獨立活動，超級龍騎兵亦能由裝卸。腰部磁軌砲「旗魚式3」備有發射狀態展開機構和砲管伸縮機構。光束步槍則可重現2挺連結起來的形態。

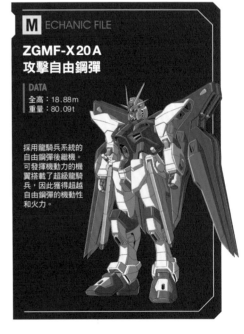

M ECHANIC FILE

ZGMF-X20A
攻擊自由鋼彈

DATA
全高：18.88m
重量：80.09t

採用龍騎兵系統的自由鋼彈後繼機。可發揮機動力的機翼搭載了超級龍騎兵，因此獲得超越自由鋼彈的機動性和火力。

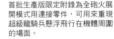

首批生產版限定附錄為全砲火展開模式用連接零件，可用來重現超級龍騎兵懸浮飛行在機體周圍的場面。

R-Number SP 魂WEB商店 SIDE MS

攻擊自由鋼彈用
機翼特效零件&
展示台座套組

2010年8月出貨
1,890円（含稅5%）

【配件】
機翼特效零件（大）×2、
機翼特效零件（小）×2、展示台座

可比照動畫，重現光之翼的特效零件套組。取下超級龍騎兵後即可裝設在機翼上。亦附有魂STAGE。

R-Number SP 魂WEB商店 SIDE MS

嫣紅攻擊鋼彈
（天空之煌Ver.）

2016年2月出貨
7,560円（含稅8%）

【配件】
交換用手掌零件、光束步槍、大型對艦刀用雷射刃、護盾、鳳型攻擊裝備、突擊刀「破甲者」×2

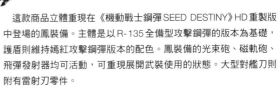

這款商品立體重現在《機動戰士鋼彈SEED DESTINY》HD重製版中登場的鳳裝備。主體是以R-135全備型攻擊鋼彈的版本為基礎，護盾則維持嫣紅攻擊鋼彈版本的配色。鳳裝備的光束砲、磁軌砲、飛彈發射器均可活動，可重現展開武裝使用的狀態。大型對艦刀則附有雷射刃零件。

鳳型攻擊裝備本身可獨自飛行，從嫣紅攻擊鋼彈身上分離後，只要按照設定展開機首，即可重現飛行形態。

機動戰士鋼彈 SEED C.E.73 -STARGAZER-

線上播出期間：20026年7月14日～2006年10月20日
線上播出動畫　全3集

■主要製作成員
原作：矢立肇、富野由悠季
監督：西澤晉
人物設計：大貫健一
機械設計：大河原邦男、山根公利、BEECRAFT、
藤岡建機
劇本：森田繁
音樂：大橋惠

S STORY　C.E.73年，在尤尼烏斯七號墜落造成的混亂中，深宇宙探查開發機構（DSSD）著手進行宇宙探查用MS「觀星鋼彈」的機動實驗。然而幻痛部隊卻派出史溫·卡爾·巴揚發動襲擊，企圖奪取該機體……。

R-Number 190　SIDE MS
漆黑攻擊鋼彈

2016年1月發售　7,020円（含稅8%）

【配件】
交換用手掌零件、火箭錨發射器×2、短管光束步槍×2、高能光束步槍×2、光束刃×2

漆黑攻擊裝備的機翼和武裝均可靈活轉動，亦可自由裝卸。對艦刀也可取下，改持拿在手中。

M ECHANIC FILE

GAT-X105E 漆黑攻擊鋼彈

配備不拘戰鬥距離的漆黑攻擊裝備，主體為攻擊鋼彈的改良機。

機動戰士鋼彈 SEED DESTINY ASTRAY

連載：2004年～2006年
誌上連載　全4卷（漫畫）／全2卷（小說）

■主要製作成員
小說、劇本：千葉智宏（STUDIO ORPHEE）
漫畫作畫：鴇田洸一
小說插畫：緒方剛志
機械設計：阿久津潤一
人物設計：植田洋一
設定、企劃協力：森田繁（STUDIO NUE）

S STORY　透過史上第一位採訪MS的戰場攝影記者傑斯·里布爾的觀點，描述《SEED》之後直到《SEED DESTINY》這段空白時期，究竟發生哪些事件的官方外傳。透過漫畫、小說，以及搭配模型的圖像小說等多種媒體展開故事。

R-Number 148　SIDE MS
聖約鋼彈

2013年9月發售
5,040円（含稅5%）

【配件】
交換用手掌零件、光束軍刀×2、三特改、手槍2種、神兵型攻擊裝備

背部的神兵型攻擊裝備無須替換，即可展開為飛行形態和巨大手臂形態。此攻擊裝備設計有原創的交換機構，也可供另外販售的異端鋼彈非規格機D（背部連接裝備）裝設該裝備。另附有2種馬蒂烏專用複合槍等額外配件。

R-Number SP　魂WEB商店　SIDE MS
異端鋼彈非規格機D（背部連接裝備）

2014年1月出貨　5,184円（含稅8%）

【配件】
交換用手掌零件、背部連接裝備1套、輔助臂用連接零件、光束軍刀×2、突擊刀「破甲者」×2、槍形攝影機、光束步槍

原創機構為這款商品的首要特徵所在。推進背包和臂部處輔助臂／噴射器組件的基座連接機構均為共通設計，臂部的手腕／輔助臂手腕也採用共通連接機構，得以自由搭配，充分體會把玩的樂趣。加上背部連接裝備本身也具有展開機構，可說是極具娛樂性的商品呢。

M ECHANIC FILE

ZGMF-X12D 異端鋼彈非規格機D

DATA
全高：－
重量：－

以札夫特製攻擊裝備系統驗證機「聖約鋼彈」的零件為基礎，由羅·裘爾製造的機體。D為重現原型機本身裝甲的機體。

機動戰士鋼彈 00

播映期間：2007年10月6日～2008年3月29日（第1期）/
　　　　　2008年10月5日～2009年3月29日（第2期）
TV動畫
全25集（第1期）/全25集（第2期）

■主要製作成員
原作：矢立肇、富野由悠季
監督：水島精二
人物設計：高河弓、千葉道德
機械設計：海老川兼武、柳瀨敬之、鷲尾直廣、寺岡賢司、福地仁、中谷誠一、大河原邦男
編劇統籌：黑田洋介
音樂：川井憲次

S STORY

公元2307年，UNION（世界經濟聯合）、人類革新聯盟、AEU（進步歐盟）這三大勢力自成一方之霸，企圖爭奪世界的主導權。面對這個明明已解決能源供給問題，卻依舊爭戰不斷的世界，私設武裝組織「天上人」揭櫫根絕紛爭的理念，意圖憑武力介入所有戰爭行為。他們運用超先進技術製造MS「鋼彈」，並託付給剎那‧F‧塞耶、洛克昂‧史特拉托斯、阿雷路亞‧帕普提茲姆、提耶利亞‧厄德這4名尖兵，為了實現組織的理念，四人勇於挑戰整個世界。但武力只不過是考量到日後必然與外星生命體接觸，展開「注定到來的對話」，為此全力促成世界統一與人類變革的「伊歐利亞計畫」其中一環罷了——。

M ECHANIC FILE

GN-0000 鋼彈

這架鋼彈備有雙重動力裝置系統，與能天使鋼彈同樣是以GN劍為主武裝。這架機體乃是促成人類變革的關鍵，隨著2具太陽爐同步運作，GN粒子產生數量也會變成單座太陽爐的平方，然而要維持穩定運作卻也相當困難。解決這個問題的，正是以支援機形式研發的0強化戰機作為控制系統。在穩定運作狀態下啟動TRANS-AM模式時（TRANS-AM強化模組），更能令機體量子化。不僅如此，還能經由傳播腦量子波形成量子空間，使得戰場上的人們能夠心靈相通，提升彼此理解的可能性，進而達到人類革新的境界。

DATA
頭頂高：18.3m
主體重量：54.9t

支援機0強化戰機與00鋼彈合體（左）後會成為控制系統，確保雙重動力裝置系統能穩定運作。這個合體形態被稱為00強化模組（右）。

R-Number 001　SIDE MS

00 鋼彈

2008年10月發售
2,625円（含稅5%）

【配件】
交換用手掌零件、GN劍II×2、GN盾×2、GN光束軍刀×2

ROBOT魂值得紀念的首款商品。附有整套初期裝備，GN盾除了能裝設在雙肩上之外，亦可連結起來裝設在臂部上，重現設定中的機構呢。GN劍II也可替換組裝零件，重現劍模式和步槍模式。交換用手掌零件內含握拳狀左右手、持拿武器用手，以及造型較生動的張開狀左手，搭配能靈活調整方向的雙肩處GN動力裝置後，更能擺出多元化的動作架勢呢。

THE ROBOT SPIRITS TAIZEN

SP
TAMASHII NATION 2009 會場／魂 WEB 商店
SIDE MS

00 鋼彈
TRANS-AM 透明 Ver.

2009 年 10 月出貨　3,000 円（含稅 5%）

【配件】
交換用手掌零件、GN 劍 II × 2、GN 盾 × 2、
GN 光束軍刀 × 2

利用紅色透明零件和金屬質感塗裝，呈現動畫中啟動
TRANS-AM 時的面貌。主體的規格和 R-001 一樣。

SP
魂 WEB 商店
SIDE MS

00 鋼彈用
GN 劍 III

2010 年 2 月出貨　525 円（含稅 5%）

【配件】
GN 劍 III、GN 盾

劍刃部位為透明零件，完全重現劍模式與步槍模式的
變形機能。

SP
SIDE MS

0 強化戰機

2008 年 12 月發售
1,365 円（含稅 5%）

【配件】
展示台座、光束特效零件 × 2

內含 0 強化戰機主體，亦附有
可供 GN 劍 II 使用的光束特效
零件。

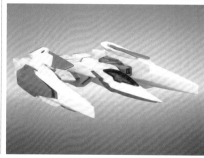

SP
SIDE MS

00 強化模組
TRANS-AM 套組

2008 年 12 月發售
4,200 円（含稅 5%）

【配件】
00 鋼彈主體、交換用手掌零件、
GN 劍 II × 2、GN 盾 × 2、
GN 光束軍刀 × 2、
0 強化戰機主體、展示台座、
大型光束特效零件 × 2

GN 動力裝置
和 GN 電容器
使用蓄光塗料
上色，在暗處
可發光。另附
有套組版獨有
的大型光束特
效零件。

M ECHANIC FILE

GN-0000 + GNR-010
00 強化模組

DATA
頭頂高：18.3m
主體重量：75.1t

00 鋼彈與 0 強化
戰機的合體形態。
雙重動力裝置能夠
穩定運作，因此輸
出功率也遠超出既
有的範疇。

SP
魂 WEB 商店
SIDE MS

00 鋼彈
TRANS-AM 強化模組

2010 年 2 月發售　4,410 円（含稅 5%）

【配件】
00 鋼彈主體、交換用手掌零件、GN 劍 II × 2、GN 光束軍刀（柄部 × 2、光束刃
× 2）、GN 劍 III（主體、大輸出功率劍刃、一般配色版零件）、GN 盾、0 強化戰
機主體、專用台座

有別於 TRANS-AM 套組，這款商品是以透明零件搭配金屬質感塗裝來呈現。主體是以
R-038 七劍型 00 鋼彈為準，附有強化巨劍用特效零件。

SP
TAMASHII NATION 2010 會場／
魂 WEB 商店　**SIDE MS**

00 強化模組
（粒子儲藏槽型）

2010 年 10 月發售
4,000 円（含稅 5%）

【配件】
交換用手掌零件、GN 劍 II × 2、GN 光束軍刀 × 2、GN 劍 III、
GN 盾、0 強化戰機主體

雙肩均更換為粒子儲藏槽的電影版規格。主體是以 R-038 為基
礎，施加金屬質感塗裝。

R-Number 030 SIDE MS
能天使鋼彈

2009年8月發售
2,940円（含稅5%）

【配件】
交換用手掌零件、GN劍、GN光束軍刀×2、GN光束匕首×2、GN長刀、GN短刀、GN盾、腰部連接零件×2

毫無保留附有多把佩劍，可供重現動畫中全副武裝的形態。GN光束軍刀和GN光束匕首分別附有長、短光束刃零件，GN劍也可收納為GN步槍模式。背部GN動力裝置可藉拉伸式機構表現出運作狀態。除了另以特別版（SP）形式推出修補版，亦可搭配另外版售的換裝零件重現修補版Ⅱ。尚有推出以透明零件搭配金屬質感塗裝呈現的TRANS-AM透明Ver.。

R-Number SP TAMASHII Feature's Vol.1會場／魂WEB商店 SIDE MS
能天使鋼彈
（TRANS-AM透明Ver.）

2010年2月出貨　3,000円（含稅5%）

【配件】
交換用手掌零件、GN劍、GN光束軍刀×2、GN光束匕首×2、GN長刀、GN短刀、GN盾、腰部連接零件×2

R-Number SP 魂WEB商店 SIDE MS
能天使鋼彈修補版

2009年12月出貨　2,625円（含稅5%）

【配件】
交換用手掌零件、GN劍

R-Number SP 魂WEB商店 SIDE MS
能天使鋼彈對應
能天使鋼彈修補版Ⅱ 換裝零件

2009年8月出貨
840円（含稅5%）

【配件】
肩甲零件、臂部零件、大腿零件、小腿零件、後裙甲、GN劍（劍身部位）

M ECHANIC FILE
GN-001 能天使鋼彈

DATA
頭頂高：18.3m
主體重量：57.2t

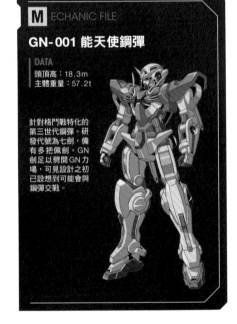

針對格鬥戰特化的第三世代鋼彈。研發代號為七劍，備有多把佩劍。GN劍足以劈開GN力場，可見設計之初已設想到可能會與鋼彈交戰。

R-Number 004 SIDE MS
智天使鋼彈

2008年11月發售
2,940円（含稅5%）

【配件】
交換用手掌零件、GN狙擊步槍Ⅱ、GN光束手槍Ⅱ×2、GN防盾BIT、GN攝影機展開零件、展示台座

頭部砲擊攝影機可替換組裝零件，重現艙蓋展開狀態，亦備有可搭配護目鏡零件重現狙擊狀態的機構。要重現高跪姿射擊動作也不成問題。GN狙擊步槍Ⅱ可從三連裝火神砲的形態整個展開，GN光束手槍Ⅱ除了能掛載在進背包上，亦可利用可動式握把構成格鬥武器形態。另外，GN防盾BIT附有可供重現展開狀態的支架。

M ECHANIC FILE
GN-006 智天使鋼彈

DATA
頭頂高：18.0m
主體重量：58.9t

力天使鋼彈的發展機，乃是針對射擊戰特化，具備可長程射擊的狙擊模式。全身各處均配備GN防盾BIT，可經由遙控操作開全方位防禦。

R-Number 002 SIDE MS

墮天使鋼彈

2008年10月發售
2,625円（含稅5%）

【配件】
交換用手掌零件、GN光束軍刀、
GN雙管光束步槍

　這款商品重現能變形為飛行形態的變形機構。由於採用複合素材與扣鎖機構，無須替換組裝即可變形。飛行形態時，構成機首的肩甲處GN光束盾可活動，還能展開為鉤爪模式；GN雙管光束步槍的上側槍管也能如同設定抬起，重現掛載於機腹的對地攻擊模式。至於開啟臂部艙蓋後，則能重現GN衝鋒槍的發射狀態。

R-Number 012 SIDE MS

GN弓兵戰機

2009年3月發售
2,625円（含稅5%）

【配件】
GN光束步槍×2、GN光束軍刀、
弓兵型墮天使鋼彈用連接零件

　和墮天使鋼彈一樣，擁有無須替換零件即可變形為飛行形態的變形機構。護目鏡、座艙罩、武裝等處均採用透明零件來呈現動畫的形象。只要搭配附屬連接零件，即可和另外販售的墮天使鋼彈合體，共同構成弓兵型墮天使形態。附帶一提，這兩款商品另有推出特別規格的套組版，局部配色改以金屬質感塗裝來呈現。

R-Number SP SIDE MS

墮天使鋼彈＋GN弓兵戰機
弓兵型墮天使套組

2009年3月發售　5,250円（含稅5%）

【配件】
墮天使鋼彈主體、GN雙管光束步槍、GN光束軍刀×2、
交換用手掌零件、GN弓兵戰機主體、GN光束步槍×2、
弓兵型墮天使使用連接零件

R-Number 007 SIDE MS

熾天使鋼彈

2009年1月發售
4,987円（含稅5%）

【配件】
熾天使鋼彈主體、天使長鋼彈主體、
GN火箭砲Ⅱ×2、GN光束軍刀×2、
背面巨臉重火力模式零件、
交換用手掌零件
（熾天使鋼彈×2／天使長鋼彈×3）

天使長鋼彈可分離＆變形。只要為GN加農砲裝上手掌零件，即可重現隱藏臂形態。背面的巨臉重火力模式可經由更換零件，加以重現。

M ECHANIC FILE

GN-007 墮天使鋼彈

DATA
頭頂高：19.1m
主體重量：55.4t

主天使鋼彈的強化發展機型。繼承飛行形態之餘，亦強化飛行性能和武裝，基本性能整個獲得提升。左右肩甲的GN光束盾在飛行形態時也能作為格鬥武器。

M ECHANIC FILE

GNR-101A GN弓兵戰機

DATA
頭頂高：16.9m
主體重量：30.8t

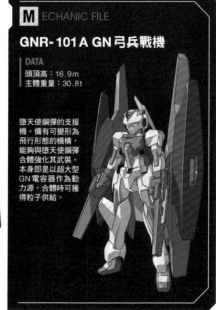

墮天使鋼彈的支援機。備有可變形為飛行形態的機構，能夠與墮天使鋼彈合體強化其武裝。本身即是以超大型GN電容器作為動力源，合體時可獲得粒子供給。

M ECHANIC FILE

GN-008 熾天使鋼彈

DATA
頭頂高：18.2m
主體重量：67.2t

為德天使鋼彈的發展機型。可搭配GN火箭砲Ⅱ和GN加農砲，施展各種攻擊。而另一架機體「天使長鋼彈」則可作為推進背包，於背面合體。

R-Number 022　SIDE MS

O 鋼彈（實戰配備型）

2009年5月發售　2,625円（含稅5%）

【配件】
交換用手掌零件、GN光束步槍、GN護盾、GN光束軍刀、
粒子壓縮背包、GN動力裝置

推進背包附有雷瑟搭乘
時裝設的GN動力裝置還2款。

以及里朋斯搭乘
時裝設的粒子壓縮背包，

R-Number SP　魂WEB商店　SIDE MS

O 鋼彈

2010年1月出貨　2,625円（含稅5%）

【配件】
交換用手掌零件、GN光束步槍、GN護盾、GN光束軍刀、
專用GN動力裝置、展示台座

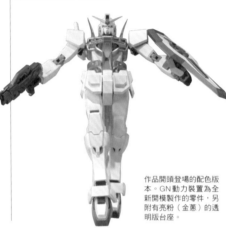

作品開頭登場的配色版
本。GN動力裝置為全
新開模製作的零件，另
附有亮粉（金蔥）的透
明版台座。

M ECHANIC FILE

GN-000 O 鋼彈

DATA
頭頂高：18.0m
主體重量：53.4t

堪稱鋼彈原型的第
一世代機體。經過
實戰測試後便交給
支援組織「天使」
管理，與準變革者
勢力決戰之際則是
搭載粒子儲藏槽投
入實戰。

R-Number 003　SIDE MS

聯合旗幟式特裝型 II（GN 旗幟式）

2008年11月發售　2,310円（含稅5%）

【配件】
交換用手掌零件、GN光束軍刀、超限旗幟式用線性步槍、護目鏡展開零件

護目鏡可替換零件，重現展開狀態。腰部
的擬似太陽爐可改為裝設在肩上。附有線
性步槍。

M ECHANIC FILE

SVMS-01X 葛拉漢專用
聯合旗幟式特裝型 II

DATA
頭頂高：17.9m
主體重量：74.2t

為旗幟式裝設擬似
太陽爐的改裝機，
機體均衡性也因此
變差了。將擬似太
陽爐改裝設在肩部
後，得以由該處直
接供給粒子施展
GN光束軍刀。

R-Number 028　SIDE MS

豪傑式

2009年7月發售
3,360円（含稅5%）

【配件】
交換用手掌零件、GN光束軍刀（長、短）、
專用台座武士道箴言（首批出貨版限定附錄）

由造型設計的福地仁老師徹底審核。首批出貨版附有印製動畫名
言的台座（全4款）。

M ECHANIC FILE

GNX-U02X 豪傑式

DATA
頭頂高：20.4m
主體重量：61.5t

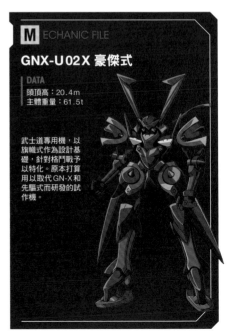

武士道專用機，以
旗幟式作為設計基
礎，針對格鬥戰予
以特化。原本打算
用以取代GN-X和
先驅式而研發的試
作機。

048 SIDE MS

須佐之男

2010年1月發售
3,360円（含稅5%）

【配件】
交換用手掌零件、強化軍刀（雲龍／不知火）×2、背部擬似太陽爐、頭部管線、軍刀掛架×2、旗幟式型頭部

可重現三重天譴砲發射狀態，平衡推進翼上的GN鉤爪也能展開。附有旗幟式臉型的交換用頭部。

M ECHANIC FILE

GNX-Y901TW 須佐之男

DATA
頭頂高：20.4m
主體重量：68.4t

此乃豪傑式的強化改造機型。不僅武裝經過強化，亦可和豪傑式一樣使用TRANS-AM。配備強化軍刀，取代原先的GN光束軍刀；腹部內藏大型光束加農砲。

SP 魂WEB商店 SIDE MS

須佐之男（TRANS-AM Ver.）

2010年5月出貨　3,360円（含稅5%）

【配件】
交換用手掌零件、強化軍刀（雲龍／不知火）×2、背部擬似太陽爐、頭部管線、軍刀掛架×2、旗幟式型頭部、專用台座武士道箴言（須佐之男Ver.）

附屬台座採透明零件搭配金屬質感塗裝的規格。主體和豪傑式的首批出貨限定版台座相同，相異處在於搭配了須佐之男時期的名言（4款均以貼紙呈現）。

SP 魂WEB商店 SIDE MS

GN-X

2011年1月出貨　2,625円（含稅5%）

【配件】
交換用手掌零件、GN光束步槍、長槍管零件、GN光束軍刀、GN盾

以GN-XⅢ為基礎，可搭配全新開模製作的肩部和腰部零件立體重現。

009 SIDE MS

GN-XⅢ（A-LAWS型）

2009年2月發售　2,625円（含稅5%）

【配件】
交換用手掌零件、GN長矛、GN光束步槍、GN光束軍刀、GN盾

018 SIDE MS

GN-XⅢ（地球聯邦型）

2009年4月發售　2,625円（含稅5%）

【配件】
交換用手掌零件、GN長矛、GN光束步槍、GN光束軍刀、GN盾

A-LAWS型和地球聯邦型，這兩種配色均推出了立體商品。

M ECHANIC FILE

GNX-603T GN-X

DATA
頭頂高：19.0m
主體重量：70.4t

以天使鋼彈為基礎所研發的擬似太陽爐搭載機，備有可運用GN粒子的兵裝，通用性高。同時具備出色的擴充性，因此後來便陸續研發＆量產GN-XⅢ、GN-XⅣ作為主力機種。

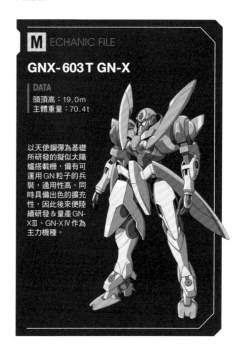

R-Number 008 SIDE MS

先驅式

2009年1月發售
2,625円（含稅5%）

【配件】

交換用手掌零件、GN衝鋒槍（GN光束步槍）、GN光束軍刀×2、GN力場手榴彈

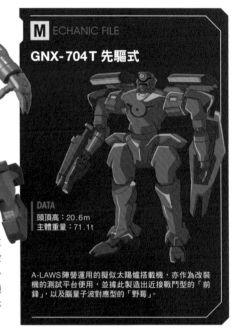

這款商品乃是基於「厚重＆壯碩」的設計概念立體重現。身體各部位均採用高比重素材PVC，藉此營造出原設計者寺岡賢司老師筆下深具特色的曲面造型與重量感。外裝零件則採用硬質的ABS製作，力求還原充滿銳利感的機械風格。GN衝鋒槍可追加零件換裝為GHN光束步槍，亦附有GN力場手榴彈。

R-Number 010 SIDE MS

武士道專用先驅式
先驅式近接戰鬥型「前鋒」

2009年2月發售　2,625円（含稅5%）

【配件】

交換用手掌零件、GN光束軍刀（太刀、脇差）、軍刀用管線（長、短）

為了重現GN光束軍刀的太刀（長刀）和脇差（短刀）這2種版本，光束刃透明特效零件也分別製作不同的生動造型。亦能比照設定，將軍刀柄部的管線連接到頭部後側，表現強化輸出功率的使用狀態，該管線也附有長、短兩種版本。該刀柄也能透過連接零件掛載在大腿上，或是按照設定收納於GN盾內側。GN盾上的防禦棍亦可活動。

R-Number 017 SIDE MS

先驅式腦量子波對應型
「野莓」

2009年4月發售
2,625円（含稅5%）

【配件】

交換用手掌零件、GN衝鋒槍（GN光束步槍）、GN光束軍刀

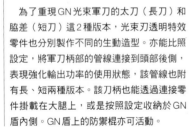

肩部與背後均備有鰭片狀的向量噴射器。各鰭片均為獨立零件，造型深具銳利感。堪稱野莓特徵的背面GN推進器亦比照設定製作，備有能以擬似太陽爐為基座進行轉動、擺動的機構。護目鏡部位為透明零件，可從該處窺見內部的四眼型主攝影機。與先驅式相同，GN衝鋒槍也能連接槍管零件換裝為GN光束步槍。

R-Number 015 SIDE MS

加迪薩

2009年3月發售　2,940円（含稅5%）

【配件】

交換用手掌零件、GN重砲、GN光束軍刀×2、能量槽、護目鏡狀態臉部零件

GN重砲的砲管可展開。駕駛艙區塊可取下並變形為核心戰機。臉部可替換零件，重現罩上護目鏡的狀態。

R-Number 023 SIDE MS

加迪薩（希林格座機）

2009年5月發售　2,940円（含稅5%）

【配件】

交換用手掌零件、GN重砲、GN光束軍刀×2、能量槽、護目鏡狀態臉部零件

雖然在規格上與里凡穆座機相同，不過希林格座機是將動畫配色以金屬質感塗裝來呈現的特別配色版。

R-Number 016 SIDE MS

加萊佐

2009年3月發售　2,940円（含稅5%）

【配件】

交換用手掌零件、GN鉤爪（展開狀態）×2、GN鉤爪（聚集狀態）×2、雙眼零件

光束爪附有五指全部展開的狀態，以及聚集成一道光束刃的狀態。臉部可換裝為雙眼版本。

R-Number 025 SIDE MS

加萊佐（希林格座機）

2009年6月發售　2,940円（含稅5%）

【配件】

交換用手掌零件、GN鉤爪（展開狀態）×2、GN鉤爪（聚集狀態）×2、雙眼零件

採用金屬質感塗裝的希林格座機。左肩的GN力場產生器與布林格座機一樣設有展開機構。

M ECHANIC FILE

GNZ-003 加迪薩

DATA

頭頂高：24.8m（一般形態）
主體重量：60.4t

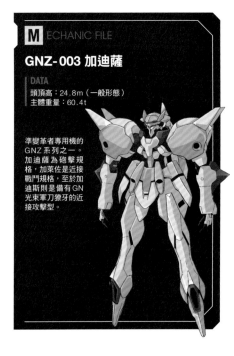

準變革者專用機的GNZ系列之一。加迪薩為砲擊規格，加萊佐是近接戰鬥規格，至於加迪斯則是備有GN光束軍刀獠牙的近接攻擊型。

R-Number SP 魂WEB商店 SIDE MS

加迪斯

2009年12月發售　3,000円（含稅5%）

【配件】

交換用手掌零件、逃生艙、獠牙×7、電熱軍刀

R-Number SP 魂WEB商店 SIDE MS

加迪斯＆推進器 套組

2009年12月出貨　4,800円（含稅5%）

【配件】

加迪斯主體、交換用手掌零件、逃生艙、獠牙×7、電熱軍刀、推進器（左右）、展示台座

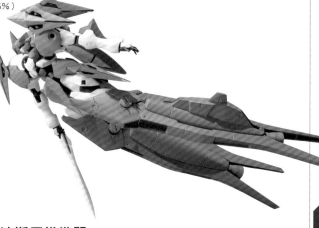

　不僅GN光束軍刀獠牙能夠取下，還附有可重現射出狀態的魂STAGE用連接零件。推進器本身也可供加迪薩或加萊佐使用。附帶一提，加迪斯和推進器主體各有推出零售版商品。

R-Number SP 魂WEB商店 SIDE MS

加迪薩／加萊佐／加迪斯用推進器

2009年12月出貨　　　【配件】
1,800円（含稅5%）　　推進器（左右）、展示台座

R-Number SP 魂WEB商店 SIDE MS

加格

2010年1月出貨　3,000円（含稅5%）

【配件】
專用推進器、連接零件、展示台座

本商品乃是由設計機體造型的柳瀨敬之老師擔綱審核。設有專用推進器，亦附可供展示飛行狀態的台座。

R-Number SP 魂WEB商店 SIDE MS

加格 TRANS-AM 套組

2010年1月出貨　7,800円（含稅5%）

【配件】
加格主體×3、專用推進器×3、連接零件×3、展示台座×3

以TRANS-AM模式為藍本的透明版商品。這款3機套組備有專用包裝盒，亦附推進器與展示台座。

M ECHANIC FILE

GNZ-004 加格

DATA
頭頂高：18.1m
主體重量：26.4t

作為決戰兵器而研發的GNZ系列之一。屬於啟動TRANS-AM模式衝撞敵人的自殺兵器，還可進一步加裝推進器以提高突進力。由量產的準變革者搭乘。

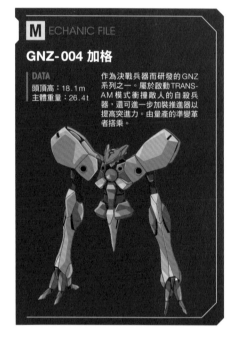

R-Number 033 SIDE MS

阿爾瓦亞隆

2009年9月發售　2,625円（含稅5%）

【配件】
交換用手掌零件、GN光束步槍×2、GN光束軍刀×2、GN光束軍刀連結狀態柄部零件

這是僅有主體的標準版商品，金色的機體配色為成形色。GN光束軍刀附有連結狀態的柄部。

R-Number SP SIDE MS

阿爾瓦亞隆 DX the core of 阿爾瓦特雷

2009年9月出貨
3,990円（含稅5%）

【配件】
阿爾瓦亞隆主體、GN光束步槍×2、GN光束軍刀×2、光束刃（黃色）×2、GN光束軍刀連結狀態柄部零件、交換用手掌零件、阿爾瓦特雷（核心部位）

連同MA阿爾瓦特雷核心部位一同重現的套組版商品。有別於一般版，阿爾瓦亞隆的配色是採塗裝方式呈現。阿爾瓦特雷的核心部位可當成台座使用，展現與阿爾瓦亞隆合體＆分離的模樣。GN光束軍刀除了附有粉紅色光束刃外，亦比照動畫附有黃色版。

R-Number SP 魂WEB商店 SIDE MS

統御式

2009年10月出貨
9,450円（含稅5%）

【配件】
台座、交換用頭部

這架統御式的首款立體商品，可是有著450㎜的龐大尺寸，能夠由MA變形為MS形態。胸部配備的GN獠牙可自由裝卸，電磁鞭也能連接單芯線來呈現射出狀態。MA形態時亦可展開前側的光束砲。不僅重現頭盔裡的頭部，而且還能換裝為鋼彈型頭部。附有原創設計的專用台座。

M ECHANIC FILE

GNMA-0001V 統御式

DATA
頭頂高：32.3m
主體重量：586.1t

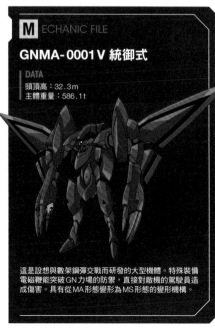

這是設想與數架鋼彈交戰而研發的大型機體。特殊裝備電磁鞭能突破GN力場的防禦，直接對敵機的駕駛員造成傷害。具有從MA形態變形為MS形態的變形機構。

R-Number 045 SIDE MS

權天使鋼彈

2009年12月發售 3,675円（含稅5%）

【配件】

交換用手掌零件、GN巨劍、GN光束軍刀用光束刃、GN盾、GN
獠牙（收納形態）×4、GN獠牙（攻擊形態）×2、交換用硬質天
線零件（肩部）

　　這款商品是經擔綱機體設計的機械設定師鷲尾直廣
老師審核，才得以立體重現。GN獠牙附有收納與展
開型態兩種版本，後裙甲的GN獠牙武器櫃也備有展
開機構。亦附有可重現GN獠牙射出狀態用的零件，
還可搭配另外販售的魂STAGE展示。軍刀用光束刃
也能裝在腳尖上，再現動畫場面。核心戰機的機構無
須另外替換組裝，即可重現分離＆變形狀態，這可是
鋼彈系列的立體產品中首度還原的特徵呢。

R-Number 062 SIDE MS

再生鋼彈／
再生加農

2010年6月發售
3,990円（含稅5%）

【配件】

交換用手掌零件、GN破壞步槍、GN盾、
大型GN獠牙×4、小型GN獠牙×4、
大型GN光束軍刀×2、再生加農用手掌零件×2、
電磁鞭×2

兼顧變形機構、體型與可動性的立體商品。武裝相當豐富，還備有收納
GN破壞步槍、展開GN盾等機構，大小不同的GN獠牙全都能自由裝卸。

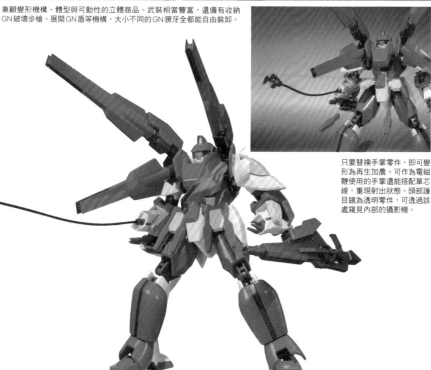

M ECHANIC FILE

CB-0000 G/C
再生鋼彈／再生加農

DATA
頭頂高：23.3m（鋼彈形態）/21.8m（加農形態）
主體重量：79.1t

準變革者領袖里朋斯・阿爾馬克的專用機。搭載雙重
動力裝置系統，可巧妙切換具通用性的鋼彈模式，以
及特化長程射擊能力的加農模式。

▲鋼彈模式

▼加農模式

只要替換手掌零件，即可變
形為再生加農。可作為電磁
鞭使用的手掌還能搭配單芯
線，重現射出狀態。頭部護
目鏡為透明零件，可透過該
處窺見內部的攝影機。

機動戰士鋼彈00
-A wakening of the Trailblazer-

上映時間：2010年9月18日
電影版動畫作品

■主要製作成員
原作：矢立肇、富野由悠季
監督：水島精二
人物設計：高河弓、千葉道德
機械設計：海老川兼武、柳瀬敬之、寺岡賢司、福地仁、鷲尾直廣、中谷誠一
編劇統籌：黑田洋介
音樂：川井憲次

S STORY　公元2307年，天上人揭櫫根絕戰爭的理念，投入鋼彈武力介入世界爭端。此一行動令世界產生遽變，甚至促成地球聯邦政府成立。然而獲得和平的世界又再度面臨危機。公元2314年，一艘無人操作的木星探查船來到地球圈附近，損毀碎片墜落至地球上後，引發一連串混亂。這些碎片其實是地球外變異性金屬體「ELS」，後來其主力在木星現身。在人類未臻變革階段，準備也不夠充分的情況下，與外星生命體接觸──「注定到來的對話」就已經迫在眼前。為了地球人類的未來，已進化為純粹種變革者的剎那・F・塞耶，勢必得與ELS展開對話──。

R-Number 076 SIDE MS

量子型00

2010年10月發售
3,780円（含稅5%）

【配件】
交換用手掌零件、GN劍V、GN劍V合體用零件、
GN劍BIT用特效零件×2、
GN劍BIT展示用零件零件1套

機體各部位和武裝均大量採用透明零件製作，整體的重現程度極高。GN劍V可變形為劍模式和步槍模式，還能搭配專用零件，與GN劍BIT合體為巨劍模式。亦附有環形展示架零件，可比照動畫，重現GN劍BIT展開的圓陣狀態。另外更附有原創的光束刃零件。

R-Number SP 魂WEB商店 SIDE MS

量子型00（TRANS-AM Ver.）

2013年10月出貨
4,200円（含稅5%）

【配件】
交換用手掌零件、GN劍V、GN劍V合體用零件、GN劍BIT用特效零件×2、GN劍BIT展示用零件零件1套

有別於透明零件搭配金屬質感塗裝的能天使鋼彈TRANS-AM Ver.等商品，這款乃是以金屬質感塗裝為主，原本的透明綠色部位也改用透明黃零件；頭部則是全新開模製作，面容比之前顯得更為精悍呢。

M ECHANIC FILE

GNT-0000
量子型00

DATA
頭頂高：18.3m
主體重量：63.5t

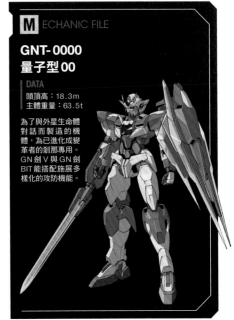

為了與外星生命體對話而製造的機體，為已進化成變革者的剎那專用。GN劍V與GN劍BIT能搭配施展多樣化的攻防機能。

量子型00（量子爆發ver.）

2011年9月出貨
4,725円（含稅5%）

【配件】
交換用手掌零件、
GN劍V、GN劍BIT、
排除狀裝甲零件、
魂STAGE、環狀展示架

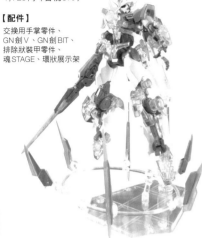

量子型00（量子爆發ver.）黑光台座套組

2011年9月出貨
7,350円（含稅5%）

【配件】
交換用手掌零件、GN劍V、GN劍BIT、排除狀裝甲零件、魂STAGE、環狀展示架、黑光台座

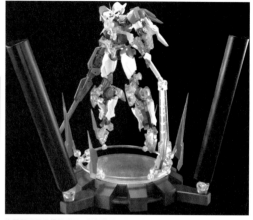

為了再現量子爆發場面，局部裝甲乃是以透明零件呈現，還能以LED照射產生發光效果。另有推出不含台座的一般版。

R-Number 090　SIDE MS
勇者式指揮官用試驗機

2011年4月發售　3,675円（含稅5%）

【配件】
交換用手掌零件、GN光束步槍、GN光束軍刀、大型GN電容器、感測器運作狀態臉部零件、使出全力狀態臉部零件、飛行形態用零件

首度立體重現臀部的GN光束機關槍，以及小腿處收納式尾翼的展開機構。頭部附有感測器運作狀態和使出全力狀態2種版本的零件。

勇者式一般用試驗機

2011年7月出貨　3,675円（含稅5%）

【配件】
交換用手掌零件、GN光束步槍、GN光束軍刀、大型GN電容器、感測器運作狀態臉部零件、飛行形態用零件

與指揮官用款式一樣，只要為GN光束步槍搭配連接零件，即可變形為巡航形態。頭部附有感測器運作狀態的版本。

GN-XⅣ（指揮官機）

2011年12月出貨　4,410円（含稅5%）

【配件】
交換用手掌零件、GN光束步槍、長槍管零件、GN光束軍刀×2、GN巨劍、GN盾×2、增裝粒子槽×2

附有GN巨劍的指揮官機。可替換零件，將GN光束步槍變更為長槍管型。

GN-XⅣ（量產機）

2012年6月出貨　4,410円（含稅5%）

【配件】
交換用手掌零件、GN光束步槍、長槍管零件、GN光束軍刀×2、GN火箭砲×2、GN盾×2、增裝粒子槽×2

有別於指揮官機，改配備GN火箭砲。GN光束步槍、GN光束軍刀、GN盾均為共通武裝。

GN-XⅣ（TRANS-AM Ver.）

2013年2月出貨　4,410円（含稅5%）

【配件】
交換用手掌零件、GN光束步槍、長槍管零件、GN光束軍刀×2、GN巨劍、GN火箭砲×2、GN盾×2、增裝粒子槽×2、

藉金屬質感塗裝重現TRANS-AM啟動的面貌。附有指揮官機和量產機的所有武裝，具備極高的娛樂性呢。

機動戰士鋼彈00
外傳系列

■主要製作成員
審核：水島精二、黑田洋介
劇本：千葉智宏
機械設計：海老川兼武、柳瀨敬之、鷲尾直廣、寺岡賢司、福地仁
人物設計：羽音たらく
漫畫〔ooF〕〔ooI〕：鴇田洸一

量子型ELS

2012年12月出貨
4,410円（含稅5%）

【配件】
ELS（3種）、交換用手掌零件、台座1套

這是在電影版尾聲登場，於《00N》中有詳盡描述的機體。附屬的ELS可藉由原創機構連結成雙頭長矛狀武器。

S STORY
官方外傳系列同樣出自動畫主篇的製作團隊之手，並透過HOBBY JAPAN、電擊HOBBY MAGAZINE、鋼彈ACE等多本雜誌同步發展。其中包含以介紹MS衍生機型為主的《00V》系列、利用情景模型照片搭配小說敘述主篇前傳的《00P》、從支援組織「天使」觀點描述主篇幕後故事的漫畫《00F》、以準變革者為主角的漫畫《00I》、從天使觀點由其他不同角度切入電影版故事的《00I2314》，以及利用一張照片帶出主篇世界觀的《00N》，走向可說是相當多元呢。

正義女神鋼彈

2010年11月出貨
3,150円（含稅5%）

【配件】
交換用手掌零件、原型GN砲、原型GN劍、GN光束步槍、GN盾、GN光束軍刀×2

這是在《00P》登場的主角機，沿襲R-030能天使鋼彈的設計，是一款具備高度可動性的商品。比照設定附測試用的各式武裝。只要先取下肩部天線，即可按設定將原型GN砲裝設在肩頭。原型GN劍也備有劍刃展開機構。腰際的GN光束軍刀柄部可自由卸裝，裝設光束刃就能重現使用狀態。臂部和腿部均設有武裝掛架，可呈現自創的武裝搭配形態。

M ECHANIC FILE

GNY-001 正義女神鋼彈

DATA
頭頂高：18.3m
主體重量：55.1t

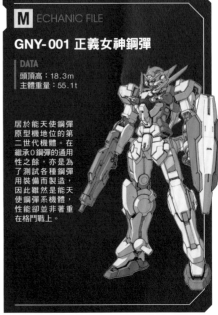

居於能天使鋼彈原型機地位的第二世代機體。在繼承0鋼彈的通用性之餘，亦是為了測試各種鋼彈用裝備而製造，因此雖然是能天使鋼彈系機體，性能卻並非著重在格鬥戰上。

正義女神鋼彈（F型）

2010年5月出貨
3,675円（含稅5%）

【配件】
交換用手掌零件、原型GN劍、GN光束步槍、GN砲、GN盾、GN光束軍刀×2、交換用頭部

《00F》的主角機。商品本身是以SP版正義女神鋼彈為基礎，僅更換配色，並新附面罩版頭部。附屬武裝和正義女神鋼彈相同。

R-Number 092 SIDE MS

雪崩型能天使鋼彈

2011年5月發售
3,990円（含稅5%）

【配件】

交換用手掌零件、GN劍、GN長刀、GN短刀、GN光束軍刀×2、GN光束匕首×2、GN盾

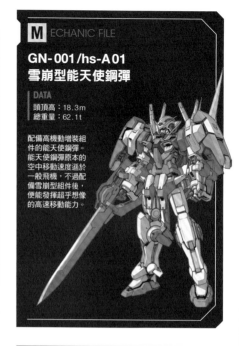

GN-001/hs-A01
雪崩型能天使鋼彈

DATA

頭頂高：18.3m
總重量：62.1t

配備高機動增裝組件的能天使鋼彈。能天使鋼彈原本的空中移動速度遜於一般飛機，不過配備雪崩型組件後，便能發揮超乎想像的高速移動能力。

肩部的增裝裝甲具有寬廣的可動範圍，足以像具高度可動性的能天使鋼彈一樣擺出各種架勢。武裝相當豐富，附有設定中並不存在的GM盾。

R-Number 038 SIDE MS

七劍型00鋼彈

2009年10月發售
3,780円（含稅5%）

【配件】

交換用手掌零件、
GN劍II長劍型、
GN劍II短劍型、
GN巨劍II、
GN拳刃×2、
GN光束軍刀×2、
GN劍II短劍型用纜線、
一般規格換裝零件
（膝裝甲×2、
GN劍II劍身×2）

GN-0000/7S
七劍型00鋼彈

DATA

頭頂高：18.3m
總重量：65.1t

00鋼彈的近接戰鬥用裝備形態，堪稱是能天使鋼彈的七劍進化版本。這是在雙重動力裝置可完整運作前，便設想交由剎那運用而設計的機型。

　這款商品立體重現在《00V》中登場的強化裝備七劍型規格。作為素體的R-001版00鋼彈經過翻新設計，頭部、肩部天線、雙重動力裝置、前臂等處零件均為全新開模製作。七劍中的各種GN劍也立體重現所有機構，劍刃等關鍵部位均採透明零件呈現，造型顯得精美無比。附帶一提，亦附有可供換裝回一般規格00鋼彈的零件。

R-Number 065 SIDE MS

特殊突襲型
智天使鋼彈

2010年6月發售
3,675円（含稅5%）

【配件】

交換用手掌零件、GN突擊卡賓槍、GN衝鋒槍×2、GN光束手槍×2、GN光束手槍II×2、GN小型盾、砲擊攝影機展開零件

這款商品立體重現在《00V》中登場的特殊裝備形態，以頭部、臂部、腿部為中心的主體經過翻新設計。腰部武器櫃和側裙甲處掛架均可展開。

GN-006/SA
特殊突襲型智天使鋼彈

DATA

頭頂高：18.0m
總重量：62.7t

智天使鋼彈的特殊裝備形態。研發當初是設想用以執行攻堅任務，因此配備近接戰鬥用短槍管型槍械共7挺。附帶一提，此機型的英文代號是「SAGA」，為特殊突襲型鋼彈武裝的簡稱。

R-Number 074 SIDE MS
屠龍聖劍型墮天使鋼彈

2010年9月發售
3,675円（含稅5%）

【配件】
交換用手掌零件、GN雙管光束步槍、GN光束軍刀、
GN加農砲、背部GN劍組件、背部GN飛彈組件

這款商品立體重現在《00V》中登場的重武裝規格。素體的墮天使鋼彈不僅更換配色，頭部和關節部位等處也經過改良，可變形為飛行形態的機構當然亦健在。附屬武裝中的GN劍加農砲、GN飛彈均為全新開模零件。GN劍可展開，飛彈武器櫃上搭載可重現射出形態的機構。GN雙管光束步槍的感測器更是以透明零件呈現。

M ECHANIC FILE

GN-007/AL
屠龍聖劍型墮天使鋼彈

DATA
頭頂高：19.1m
總重量：81.5t

墮天使鋼彈的重武裝規格。原本是與準變革者進行最後決戰的武裝方案之一，參考能天使鋼彈的劍、力天使鋼彈的飛彈與德天使鋼彈的加農砲。

R-Number SP 魂WEB商店 SIDE MS
熾天使鋼彈 GNHW/3G
（熾天使鋼彈＆天使長鋼彈套組）

2012年3月出貨　5,250円（含稅5%）

【配件】
熾天使鋼彈、天使長鋼彈、GN火箭砲Ⅱ、GN光束軍刀×6、巨臉展開模式天使長鋼彈胸部零件、加農砲用砲口零件×4、交換用手掌零件（熾天使鋼彈／天使長鋼彈）

這款熾天使與天使長套組，重現在《00V》登場的審判系統強化方案之一。雖然是R-007熾天使鋼彈的更換配色版本，但為了裝設另外販售的閃式，肩部換成全新開模製作的零件。附屬武裝沒有改變，GN火箭砲Ⅱ亦重現可變形為各種模式的機構，當然同樣保留隱藏臂和巨臉重火力模式的機構。

M ECHANIC FILE

GN-008 GNHW/3G
熾天使鋼彈 GNHW/3G

DATA
頭頂高：18.2m
合計重量：121.2t

為熾天使鋼彈用的GN重武裝之一，可同時運用無人型天使長「閃式」和廣範圍施展審判系統，具有令太陽爐搭載機停止運作的能力。

上方照片裝設另外販售的閃式。

R-Number SP 魂WEB商店 SIDE MS
熾天使鋼彈
GNHW/3G（閃式套組）

2012年3月出貨
3,675円（含稅5%）

【配件】
閃式L、閃式R、GN光束軍刀×4、
加農砲用砲口零件×4、
交換用手掌零件

熾天使鋼彈搭載的無人型天使長「閃式」雙機套組，立體重現GNHW/3G追加的閃式，也能變形為合體形態。GN光束機關槍和GN盾可裝設在腿部的武裝掛架上，亦重現1號機（右）和2號機（左）不同的肩部天線裝設位置。

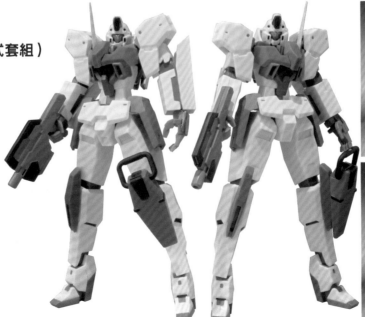

2架閃式能比照設定，組裝在熾天使鋼彈上，得以完全重現熾天使鋼彈GNHW/3G。

SP

驅逐型權天使鋼彈

2011年8月出貨　5,250円（含稅5%）

【配件】

交換用手掌零件、GN巨劍×2、GN光束軍刀、
GN獠牙×4、GN獠牙（展開狀態）×2、GN飛彈×4、
交換用肩甲零件

商品本身是以R-045權天使鋼彈為基礎，卻無損由鷲尾老師審核的細部結構表現。兩側武器櫃可更換零件，重現產生GN力場的狀態，艙蓋亦可展開。龐大的GN砲也備有展開機構。

備有座天使系列機型的所有武裝。GN巨劍可展開，GN獠牙亦附有收納＆展開兩種版本的零件。

M ECHANIC FILE

GNW-20000/J
驅逐型權天使鋼彈

DATA

頭頂高：20.9m
總重量：99.4t

權天使鋼彈的重武裝形態。備有3種座天使鋼彈各式武裝的發展版本，是以單機對抗大規模部隊為設計概念的機體。

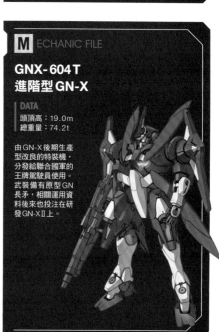

SP

進階型 GN-X

2009年9月出貨　3,360円（含稅5%）

【配件】

交換用手掌零件、進階型GN光束步槍、原型GN長矛、GN長矛用連接零件、GN光束軍刀、後裙甲

附有原創連接零件，可將GN長矛掛載於肩甲上。亦附有採紅色系配色的黛博拉座機。

SP

進階型 GN-X（黛博拉座機）

2010年1月出貨　3,360円（含稅5%）

【配件】

交換用手掌零件、進階型GN光束步槍、長槍管零件、原型GN長矛、GN長矛用連接零件、GN光束軍刀、後裙甲

M ECHANIC FILE

GNX-604T
進階型 GN-X

DATA

頭頂高：19.0m
總重量：74.2t

由GN-X後期生產型改良的特裝機分發給聯合國軍的王牌駕駛員使用。武裝備有原型GN長矛，相關運用資料後來也投注在研發GN-XⅡ上。

SP

卓越型 GN-X

2012年5月出貨
3,990円（含稅5%）

【配件】

交換用手掌零件、GN苦無×2、
替換用腳爪（鉤爪展開狀態）×2

這款商品是由擔綱機體設計的海老川兼武老帥徹底審核，才得以立體重現。以全新開模製作的GN-XⅣ骨架為主體，搭配卓越型GN-X的全新開模零件，並配合電影版GN-XⅣ的細部結構表現加以調整。腳爪可替換零件，重現展開狀態。

M ECHANIC FILE

GNX-612T/AA
卓越型 GN-X

DATA

頭頂高：19.2m
總重量：69.1t

突擊登陸用的特殊型GN-X。機體本身運用準變革者的技術，可一併替換水中活動所需的突擊登陸組件，武裝則備有以肉搏戰為前提的GN苦無。

機動戰士鋼彈 AGE

播映期間：2011年10月9日～2012年9月23日
TV動畫
全49集

■主要製作成員
原作：矢立肇、富野由悠季
監督：山口晉
人物設計：長野拓造（原案）、千葉道德
機械設計：海老川兼武、石垣純哉、寺岡賢司
故事／編劇統籌：日野晃博
音樂：吉川慶

S STORY

時值宇宙時代，來歷不明的敵方勢力UE（Unknown Enemy）突然襲擊太空殖民地。出身鍛造MS家族的菲利特‧明日野，在UE攻擊下失去母親，內含救世主「鋼彈」設計圖的AGE裝置也就此託付到他手中。A.G.115年，菲利特成長為少年，總算完成更加先進的MS鋼彈，下定決心對抗UE。在交戰過程中，揭曉了UE其實是遭地球拋棄的火星移民一事，火星圈國家以維根為名發動攻擊，正是為了奪回地球。自己重視的人們接連在戰火中消逝，令菲利特憤恨不已；這場對抗維根的戰爭，更將明日野家三代都捲入其中……。

M ECHANIC FILE

AGE-1 鋼彈 AGE-1 基本型

　　以明日野家代代相傳、記錄組件「AGE裝置」的資料為基礎，由菲利特製造出的MS。主體和四肢各自獨立，可透過裝具系統換裝手腳和武器，構成性質相異的MS加以運用。主體內備有參考生物演化機制而設計的AGE系統，得以不斷累積戰鬥經驗，更能即時因應戰況所需，藉由AGE高速成形機生產裝具和武裝。鋼彈不僅是實際運用的機體，亦是AGE系統和AGE高速成形機核心所在的MS。從這點來看，鋼彈堪稱是可配合敵方狀況，進化之路永無止盡的MS。

DATA
頭頂高：18.0m
主體重量：43.4t

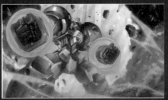 

採用可更換手腳的裝具系統。重擊型（左）是針對擊破連德斯步槍也起不了效用的敵機裝甲製造而成，速戰型（右）則是為了與敵方的高機動性相抗衡，著重在高速戰鬥性能上的機型。

R-Number 108 SIDE MS

鋼彈 AGE-1 基本型

2011年12月發售
3,150円（含稅5%）

【配件】
交換用手掌零件、德斯步槍、護盾、光束匕首×2、推進噴焰特效零件

　　採用獨有的關節可動機構，得以比照動畫擺出各種架勢。只要將臂部和下半身拆解開來，即可藉由裝具系統，從另外販售的鋼彈AGE-1重擊型和鋼彈AGE-1速戰型取用相同部位換裝，可說是徹底重現動畫設定的商品。德斯步槍也和設定一樣由前後兩截構成，可伸出前握把擺出用雙手持槍的精密射擊模式。另外附有可裝設在背部噴射口上的噴焰狀特效零件，重現加速推進場面。

R-Number 111 SIDE MS

鋼彈AGE-1重擊型

2012年1月發售
3,675円（含稅5%）

【配件】
交換用手掌零件、光束特效零件

作為核心的身體部位配合重擊型面貌予以調整，呈現出不同於鋼彈AGE-1基本型的壯碩身軀。由於這款身體和基本型共通，因此仍可互相換裝裝具。附有光束金臂勾等招式的獨立光束刃零件，可替換相關零件施展各種攻擊招式。

M ECHANIC FILE

AGE-1T
鋼彈AGE-1重擊型

DATA
頭頂高：17.6m
主體重量：62.5t

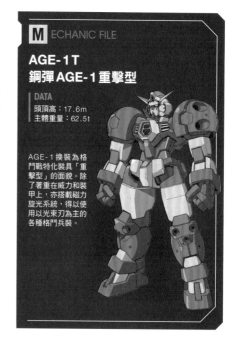

AGE-1換裝為格鬥戰特化裝具「重擊型」的面貌。除了著重在威力和裝甲上，亦搭載磁力旋光系統，得以使用以光束刃為主的各種格鬥兵裝。

R-Number 112 SIDE MS

鋼彈AGE-1速戰型

2012年2月發售
3,360円（含稅5%）

【配件】
交換用手掌零件、席格刀2種、臂部推進器展開零件

身體部位配合速戰型，製作體型較苗條的版本。與基本型和重擊型同樣共通。臂部推進器可替換零件重現展開狀態。席格刀用光束刃附有透明版和珍珠質感塗裝版兩種。

M ECHANIC FILE

AGE-1S
鋼彈AGE-1速戰型

DATA
頭頂高：18.7m
主體重量：33.4t

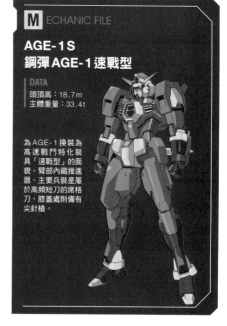

為AGE-1換裝為高速戰鬥特化裝具「速戰型」的面貌。臂部內藏推進器。主要兵裝是屬於高頻短刀的席格刀，膝蓋處則備有尖針槍。

R-Number 109 SIDE MS

加夫蘭

2011年12月發售
3,675円（含稅5%）

【配件】
交換用手掌零件、光束軍刀×2、光束步槍、變形用替換腳掌

為了重現石垣純哉老師筆下近似生物的外形，特別請擅長為怪獸類題材製作原型的原型師來詮釋。可替換零件重現龍型形態，亦附有可藉以表現動畫場面的感測器發光狀頭部。

M ECHANIC FILE

ovv-f
加夫蘭

DATA
頭頂高：19.3m
主體重量：34.6t

UE的主力量產MS。是為進攻地球圈所研發的機體，備有可變形為長程移動用龍型航行形態的變形機構。在火力和防禦力方面均遠勝於地球聯邦軍的量產型MS傑諾亞斯。

GUNDAM Reconguista in G

播映期間：2014年10月2日～2015年3月26日
TV動畫
全26集

■主要製作成員
原作：矢立肇、富野由悠季
總監督：富野由悠季
人物設計：吉田健一
機械設計：安田朗、形部一平、山根公利
劇本：富野由悠季
音樂：菅野祐悟

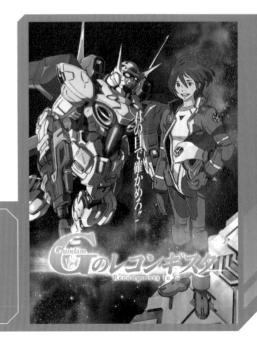

S STORY

在宇宙世紀結束不知多少年後，人類迎來中興世紀（R.C.）的新時代。光子蓄能裝置成為地球全新的能量來源，透過軌道電梯「中樞塔」從太空供給給地球，該塔也因此成了宇宙臍帶教的聖地。R.C.1014年，少年貝利・傑納姆以候補生身分加入負責守護中樞塔的中樞衛隊，他在太空實習之際遭遇神祕的MS「G-自我」，也邂逅企圖奪取該MS的少女阿依達。受到阿依達的吸引，貝利開始和她一同行動，卻也不得不面對各方勢力鉤心鬥角的現實。後來他得知自己身世的祕密，更被捲入太空移民為了重返地球所掀起的「回歸作戰」之中。

R-Number 180 SIDE MS

G-自我

2015年5月發售
5,184円（含稅8%）

【配件】
交換用手掌零件、
光束軍刀×2、
光束步槍、護盾、
護盾用連接零件、
大氣圈用背包

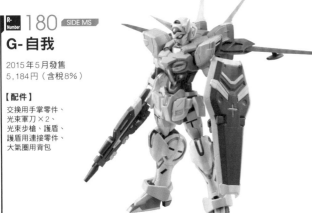

M ECHANIC FILE

YG-111 G-自我

DATA
全高：18.0m
主體重量：31.1t

可換裝背包對應各種局面的高性能MS。採用比鋼彈合金更為輕盈且堅固的光子裝甲，機體顏色還會隨背包不同而產生變化。

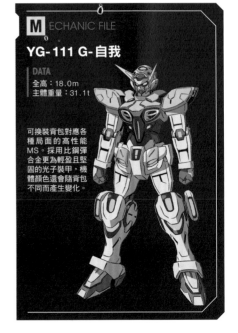

　這款商品立體呈現配備大氣圈用背包的主角機。以關節部位為首，機體各部位均採用透明零件，比照動畫表現出備有光子裝甲的形象。整體透過零件分割設計、胸口設置透明零件等方式，致力重現設定造型，造就出具備豐富視覺資訊量的商品。本商品的可動範圍也極為寬廣，足以比照片頭動畫擺出各種架勢。大氣圈用背包的機翼部位可折疊起來，武裝方面附有在動畫中屬於永賀製的光束步槍和護盾。

R-Number SP 魂WEB商店 SIDE MS

G-自我（反射背包）

2015年11月出貨　8,100円（含稅8%）

【配件】
交換用手掌零件、光束軍刀×2、光束步槍、護盾、反射背包裝備1套

　這款商品立體重現備有數個反射板，分量相當龐大的反射背包裝備形態。反射板表面施加帶有光澤的特殊塗裝，講究地表現出被光線照射到時，表面粒子會反射光芒的特色。反射板可重現收納形態，以及搭配透明輔助零件的展開狀態。至於主體造型則沒有任何更動，僅配合反射背包規格更換配色。附有反射背包、光束步槍和護盾。

M ECHANIC FILE

YG-111 G-自我（反射背包）

DATA
全高：18.0m
主體重量：31.1t

能夠對光束兵器發揮反射、吸收、無效化作用的背包裝備形態，為北美加勒比海研究所根據漢密士薔薇設計圖製造的裝備。不過耐用性不高，可吸收的光束量也有極限。

ROBOT魂所蘊含的可能性
[GUNDAM Reconguista in G篇]

G-自我的特色在於可換裝各式背包,形態多樣。ROBOT魂系列以一般商品形式推出大氣圈用背包,亦透過魂WEB限定商品形式發售反射背包。此外,COLLECTORS事業部也在相關活動展出其他背包裝備形態的提案參考試作。目前仍有多種背包尚未推出立體商品,所有形態齊聚一堂的場面更是難得可貴。設計了欺敵背包等裝備的機械設定師安田朗老師,也對這些試作給予高度的肯定,期盼日後能陸續推出正式商品。

TAMASHII NATIONS SUMMER COLLECTION 2015的會場展示狀況,以攝案參考試作形式展出G-自我的各種選配式背包。中央為宇宙用背包、紅色龐大身軀的是突擊背包,各裝備形態的G-自我主體配色也都有所不同。

粉紅色的裝備為欺敵背包。這個裝備可應用在I力場進行擾亂攻擊,其特徵在於龐大的平衡推進翼。

第10集登場的高扭力背包也推出提案試作。整體分量不遜於突擊背包,裝卸機構也格外令人好奇呢。

《GUNDAM Reconguista in G》首播時舉辦的TAMASHII NATION 2014,場上也有展出雷克汀。當時以第1集的軌道電梯戰鬥場面為藍本,重現大型機械臂裝備規格。

METAL ROBOT魂

ROBOT魂本身是採PVC和ABS等複合材質製作,兼顧可動性與造型的品牌。如果比照超合金產品採用鑄模金屬零件,又會呈現何種風貌呢?METAL ROBOT魂正是前述構想的結晶。外裝零件以ROBOT魂的設計為準,關節部位則採用鑄模金屬零件,絕妙地融合質感與可動性,最終推出「METAL ROBOT魂 Hi-ν鋼彈」作為首作。在ROBOT魂精益求精的歷史中,不時會有這類副品牌誕生,促成技術提升至更高境界的效益呢。

METAL ROBOT魂 Hi-ν鋼彈
價格:10,584円(含稅8%)
發售時期:2015年1月

機動戰士鋼彈 鐵血孤兒

播映期間：2015年10月4日～2016年3月27日（第1期）／
　　　　　2016年10月2日～2017年4月2日（第2期）
TV動畫
全25集（第1期）／全25集（第2期）

■主要製作成員
原作：矢立肇、富野由悠季
監督：長井龍雪
人物設計：伊藤悠（原案）、千葉道德
機械設計：鷲尾直廣、海老川兼武、形部一平、寺岡賢司、篠原保
編劇統籌：岡田麿里
音樂：橫山克

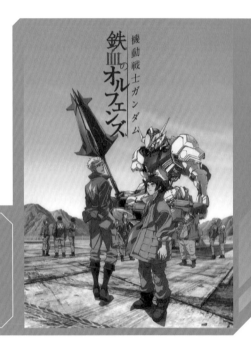

S STORY

在「厄祭戰爭」的大規模戰事結束約300年，火星都市的民營保全公司CGS接到一份委託，內容是擔任火星獨立運動領袖庫德莉雅·藍那·伯恩斯坦的護衛。過去終結厄祭戰爭的組織「末日號角」視庫德莉雅為危險分子，持續展開捕逮行動。在遭到襲擊之際，CGS的眾成年人竟以少年成員為誘餌逕行撤退。這群少年的領袖歐格·伊祖卡以此為契機，打算對向來虐待自己和朋友的大人們揭竿起義。他將一架厄祭戰爭時期的MS託付給結拜小弟三日月·奧古斯，不僅成功趕走那群大人，亦擊退末日號角。這群少年重整公司組成鐵華團，第一份工作就是繼續擔任庫德莉雅的護衛，並且護送她前往地球。

R-Number 196 SIDE MS

獵魔鋼彈

2016年4月發售　6,264円（含稅8%）

【配件】
交換用手掌零件、推進背包、推進背包用武器連接零件2種、刀、鎚矛、交換用鎚矛柄部零件

這款商品將堪稱特徵所在的鋼彈骨架落實到關節構造上。膝蓋的油壓管不僅可在該部位彎曲時連動伸縮，就算膝蓋大幅度彎曲也不會卡住動作，整體自由擺設的可動性相當高。附屬武裝中的鎚矛則能交換柄部重現收納狀態，矛尖更能重現射出狀態。亦附有佩刀一柄。

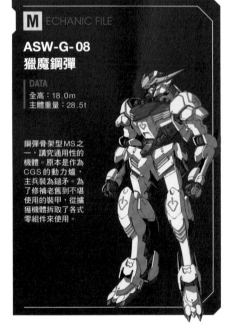

M ECHANIC FILE

ASW-G-08
獵魔鋼彈

DATA
全高：18.0m
主體重量：28.5t

鋼彈骨架型MS之一，講究通用性的機體。原本是作為CGS的動力爐，主兵裝為鎚矛。為了修補老舊到不堪使用的裝甲，從屬獵機拆取了各式零組件來使用。

R-Number 198 SIDE MS

搜魔鋼彈

2016年5月發售　6,480円（含稅8%）

【配件】
交換用手掌零件、推進背包、旋斬碟射出狀態零件（左右）、旋斬碟（左右）、短刀、長矛

不僅備有堪稱特徵的腿部推進器展開機構，連同內部的推進器也一併重現。甚至還有肩甲處內藏的兵器旋斬碟，更能替換組裝重現射出狀態。除了附有主兵裝的長矛之外，亦附短刀這柄實體刀械，還可折疊掛載在後裙甲上。

和獵魔鋼彈一樣，因設有骨架連動機構而具備高度的可動性。

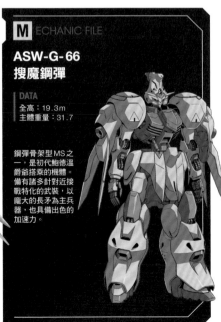

M ECHANIC FILE

ASW-G-66
搜魔鋼彈

DATA
全高：19.3m
主體重量：31.7

鋼彈骨架型MS之一，是初代鮑德溫爵爺搭乘的機體。備有諸多針對近接戰特化的武裝，以龐大的長矛為主兵器，也具備出色的加速力。

機動戰士鋼彈 極限VS.系列／ 鋼彈EXA

■主要製作成員（鋼彈EXA）
機械設計：大河原邦男
劇本：千葉智宏（STUDIO ORPHEE）
漫畫：鴇田洸一

S STORY
漫畫《鋼彈EXA》描述為了尋找人類進化的關鍵，潛行者雷歐斯利用虛擬空間，在各個鋼彈世界展開穿梭之旅。這部漫畫亦是鋼彈ACE月刊10週年紀念作品，和《機動戰士鋼彈VS.系列》的《機動戰士鋼彈 極限VS.火力全開》連動。

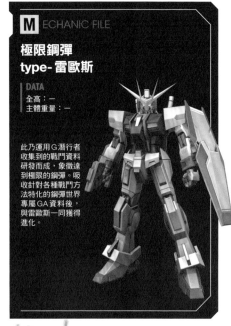

M ECHANIC FILE
極限鋼彈 type-雷歐斯
DATA
全高：—
主體重量：—

此乃運用G潛行者收集到的戰鬥資料研發而成，象徵達到極限的鋼彈。吸收針對各種戰鬥方法特化的鋼彈世界專屬GA資料後，與雷歐斯一同獲得進化。

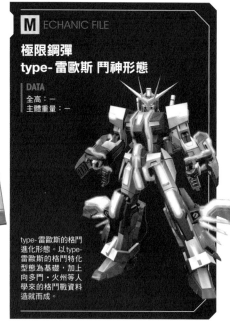

M ECHANIC FILE
極限鋼彈 type-雷歐斯 鬥神形態
DATA
全高：—
主體重量：—

type-雷歐斯的格鬥進化形態。以type-雷歐斯的格鬥特化型態為基礎，加上向多門・火州等人學來的格鬥戰資料造就而成。

R-Number 137 SIDE MS
極限鋼彈（type-雷歐斯）鬥神形態
2013年4月發售　4,410円（含稅5%）
【配件】
交換用手掌零件、光束軍刀×2、鬥神形態用增裝裝甲

可為一般機體換裝零件，重現鬥神形態。素體本身各部位也都設有透明零件。只要將閃光燃燒組件等裝甲零件展開後，即可重現極限進化形態。

R-Number SP 魂WEB商店 SIDE MS
極限鋼彈（type-伊格斯）Special ver.
2014年7月出貨　4,536円（含稅8%）
【配件】
交換用手掌零件、光束步槍、光束軍刀×2、護盾、魂STAGE Act.5極限Edition×2

除了將type-伊格斯規格的極限鋼彈配色改成藍色外，其餘部位在構造上都相同。雖然沒有附屬鬥神形態零件，卻有光束步槍和護盾，以及印有鴇田洸一全新繪製畫稿的台座（type-雷歐斯和type-伊格斯用），同樣是擁有高度娛樂性的商品呢。

R-Number SP 魂WEB商店 SIDE MS
極限鋼彈 配件套組
2013年9月出貨　4,410円（含稅5%）
【配件】
神聖形態用零件1套、星蝕形態用零件1套

這是可供極限鋼彈（type-雷歐斯）鬥神形態組裝，重現射擊進化形態「星蝕形態」，以及感應砲進化形態「神聖形態」的零件套組。星蝕形態的肩部轟擊加農砲可展開，可變式腦波傳導型步槍亦能重現2挺連結起來的形態。神聖形態則備有主翼處各片小型機翼均可獨立活動的機構。

M ECHANIC FILE
極限鋼彈 type-雷歐斯 神聖形態
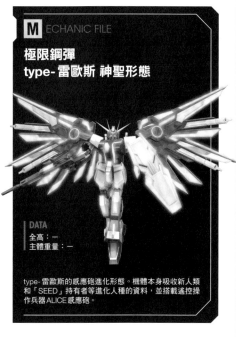
DATA
全高：—
主體重量：—

type-雷歐斯的感應砲進化形態。機體本身吸收新人類和「SEED」持有者等進化人種的資料，並搭載遙控操作兵器ALICE感應砲。

SIDE ▶ COLUMN

「魂」的舊化講座

　　ROBOT魂系列為上色完成品。從包裝盒裡拿出來後，就能立刻把玩在作品中展露活躍身手的機體，這點堪稱是首要魅力之一。正因為已經具備基本配色，只要稍微花點工夫修飾，即可進一步提高完成度。在此要試著施加舊化，設法令整體寫實感達到更高的境界。其實整個作業時間只要大約1小時半，希望各位也能親自挑戰看看喔。

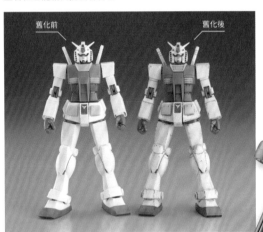

舊化前　　　　　　舊化後

RX-78-2 GUNDAM
ver. A.N.I.M.E.
WEATHERING

■ TOOLS【道具類】

需要使用到GSI Creos的Mr.舊化漆和專用溶劑，以及鋼彈麥克筆入墨線用〈灰色〉和TAMIYA舊化大師。再來就是再備妥面相筆、面紙、棉花棒這些物品。

RX-78-2 GUNDAM
ver. A.N.I.M.E.
WEATHERING

■ HOW TO【作業工程】

01

先將Mr.舊化漆攪拌均勻，再塗到零件上。若是塗料太濃，就加入一點專用溶劑稍微稀釋吧。

02

等塗料乾燥後，用棉花棒沾取專用溶劑，以面為中心縱向擦拭。訣竅在於擦拭時要讓稜邊殘留塗料，即可營造出相當自然的舊化效果了。

03

使用鋼彈麥克筆入墨線用〈灰色〉，針對稜邊進一步描繪掉漆痕跡。必須謹慎地描繪，不能塗得過於醒目。

04

最後在腳邊輕輕地抹上TAMIYA舊化大師B套組中的鏽色，表現出沾附到沙塵的痕跡，這麼一來就大功告成了！

KNIGHT MARE
FRAME

KMF

SIDE

CODE GEASS 反叛的魯路修

播映期間：2006年10月5日～2007年3月29日（第24、25集：7月28日）／
　　　　　2008年4月6日～2008年9月28日（R2）
TV動畫
全25集／全25集（R2）

■主要製作成員
故事原案：大河內一樓、谷口悟朗
監督：谷口悟朗
人物設計：CLAMP（原案）、木村貴宏
人型自在戰鬥裝甲騎設計：安田朗、中田榮治、阿久津潤一（BEECRAFT）
編劇統籌：大河內一樓
音樂：中川幸太郎、黑石ひとみ

S **STORY**

龐大帝國「神聖不列顛」憑藉人型兵器「人型自在戰鬥裝甲騎（KMF）」，占領日本，從此日本成為「11區」藩屬領地，被蔑稱為「11區人」的日本人只能過著困苦生活。魯路修・蘭佩洛奇原本以學生身分在不列顛人居住的東京租界就讀，某天卻意外被捲入恐怖分子和不列顛軍的交戰。他邂逅被軍方視為機密而拘禁起來、擁有不老不死能力的神祕女性C.C.。以實現她的願望為條件，魯路修被賜予了能夠命令他人絕對服從的力量──GEASS。其實魯路修原是皇族一員，對身為不列顛皇帝的父親憎恨不已，他戴上面具自稱「ZERO」，憑藉全新獲得的力量和智謀，起身反抗祖國不列顛──。

R-Number 131 SIDE KMF

蘭斯洛特

2012年12月發售　4,410円（含稅5%）

【配件】
交換用手掌零件、MVS×2、V.A.R.I.S. 1套、
交換用飛燕爪牙×4、能源光盾、
手刀模式替換零件×2

這是由作畫監督中田榮治老師審核，徹底重現動畫體型的商品。亦具備寬廣的可動性，比照動畫擺出深具韻味與動感的架勢也毫不困難。V.A.R.I.S.（可變彈藥反作用力衝擊砲）可經由更換零件重現砲管展開狀態之餘，槍托部位亦可活動。至於MVS（高頻振動劍）則附有收納和使用狀態兩種版本，其他裝備亦重現動畫出現過的機構。

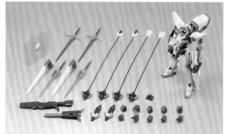

R-Number SP SIDE KMF

蘭斯洛特（儀式規格）

2014年8月發售　7,020円（含稅8%）

【配件】
交換用手掌零件、MVS×2、V.A.R.I.S. 1套、交換用飛燕爪牙×4、能源光盾、手刀模式替換零件×2

這款商品立體重現在尤菲米雅專任騎士敘任儀式中的規格。這款儀式規格是以中田先生全新繪製的設定圖稿為基準，千羽由利子老師也一併繪製身穿騎士正裝的朱雀，兩份畫稿均使用在包裝盒設計上。商品主體的金色部位是以電鍍加工呈現，白色外裝零件也施加珍珠白質感塗裝，其他部位亦施加相對應的金屬質感塗裝，造就一款亮麗輝煌的商品呢。至於構造上則和R-131完全相同，一樣具備多重關節構造賦予的超絕可動性。

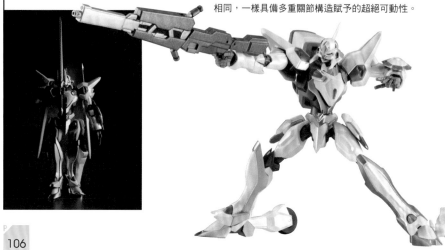

M **ECHANIC FILE**

Z-01 蘭斯洛特

DATA
全高：4.49m
重量：6.89t

第七世代的KMF，具備與既有機體截然不同層次的性能。武裝方面也採用根據全新概念設計的裝備，有著高頻振動劍「MVS」和可變彈藥反作用力衝擊砲「V.A.R.I.S.」等武裝。

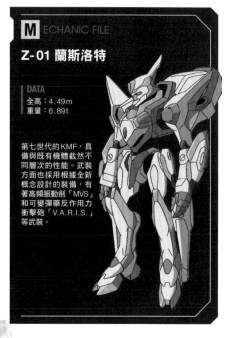

R-Number 020 SIDE KMF

蘭斯洛特神靈型

2009年6月發售
3,990円（含稅5%）

【配件】
交換用手掌零件、能源翼、超級 V.A.R.I.S.（一般射擊模式）、超級 V.A.R.I.S.（全力射擊模式）、MVS×2、飛燕爪牙×4

局部外裝零件採用PC材質製作，表現出帶有光澤感的白色。能源翼零件經由衝壓加工而成，得以呈現僅有不到1mm的極薄厚度。上方照片配備芙蕾雅彈頭中止器，該裝備取自另外販售的海市蜃樓。

R-Number SP TAMASHII Feature's Vol.1 會場／魂WEB商店 SIDE KMF

蘭斯洛特神靈型
（能量透明Ver.）

2010年2月出貨　4,000円（含稅5%）

【配件】
交換用手掌零件、能源翼、超級 V.A.R.I.S.（一般射擊模式）、超級 V.A.R.I.S.（火力全開模式）、MVS×2、飛燕爪牙×4

TAMASHII Feature's 的開辦紀念商品。除了採用透明配色零件外，外裝部位和能源翼均薄薄地施加珍珠質感塗裝。

M ECHANIC FILE

Z-01Z 蘭斯洛特神靈型

DATA
全高：5.15m
重量：9.12t

這是以蘭斯洛特為基礎研發，相當於第9世代KMF的機體。由於備有能源翼，機動性和防禦力均獲得提升。

R-Number 071 SIDE KMF

文生
初期量產試作型

2010年8月發售
3,990円（含稅5%）

【配件】
交換用手掌零件、
MVS×2、
飛燕爪牙×2、
交換用球型實測器零件

藉由全面塗裝重現金色機體配色的羅洛座機。雙肩的球型實測器可更換零件重現展開狀態，腰部左右兩側的飛燕爪牙附有2種版本，膝蓋的隱藏式武器能源刺針也備有展開機構，飛翔滑行翼亦為可動式機構，光是主體就具備豐富的機構呢。武裝方面附有2柄MVS，可更換柄部重現動畫中的連結形態。

R-Number SP 魂WEB商店 SIDE KMF

文生指揮官專用型

2011年1月出貨　3,990円（含稅5%）

【配件】
交換用手掌零件、MVS×2、飛燕爪牙×2、交換用球型實測器零件、浮空組件

藉由全面塗裝，重現銀色機體配色的吉爾佛座機規格，有別於初期量產試作型，這款商品附有浮空系統用組件。

R-Number SP 魂WEB商店 SIDE KMF

文生
（血腥女武
神隊用機）

2011年12月出貨
3,990円（含稅5%）

【配件】
交換用手掌零件、MVS×2、飛燕爪牙×2、交換用球型實測器零件、浮空組件

藉由全面塗裝呈現機體配色的血腥女武神隊用機規格。和指揮官專用型一樣附有浮空系統用組件。

M ECHANIC FILE

RPI-212 文生（羅洛座機）

DATA
全高：4.44m
重量：6.99t

這是以蘭斯洛特為基礎的量產機種先行試作機。金色機體是羅洛從軍方手中奪來的專用機。

R-Number 029 SIDE KMF

崔斯坦

2009年7月發售　3,990円（含稅5%）

【配件】
交換用手掌零件、透明版頭部零件、MVS

重現崔斯坦的首要特徵，也就是可完全變形為堡壘模式的機能。臂部外裝部位的米吉多爪牙可自由裝卸，藉此重現射出狀態。胸部搭載的球型實測器亦備有展開機構。爪牙型MVS無須更換零件即可比照動畫構成雙頭爪牙。附帶一提，以感測器在甫變形完成時會發光的場面為藍本，附有外裝部位為透明零件的頭部。

R-Number SP 魂WEB商店 SIDE KMF

崔斯坦分割型

2010年3月出貨
4,200円（含稅5%）

【配件】
交換用手掌零件、聖劍×2

如同動畫描述，頭部和背部的浮空系統均經過修改，因此採用全新開模零件的頭部和飛翔滑行翼予以重現。局部配色採金屬質感塗裝，雖然與R-029崔斯坦一樣是紅藍白配色，卻也展現出不同的形象。在省略原有的爪牙型MVS之餘，亦全新附加原是加拉哈特的武器、後來被切成兩半的聖劍。

M ECHANIC FILE

RZA-3F9 崔斯坦

DATA
全高：5.45m
重量：7.35t

圓桌騎士成員吉諾·溫伯格的專用機，具有可變形為堡壘模式的變形機構。敗給楢木朱雀後，機體修改＆強化為分割型。

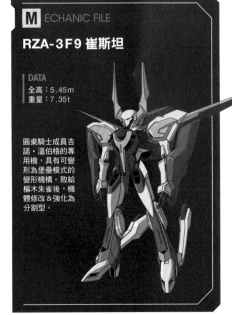

R-Number SP 魂WEB商店 SIDE KMF

莫德雷德

2011年2月出貨
4,725円（含稅5%）

【配件】
交換用手掌零件、斯塔克強子砲形態重現用零件

這款商品充分地立體重現深具厚重感的造型，可構成斯塔克強子砲的肩甲能夠靈活地獨立調整角度，另外亦設置KMF系列幾乎都備有的駕駛艙展開機構。主兵裝斯塔克強子砲只要先卸下左右肩甲，再搭配附屬的四連裝強子砲和持拿用手掌即可重現，也能更穩定地擺出射擊架勢呢。

M ECHANIC FILE

RZA-6DG 莫德雷德

DATA
全高：4.71m
重量：10.23t

圓桌騎士成員安雅·艾爾史提姆的專用機。在圓桌騎士用機體中擁有格外突出的火力和防禦力。

SP 魂WEB商店 SIDE KMF

帕西法爾

2011年11月出貨
4,725円（含稅5%）

【配件】
交換用手掌零件、能源光盾、騎槍狀特效零件、飛彈盾、展開狀飛燕爪牙3種、肩部球型實測器展開零件、腰部強子砲零件

根據機體設定，將大量內藏機構重現至最大極限。雙肩處球型實測器和左右大腿的強子砲都能夠替換零件，重現展開狀態。右手的四連裝鉤爪亦可更換零件重現展開狀態，由錐狀能源光盾構成的騎槍亦採用透明特效零件。飛彈盾當然也設有展開機構。

M ECHANIC FILE

RZA-10JS 帕西法爾

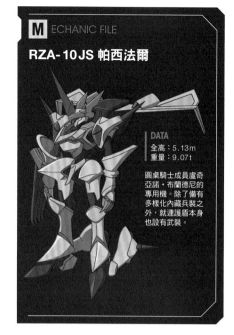

DATA
全高：5.13m
重量：9.07t

圓桌騎士成員盧奇亞諾‧布蘭德尼的專用機。除了備有多樣化內藏兵裝之外，就連護盾本身也設有武裝。

SP 專輯《CODE GEASS MODEL WORKS》／ HOBBY JAPAN 月刊誌上販售 SIDE KMF

加拉哈特

2010年1月出貨
8,500円（含稅5%）

【配件】
交換用手掌零件、聖劍

按照設定，重現光是頭頂高就比其他 KMF 系列大上許多的尺寸。與高機走驅動輪合而為一的背部劍鞘為可動式機構，可重現拔劍出鞘形態，且聖劍亦附有收納和出鞘狀態兩種版本。這款商品是以 HOBBY JAPAN 月刊介紹的範例為基礎製作，後來也透過該月刊和《CODE GEASS MODEL WORKS》誌上販售。

M ECHANIC FILE

RZA-1A 加拉哈特

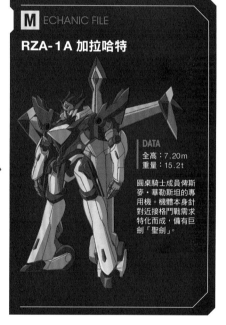

DATA
全高：7.20m
重量：15.2t

圓桌騎士成員俾斯麥‧華勒斯坦的專用機。機體本身針對近接格鬥戰需求特化而成，備有巨劍「聖劍」。

005 SIDE KMF

高文

2008年12月發售
7,140円（含稅5%）

【配件】
專用展示台座、魯路修角色玩偶、能源槽

ROBOT魂 KMF 系列的首款商品，不僅比照設定製作成全高約18㎝的大尺寸，亦利用 PC 材質製作零件，表現出帶有光澤質感的黑色機身。雙肩的強子砲均可展開，後側駕駛艙可開闔，也附有可供坐在駕駛艙裡的魯路修角色玩偶。為了重現第19集裡合作奮戰的場面，亦附屬了能源槽。

M ECHANIC FILE

IFX-V3D1 高文

DATA
全高：6.57m
重量：14.57t

這是試驗性引進浮空系統和強子砲的不列顛軍試作機，後來遭 ZERO 奪走並成為其專用機。

R-Number 019 SIDE KMF
海市蜃樓

2009年4月發售
3,990円（含稅5%）

【配件】
交換用手掌零件、芙蕾雅彈頭中止器、
絕對守護領域特效零件

　這是〈SIDE KMF〉首款引進變形機構的商品，無須替換組裝即可變形為堡壘模式。內藏於胸部的擴散構造相轉移砲也備有發射機構，展開能源光盾形成的絕對守護領域亦能藉由特效零件重現，在陳列展示時相當引人注目呢。至於芙蕾雅彈頭中止器則附有2種版本。

M ECHANIC FILE
Type-0/0A 海市蜃樓

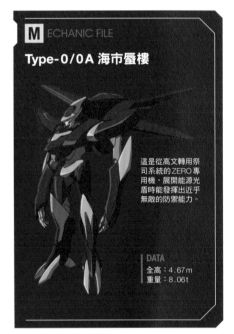

這是從高文轉用祭司系統的ZERO專用機，展開能源光盾時能發揮出近乎無敵的防禦能力。

DATA
全高：4.67m
重量：8.06t

R-Number SP 魂WEB商店 SIDE KMF
紅蓮貳式

2010年7月出貨　3,150円（含稅5%）

【配件】
交換用手掌零件、呂號乙型特斬刀、甲壹型臂

由「IN ACTION!! OFFSHOOT」版修改的商品。右臂可活動，亦附有甲壹型臂。

R-Number 136 SIDE KMF
紅蓮貳式

2013年3月發售
4,410円（含稅5%）

【配件】
交換用手掌零件、
呂號乙型特斬刀、飛燕爪牙

　由中田老師徹底審核而翻新改良的商品。不僅外形帥氣，還具有寬廣的可動範圍，可藉高度可動性重現動畫的各種架勢。右臂處輻射波動機構重現伸縮機構，鉤爪的5根爪子均可獨立活動；左臂內藏的飛燕爪牙則可替換零件重現射出狀態，交換用手掌當然也附有造型生動的張開狀版本。呂號乙型特斬刀更附有專屬的持拿用手掌，確保能牢靠地持拿住這柄武器。

R-Number SP 魂WEB商店 SIDE KMF
紅蓮貳式對應「可翔裝備自動運輸機」

2010年7月出貨　1,575円（含稅5%）

【配件】
整流罩零件、飛翔滑行翼基座（輻射波動彈收納部位）、可翔翼（開闔式）

M ECHANIC FILE
Type-02 紅蓮貳式

DATA
全高：4.51m
重量：7.51t

性能上相當於第7世代的日本自創KMF。右臂內藏有能夠以高頻波進行短週期照射，藉此破壞敵機的輻射波動機構。為黑色騎士團成員卡蓮的專用機。

　除了可供「IN ACTION!! OFFSHOOT」版紅蓮貳式裝設，亦可供SP版紅蓮貳式、R-006紅蓮可翔式使用，堪稱一款具備高度娛樂性的擴充型商品。飛翔滑行翼的機翼部位可開闔，不僅能和紅蓮可翔式交換，亦能供R-136紅蓮貳式使用。在重現可翔裝備自動運輸機與紅蓮貳式的合體形態之餘，亦可比照動畫場面排除整流罩部位，僅裝設飛翔滑行翼。

R-Number 006 SIDE KMF

紅蓮可翔式

2008年12月發售
3,675円（含稅5%）

【配件】
交換用手掌零件、廣域輻射波動手掌、飛翔滑行翼、
呂號乙型特斬刀

　這款商品是由「IN ACTION!!
OFFSHOOT」版紅蓮貳式修改
規格而成的版本。頭部和穿甲
砲擊右臂部位零件均為全新開
模製作，鉤爪部位的5根爪子
均可獨立活動，還可替換零件
重現廣域輻射波動形態。飛翔
滑行翼可自由裝卸，亦重現背
面的輻射波動彈發射口。備有
R-136紅蓮貳式省略的駕駛艙
展開機構。

R-Number 041 SIDE KMF

紅蓮聖天八極式

2009年11月發售
4,200円（含稅5%）

【配件】
交換用手掌零件、能源翼、飛燕爪牙×2、MVS、
輻射波動展開狀態零件、輻射光輪零件

　能源翼部位能靈活調整角度，可替換零件，重現收
納狀態。雙肩的飛燕爪牙同樣能替換零件重現射出狀
態，穿甲砲擊右臂亦能更換零件重現輻射波動機構的
展開狀態。輻射光輪則是以透明特效零件呈現，這部
分可裝設在手腕上。另有推出局部機身以透明零件呈
現，能源翼還添加漸層效果的能量透明Ver.。

R-Number SP 魂WEB商店 SIDE KMF

紅蓮聖天八極式（能量透明Ver.）

2010年11月出貨
4,200円（含稅5%）

【配件】
交換用手掌零件、能源翼、飛燕爪牙×2、MVS、輻射波動展
開狀態零件、輻射光輪零件

R-Number SP 魂WEB商店 SIDE KMF

紅蓮聖天八極式 vs 蘭斯洛特神靈型 ～能源翼 HYPER SET～

2010年3月出貨
2,100円（含稅5%）

【配件】
能源翼（紅蓮聖天八極式用・衝撞攻擊模式）、火
箭爪牙用纜線、輻射光輪零件、能源翼（蘭斯洛特
神靈型用）、超級V.A.R.I.S.（一般射擊模式）、超級
V.A.R.I.S.（火力全開模式）、超級V.A.R.I.S.（強子模
式）

　兩款能源翼都加大尺寸，紅蓮聖天八極式可藉
此重現衝撞攻擊形態。亦附有可重現動畫場面
的透明紅版輻射光輪、將穿甲砲擊右臂當作火
箭爪牙使用的單芯線零件。至於蘭斯洛特神靈
型配件則附有2挺全新開模製作的強子模式
超級V.A.R.I.S.，連同一般模式和火力全開模
式在內共計有4挺。若是搭配R-020所附的版
本，那麼各模式均可重現雙手各持一挺的狀
態。照片中是從各自的能量透明Ver.取用能源
翼零件來搭配裝設。

M ECHANIC FILE

Type-02/F1Z 紅蓮聖天八極式

DATA
全高：5.24m
重量：8.17t

　這架機體是將擄獲的紅蓮可翔式應用不列顛技術全面修
改而成。由於搭載能源翼等裝備，因此獲得相當於第9
世代KMF的性能。

R-Number SP 魂WEB商店 SIDE KMF
月下

2009年10月出貨　3,465円（含稅5%）

【配件】
交換用手掌零件、迴轉刃刀、臂砲、駕駛艙區塊

這是以先行推出的SP版月下 藤堂座機為基礎，配色更改為量產機規格的商品。雖然省略藤堂座機的衝擊擴散自在纖維，但素體的基本造型沒有更動，因此具備同等的寬廣可動範圍，可擺出跪坐等姿勢。腳部的高機走驅動輪設有展開機構，駕駛艙則備有頂部艙蓋可開闔的機構。

R-Number SP 魂WEB商店 SIDE KMF
月下4機套組
（附特製收納盒）

2009年10月出貨　13,860円（含稅5%）

【配件】
月下×4、特製收納盒

一舉湊齊四聖劍用機體的套組版商品，附有可裝下4架包裝盒的原創設計收納盒。

R-Number SP 魂WEB商店 SIDE KMF
月下 藤堂座機

2009年7月出貨
3,675円（含稅5%）

【配件】
交換用手掌零件、制動刃吶喊衝角刀、專用臂砲、「月下先行試作型」替換用頭部＆甲壹型臂

這款商品立體重現藤堂規格的月下。如同頭髮般的衝擊擴散自在纖維藉由大分量零件如實重現，基礎架構和R-013斬月相同，易於擺出各種動作。制動刀這柄附屬武裝也和斬月的一樣，臂砲配色則和量產機不同。附帶一提，內含額外的頭部＆左臂零件（甲壹型臂），可重現在PS2＆PSP用遊戲軟體《CODE GEASS 反叛的魯路修 LOST COLORS》登場的「月下 先行試作機」。

「月下 先行試作機」。只要利用額外零件搭配另行販售的R-014曉 直參規格，即可重現這架機體。

R-Number 013 SIDE KMF
斬月

2009年3月發售
3,675円（含稅5%）

【配件】
交換用手掌零件、制動刃吶喊衝角刀、胸部內藏機關槍展開零件、飛行滑行翼

衝擊擴散自在纖維是以軟質零件呈現，根部能夠自由活動。肩部的內藏型機槍能替換零件，重現展開狀態。

R-Number SP 魂WEB商店 SIDE KMF
可翔翼
（斬月對應／曉 可翔對應／曉 直參規格對應）

2010年4月出貨　各525円（含稅5%）

【配件】
可翔翼（可動式）1套

共推出3種可分別對應R-013斬月、R-031曉／R-032曉 可翔、R-014曉 直參規格等各機體配色的可動式飛翔滑行翼。

CODE GEASS 反叛的魯路修

R-Number 031 [SIDE KMF]

曉

2009年8月發售　3,360円（含稅5%）

【配件】
交換用手掌零件、榴彈發射器、火箭砲、迴轉刃刀

機體以供戰略部隊運用為前提，因此能搭配各式武裝。根據前述設定也推出2款裝備相異的曉。R-031和R-032為同時發售的商品，R-031是以地面戰規格為藍本，武裝方面附有黏著輻射彈發射器、火箭砲，以及小型迴轉刃刀。這些武裝亦可供可翔和直參規格使用，呈現更為多樣的武裝配備版本呢。

R-Number 032 [SIDE KMF]

曉 可翔

2009年8月發售　3,360円（含稅5%）

【配件】
交換用手掌零件、臂砲、飛翔滑行翼

R-032為配備飛翔滑行翼的空戰規格。背部的小型飛彈設有展開機構，武裝僅附有臂砲。

R-Number 014 [SIDE KMF]

曉 直參規格

2009年3月發售　3,675円（含稅5%）

【配件】
交換用手掌零件、迴轉刃刀、臂砲、飛翔滑行翼

素體本身是以R-013斬月為基礎，因而具備斬月也有引進的膝蓋雙重關節構造，得以擺出大幅度彎曲膝蓋的跪坐姿勢，堪稱是可動性極高的商品呢。飛翔滑行翼一併製作出小型飛彈的造型，只要取下艙蓋即可重現發射狀態。不僅如此，高機走驅動輪設有展開機構，駕駛艙亦備有艙蓋開闔機構。武裝方面附有迴轉刃刀和臂砲。

SP 魂WEB商店 [SIDE KMF]

曉 直參規格（C.C.專用機）

2009年6月出貨
3,675円（含稅5%）

【配件】
交換用手掌零件、迴轉刃刀、臂砲、火箭砲、飛翔滑行翼

這是以直參規格為基礎，配色更改成以粉紅色為基調的商品。追加附屬一挺火箭砲。

Ⓜ ECHANIC FILE

Type-03F 月下

DATA
全高：4.45m
重量：7.92t

這是以紅蓮貳式為基礎的量產展機，性能相當於第7世代。右手備有格鬥戰用的迴轉刃刀，左臂則設置射擊武器臂砲。搭乘者為黑色騎士團的四聖劍。

藤堂座機具有指揮官機的機能，不僅強化通信，頭部亦備有衝擊擴散自在纖維可供散熱，還能憑藉設有推進器的制動刀靈活多變地攻擊。

Type-05 曉

DATA
全高：4.49m
重量：7.82t

黑色騎士團繼月下之後運用的新型量產機。此機種是由拉克夏塔所隸屬的印度軍最提供，屬於能夠配備多樣武裝的通用機。

曉也有指揮官專用的強化機體，頭部各處具備和斬月相近的構造。除了可供四聖劍使用外，C.C.亦有一架施加個人識別配色的專用機。

Type-04 斬月

DATA
全高：4.68m
重量：8.09t

藤堂專用機，為曉的高階機型。具有足以和蘭斯洛特相抗衡的規格，還沿用月下藤堂座機沿用衝擊擴散自在纖維和制動刀。

SP 魂WEB商店 SIDE KMF
薩瑟蘭·齊格

2010年12月出貨
第一次接受訂購：25,200円（含稅5%）
第二次接受訂購：28,000円（含稅5%）

【配件】
交換用手掌零件、薩瑟蘭·齊格主體、薩瑟蘭J主體、傑瑞米亞角色玩偶、專用台座、購買附錄DVD

　這款商品以全長約600㎜的龐大尺寸立體重現。設置於頂面的飛彈備有艙蓋開闔機構。騎槍狀大型飛燕爪牙可自由裝卸，左右機械臂均可活動。可利用附屬台座支撐左右兩側的飛燕爪牙與下側的長程線性加農砲。附帶一提，包裝盒是以橘子木箱為藍本設計而成，可說是饒富趣味。更附有收錄傑瑞米亞伯爵暢談薩瑟蘭·齊格這段特別影片的DVD。

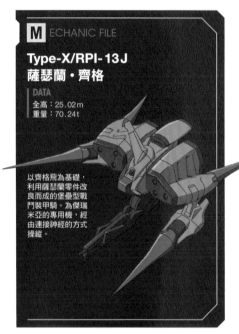

M ECHANIC FILE
Type-X/RPI-13J
薩瑟蘭·齊格

DATA
全高：25.02m
重量：70.24t

以齊格飛為基礎，利用薩瑟蘭零件改良而成的堡壘型戰鬥裝甲騎。為傑瑞米亞的專用機，經由連接神經的方式操縱。

作為核心組件收納其中的KMF薩瑟蘭J也十分精緻。不僅備有駕駛艙開閤機構，腿部的戰鬥錐也可伸縮，基座部位亦能活動。附有傑瑞米亞的角色玩偶。

047 SIDE KMF
神虎

2009年12月發售　4,200円（含稅5%）

【配件】
交換用手掌零件、雙劍×2、大極盾零件×2、繩鏢型飛燕爪牙×2

　胸部的天愕霸王帶電粒子重砲備有可重現發射形態的展開機構。繩鏢型飛燕爪牙可替換零件重現射出狀態，亦附有在高速旋轉下呈現盾狀的特效零件，可說是一款比照動畫還原程度相當高的商品呢。將腳尖與腳跟往下展開後可構成冰刀型高機走驅動輪。附帶一提，飛翔滑行翼為〈SIDE KMF〉首見的可動式版本，X字形的機翼可折疊起來。

M ECHANIC FILE
XT-409 神虎

DATA
全高：4.53m
重量：9.38t

為追求高規格的極限，由拉克夏塔等印度軍區技術人員製造出的中華聯邦機體。其超高性能極難駕馭，因此成了唯有黎星刻能駕駛的專用機。

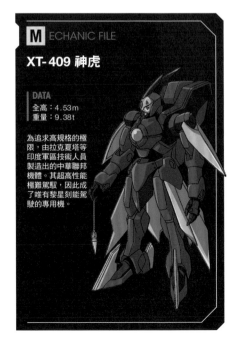

SP 魂WEB商店 SIDE KMF

鋼髏

2011年10月出貨
3,150円（含稅5%）

【配件】
連結零件

機關槍能上下活動，駕駛艙部位
可開闔。下側的收納式機械手能
夠展開，還能與蛇腹狀輔助腳連
結起來。鋼髏更備有可彼此連結
的原創機構。

M ECHANIC FILE

TQ-19 鋼髏

DATA
全高：5.67m
戰鬥重量：13.08t

中華聯邦製KMF。火力和裝甲
都很貧弱，駕駛艙設置在正面
為其特徵所在。

CODE GEASS 反叛的魯路修 LOST COLORS

2008年3月27日發射
PlayStation Portable電玩軟體

以甫組成黑色騎士團的時期為舞台，是一款由玩家扮演失去記憶的主角，可
選擇加入黑色騎士團還是不列顛軍的原創劇情冒險遊戲。遊戲中有蘭斯洛特梅
花型和月下（先行試作型）等機體登場。

063 SIDE KMF

蘭斯洛特梅花型

2010年5月發售　3,360円（含稅5%）

【配件】
交換用手掌零件、飛燕爪牙2種、MVS（騎槍型）×2、MVS
連結零件、可變式突擊步槍（一般模式）、可變式突擊步槍
（狙擊模式）、能源光盾

以薩瑟蘭為基礎，拼裝蘭斯洛特剩餘零件而成
的機體，為不列顛軍人篇的主角機。步槍並非經
由替換組裝重現展開狀態，而是直接附屬一般模
式和狙擊模式兩種。MVS則是能夠連結成像文生
一樣的雙頭騎槍形態。

繼承蘭斯洛特的可動
性。臂部飛燕爪牙可
比照蘭斯洛特展開為
于刀模式，亦可替換
零件重現射出狀態。

SP 魂WEB商店 SIDE KMF

蘭斯洛特梅花型
「浮空組件」

2010年6月出貨
525円（含稅5%）

亦可供「IN ACTION!! OFFSHOOT」版蘭斯洛特使用。機翼部位能折疊起來。

THE ROBOT SPIRITS TAIZEN

CODE GEASS 亡國的瑛斗

電影上映：2012年8月4日（第一章）／2013年9月14日（第二章）／2015年5月2日（第三章）／
2015年7月4日（第四章）／2016年2月6日（最終章）
電影版動畫作品
全5章

■主要製作成員
原作：SUNRISE、大河內一樓、谷口悟朗
監督：赤根和樹
人物設計：CLAMP（原案）、木村貴宏
人型自在戰鬥裝甲騎設計：安田朗
劇本：大野木寛、赤根和樹
音樂：橋本一子

S STORY

在ZERO對神聖不列顛帝國掀起反抗行動「黑色反叛」的同一時期，歐洲共和國聯合（E.U.）也遭到不列顛軍制壓。正當E.U.處於劣勢之際，由E.U.人提供支援和日本人所組成的特殊部隊「wZERO」（DOUBLE ZERO）展開行動，果敢投入生還率極低的荒唐作戰中。
隨著奉命執行自殺攻擊的夥伴陸續消逝戰場，日向瑛斗成了唯一倖存下來的人。另一方面，歐洲不列顛的聖米迦勒騎士團總帥遭到心腹真・日向・夏英格使用GEASS暗殺。真掌握騎士團的實權後，開始用GEASS展開扭曲的救贖。這個發展也令不列顛和E.U.的戰爭陷入混沌中……。

R-Number 146 SIDE KMF

亞歷山大（瑛斗座機）

2013年8月發售
4,410円（含稅5%）

【配件】
交換用手掌零件、交換用頭部、昆蟲模式零件1
套、拐棍×4、線性突擊步槍×2、尺骨刃左右、
額外零件

這款商品重現流線感的體型，可動範圍也相當寬廣。只要替換組裝手腳和頭部，即可變形為昆蟲模式。臂部拐棍不僅附有收納形態，亦附有尖刺角度不同的2種展開版本，輔助臂也能替換零件重現展開狀態。腦部陣列狀態的臉部展開形態同樣可替換零件予以重現。

R-Number SP 魂WEB商店 SIDE KMF

亞歷山大 Type-02（龍座機＆幸也座機）

2014年2月出貨　9,450円（含稅5%）

【配件】
主體（龍座機）、昆蟲模式零件1套、交換用手掌零件、交換
用臉部、尺骨刃左右、飛彈莢艙、斧頭2種、線性突擊步槍
×2、輔助臂（固定式）左右／主體
（幸也座機）、昆蟲模式零件1套、交換用手掌零件、交換用臉
部、尺骨刃左右、磁軌砲1套、飛燕爪牙1套×2、線性突擊
步槍、輔助臂（固定式）左右

兩架機體的頭部和武裝不同。龍座機的臉部為數台感測器型，幸也座機的則是十字形感測器。磁軌砲和線性步槍可利用連接零件組合，重現長程狙擊形態。兩架機體均附有腦部陣列狀態的紅色感測器臉部。商品另附有動畫裡未曾使用的尺骨刃。

龍座機附有飛彈莢艙和斧頭，斧頭本身也附收納形態版本。幸也座機則能搭配線性步槍展現狙擊形態，左右臂也配備有飛燕爪牙。

SP 亞歷山大 Type-02（蕾拉座機＆綾乃座機）

魂WEB商店
SIDE KMF

2014年4月出貨　9,720円（含稅8%）

【配件】

主體（蕾拉座機）、昆蟲模式零件1套、交換用手掌零件、尺骨刃左右、感測器、線性突擊步槍、輔助臂（固定式）左右、輔助臂（可動式）左右／主體（綾乃座機）、昆蟲模式零件1套、交換用手掌零件、交換用臉部、尺骨刃左右、佩劍2種、線性突擊步槍、輔助臂（固定式）左右

可替換零件變形為昆蟲模式。輔助臂附有固定式和可動式2種版本，持拿武裝的機構和其他商品共通，尺骨刃也能替換組裝重現展開狀態。採用藍色頭罩的是蕾拉座機；綾乃座機則是以複眼機構為特徵，佩劍附有收納和出鞘狀態2種版本，亦附有腦部陣列狀態的紅色感測器臉部。附帶一提，和瑛斗座機、龍虎機＆幸也座機一樣，臂部和腿部均設有原創的連接機構，可藉此組裝取自其他機體的手腳，呈現多手多腳的形態。

蕾拉座機備有如同天使光環的無人機控制用背部組件，可用輔助臂持拿。線性步槍也能直接手持，或是改用輔助臂持拿。

綾乃座機的右臂配備對KMF戰鬥用劍「主教長花環」作為主兵裝。和動畫中一樣能夠反手握劍。

139 格拉斯哥（亡國的瑛斗 Ver.）

SIDE KMF

2013年4月發售　3,675円（含稅5%）

【配件】

交換用手掌零件、交換用球型實測器展開狀態頭部、冰鎬2種、突擊步槍、飛燕爪牙×2

和各款亞歷山大一樣，這款商品也是結合設定資料的諸多細部結構資訊立體重現。頭部可更換零件重現球型實測器展開狀態，胸部的飛燕爪牙亦能更換零件表現射出狀態，腳部的高機走驅動輪同樣能活動。突擊步槍設有可動式前握把，能夠擺出雙手持槍的架勢；冰鎬附有收納和展開狀態兩種版本。

M ECHANIC FILE

W0X Type-01 亞歷山大 Type-01

　wZERO運用的特殊作戰機體。機體根據獨有的設計構想研發，可變形為能夠將中彈面積降至最小範圍，同時也提高機動性的四足步行形態——昆蟲模式。由於設有可供掛載＆使用裝備輔助臂，通用性和擴充性都相當出色。Type-02是以Type-01瑛斗座機為基礎研發，並由搭乘者選配裝備。

DATA
全高：4.39m
重量：6.73t

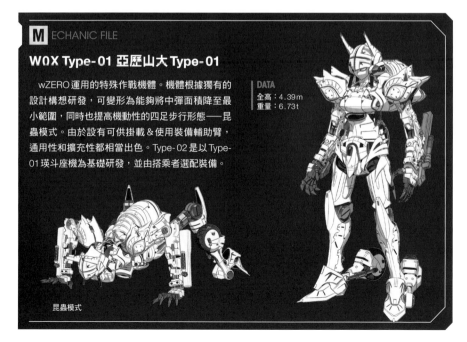

昆蟲模式

M ECHANIC FILE

RPI-11 格拉斯哥

DATA
全高：4.24m
重量：7.35t

　第4世代KMF。雖然此機種證明了KMF相當實用，不過成為主流的機種卻是之後的第5世代，因此被視為舊機種，甚至流入恐怖分子手中。在山龍等人在綁架斯麥拉斯將軍時正是使用此機型。

CODE GEASS 雙貌的OZ

公開：2012年5月～
誌上連載（HOBBY JAPAN月刊／COMP-ACE月刊）

■主要製作成員
企劃：SUNRISE
統籌：森田繁
人物設計：木村貴宏
人型自在戰鬥裝甲騎設計：中田榮治、アストレイズ 等人
機械設計：寺岡賢司
企劃協力：谷口悟朗、大河內一樓

S STORY
　　為了替最愛的人復仇，少年歐路菲以「OZ」為代號，接受恐怖分子派遣組織「和平印記」的委託轉戰世界各地。另一名也被稱為「OZ」的少女愛德琳，卻是隸屬於不列顛的反恐組織「古蘭德騎士團」，奉命前往各地鎮壓恐怖行動。在不知彼此身世的情況下，這對同樣被稱為「OZ」的雙胞胎在戰場上相遇了。
　　以歐路菲為主角的「SIDE：歐路菲」在HOBBY JAPAN月刊連載圖像小說，以愛德琳為主角的「SIDE：愛德琳」則是在COMP-ACE月刊連載漫畫。

R-Number SP 魂WEB商店 SIDE KMF

白炎

2013年7月出貨
4,410円（含稅5%）

【配件】
交換用手掌零件、交換用擴散輻射波動裝置
展開狀態頭部、飛燕爪牙

　　這款商品由擔綱機體造型設計的中田老師徹底審核，以充滿質量感的面貌立體重現。素體本身是以R-136紅蓮貳式為準，具備高度的可動性。飛燕爪牙可替換組裝重現射出狀態。大腿處設有六式衝擊砲的備用彈倉掛架，彈倉可自由裝卸。交換用手掌的張開狀版本有2款，造型生動，可藉此擺出多樣的動作架勢。值得一提之處在於七式統合兵裝右臂，不僅能重現多種形態，亦兼顧可動性。

頭部搭載的擴散輻射波動裝置，可替換零件重現展開使用狀態。展開形態的內部也相當精緻。

七式統合兵裝右臂部無須替換零件即可活動，還能變化為鑽頭、剪刀、射擊武器等多種武裝，可說是具備豐富機構的部位。

M ECHANIC FILE

Type-01/C 白炎

DATA
全高：4.75m
重量：7.94t

以紅蓮壹式為基礎的歐路菲專用特裝機。右臂為複合兵裝臂，頭部則備有擴散輻射波動裝置，啟動時能夠令含自身在內的周遭櫻石停止運作，可說是如同雙面刃般的武器。

R-Number **SP** 魂WEB商店 SIDE KMF

蘭斯洛特聖杯型

2013年6月出貨　4,410円（含稅5%）

【配件】
交換用手掌零件、交換用球型實測器展開狀態胸部、休羅塔鋼劍（收納狀態）×12、休羅塔鋼劍（強化鋼劍狀態）×2、休羅塔鋼劍（展開狀態）×2、鋼劍爪牙連接零件×6、交換用飛燕爪牙（腰部用）×2

同樣經過擔綱機體造型設計的中田老師徹底審核。備有披風和大量武裝，可說是款頗具分量的商品。披風本身為隨風飄揚的造型，附有卸下披風也能掛載佩劍的替換零件。為了重現臂部強化鋼劍被原理與能源光盾相同的能源覆膜所籠罩，該狀態是以透明零件來呈現。當然亦重現駕駛艙造型和蘭斯洛特不同這一點。

披風零件可裝設在駕駛艙左右兩側，單側由2片零件構成，而且基座可自由活動，便於擺出動感架勢。

披風處可掛載共計12柄的休羅塔鋼劍（收納狀態），裝設基座也設有可動機構。鋼劍爪牙機構是以漫畫版描述為準，能夠重現一舉射出6組的狀態，可靠單芯線調整靈活調整角度。

M ECHANIC FILE

Z-01/T 蘭斯洛特聖杯型

DATA
全高：4.42m
重量：7.95t

愛德琳專用機，為試驗型蘭斯洛特的改良機。雖然省略能源光盾等裝備試圖簡化規格，卻也搭載具有試驗性質的武裝。

R-Number **SP** 魂WEB商店 SIDE KMF

蘭斯洛特試驗型

2013年12月出貨
4,410円（含稅5%）

【配件】
交換用手掌零件、交換用飛燕爪牙×4、能源光盾、手刀模式替換用零件×2、MVS×2

經由中田老師徹底審核才立體重現的紅色蘭斯洛特。附有可更換為射出狀態的飛燕爪牙等零件，可還原作品的動作場面。機體藍本為作品播出前於Newtype月刊上刊載的初期型蘭斯洛特插圖，在《雙貌的OZ》裡則是基於「蘭斯洛特量產計畫」，所以設定為採用蘭斯洛特備用零件組裝的試作型，並且安排在「SIDE：愛德琳」中登場。更以皇女瑪麗蓓爾座機的面貌大顯身手。

SIDE ▶ COLUMN

┃ROBOT魂典藏精品

　雖然ROBOT魂本身有著極為驚人的豐富商品陣容，不過除了一般商品外，其實尚有各式聯名商品存在，其中甚至有純銀製ROBOT魂的品項呢！該款為活動會場限定商品，當時公告的價格為648,000円，堪稱ROBOT魂史上價格最高的逸品。亦有推出以ROBOT魂為題材的電玩，這也證明可動玩偶擁有無限發揮的空間呢。

■ Micro ROBOT魂

　全高約65mm的ROBOT魂。原為2010年3月發售商品「獻給大人的玩具盒：大家的倒數抽抽樂」的配件之一，後來在該年秋季舉辦的活動「TAMASHII NATION 2010」以門票贈品形式推出更換配色版本。

● 大家的倒數抽抽樂 機動戰士鋼彈 −一年戰爭篇−附屬配件

RX-78-2 鋼彈

RX-78-3 G3鋼彈

● TAMASHII NATION 2010 門票贈品

鋼彈 透明藍 Ver.
（預售票贈品）

鋼彈 透明Ver.
（當日門票贈品）

■ 裝飾箔面貼紙

　「魂慶典2010〜夏季新商品慶典〜」限定販售的裝飾箔面貼紙。圖樣利用ROBOT魂商標設計而成，套組包含金色版與銀色版。

■ ROBOT魂手巾

■ SILVER 950 RX-78-2 GUNDAM Featuring ROBOT魂

　2015年「機動戰士鋼彈展 THE ART OF GUNDAM」展出的純銀製ROBOT魂。擔綱製作者正是珠寶界老字號店家「田中貴金屬珠寶」。所有零件都是純銀製，是由師傅憑技術逐一研磨拋光而成。

■ ROBOT魂大戰

　ROBOT魂與萬代南夢宮「大戰系列」聯名推出的PSP電玩軟體。這款遊戲在重現可動玩偶的一致尺寸之餘，還能對各機體施加改裝，甚至能和巨大超合金之類的敵機交戰。一個關卡最多可安排10架機體參與行動，視情況更換機體可說是攻略的關鍵所在。

對應機種：PlayStation®Portable
2013年2月14日發售
UMD版6,280円（含稅8%）
下載版6,280円（含稅8%）

　以ROBOT魂版獨角獸鋼彈和量子型00為圖樣設計藍本的手巾，僅在「魂慶典2010〜夏季新商品慶典〜」限定販售。

SIDE
AB/HM/MASHIN/
RV/MA/HL/RM/RSK

聖戰士丹拜因

播映期間：1983年2月5日～1984年1月21日
TV動畫
全49集

■主要製作成員
原作：富野由悠季、矢立肇
總監督：富野由悠季
人物設計：湖川友謙
機械設計：宮武一貴
音樂：坪能克裕

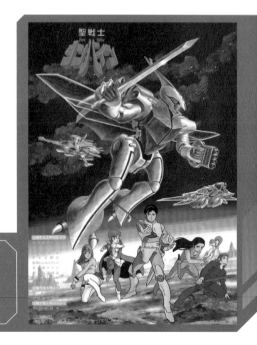

S STORY

能記得拜斯頓威爾所有故事者，是幸福的……。拜斯頓威爾乃是介於海洋與陸地之間的異世界，為人類靈魂的歸宿。雖然反覆上演人類爭奪霸權的原始鬥門，然而該世界的均衡如今已崩潰。亞之國的德雷克·魯夫特國王取得地上世界的科技，成功研發出被稱為「靈能戰士」的巨人騎士。他以統治拜斯頓威爾全土為目標，動用武力侵略其他國家。日本青年座間翔也因此被召喚到拜斯頓威爾，被任命為德雷克軍旗下靈能戰士「丹拜因」的駕駛員。

R-Number 127 SIDE AB

丹拜因

2012年10月發售　4,536円（含稅8%）

【配件】
交換用手掌零件、靈能劍、靈能砲×2、靈能劍特效零件、畢爾拜因騎乘用連接零件

丹拜因以具備如同生物的線條和細部結構為特徵，這款ROBOT魂商品在重現其造型之餘，亦秉持一貫風格設計寬廣的關節可動範圍，更搭配大量透明零件來呈現動畫形象。堪稱丹拜因特色的腳爪部位不僅講究還原造型，每根腳爪也都能獨立活動，駕駛艙也設置開闔機構。武器類配件豐富，因此能充分展現動畫的各種動作架勢。

附有2挺靈能砲，能夠像片頭動畫一樣雙臂各配備一挺。

R-Number SP 魂WEB商店 SIDE AB

丹拜因（托德座機＆托卡馬克座機）

2013年4月出貨
8,400円（含稅5%）

【配件】
交換用手掌零件、靈能劍、靈能砲×2、靈能劍特效零件（各附有1套）

丹拜因起初共製造3架，除了座間翔搭乘之外，尚有托德·基尼斯座機和托卡馬克·羅布斯基這2架。以黑色為基調的托德座機，還有以綠色為基調的托卡馬克座機採套組形式發售，兩者均忠實重現設定配色，翅膀等透明零件亦採用專屬顏色來呈現。雖然配件內容基本上和一般版丹拜因相同，不過靈能劍特效零件的成形色改採藍色系。

雖然活躍場面不多，不過兩架丹拜因更換配色，仍是相當受到喜愛的機型。

M MECHANIC FILE

丹拜因

DATA
全高：6.9梅特
重量：4.4魯夫托

修特·威朋被召喚到亞之國後所研發的初期型靈能戰士。設計上著重空戰中的機動性，外觀顯得相當苗條。機體性能會隨著搭乘者個人靈力增強而提升，得以將性能發揮到超乎預設範疇，因此一路運用到戰爭末期。主要搭乘者為座間翔、瑪貝爾·弗倫斯等人。

SP 魂WEB商店 SIDE AB

佛爾

2013年11月出貨
12,600円（含稅5%）

【配件】
駕駛員角色玩偶×2、修特、修特用角色玩偶、
飛彈×6、專用台座1套

佛爾乃是為了輔助靈能戰士、運輸物資
而研發的翼刃戰機，這款商品採用與丹拜
因相同的比例立體重現。不僅能如同設定
供丹拜因搭乘，亦能搭配連接零件站在機
背上。機身下側收納小型滑翔機「修特」，
亦能分離變形為飛行形態。駕駛員共附有3
名，可說是有著高度娛樂性的內容呢。

附屬專用台座是以片頭動畫的雲端城門景象為藍本，造型相當精緻。

120 SIDE AB

畢爾拜因

2012年7月發售
4,860円（含稅8%）

【配件】
交換用手掌零件、靈能劍、靈能劍步槍、
超絕靈能斬特效零件

這款商品完全重現座間翔在故
事後半搭乘的主角機。能夠變形
為堪稱畢爾拜因首要特徵的翼刃
戰機形態，可供丹拜因騎乘在機
背上，娛樂性十足。除了藉寬廣
的關節可動範圍重現各種架勢，
配備於背部的靈能加農砲也能架
向前方呈射擊狀態。膝關節背面
更設有滑移機構，可擴大可動範
圍，足以擺出高跪姿的呢。

一提到畢爾拜因就會想到這個
架勢，重現也不成問題喔！具
備ROBOT魂相當罕見的變形
機構，還原程度相當高。

SP 魂WEB商店 SIDE AB

畢爾拜因
（迷彩塗裝 Ver.）

2013年2月出貨
4,725円（含稅5%）

【配件】
交換用手掌零件、靈能劍、靈能劍
步槍、超絕靈能斬特效零件

與一般版比較，連同透明
零件和靈能劍的劍柄等細
部都按設定更改顏色。

動畫最後一集前夕突然登場的更換配色版
畢爾拜因。機體配色並非純粹靠成形色來呈
現，而是經由塗裝重現，因此整體質感相當
不錯。以駕駛艙蓋為首的透明零件也都按照
設定更改顏色，就連細節也都講究重現了。
配件內容和一般版相同，不過靈能劍也一併
更改劍柄顏色，可說是忠於設定的良品。

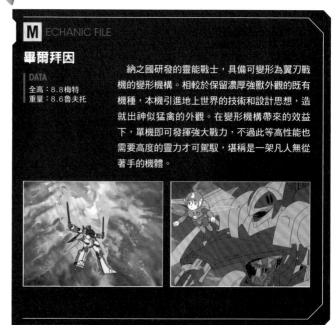

R-Number 181　SIDE AB

德拉姆隆

2015年5月發售
6,480円（含稅8%）

【配件】
靈能劍、交換用靈能劍柄部

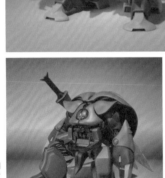

　這款商品立體重現亞之國主力的靈能戰士。不僅忠實按設定還原神似甲殼類生物的立體造型，亦備有寬廣的關節可動範圍，足以擺出各種動作。當然也具備可開闔的駕駛艙蓋，並以透明零件呈現翅膀等處的設計。手掌部位為巨大的鉤爪，不過該處能夠開闔，可重現發射火焰砲的場面。配件方面則附有可供握持靈能劍的專用劍柄零件。

股關節和膝蓋的可動範圍也相當廣，足以擺出高跪姿。乍看之下不易分辨位置何在的頭部也可活動。

R-Number SP　魂WEB商店　SIDE AB

德拉姆隆（托德座機）

2015年9月出貨　7,020円（含稅8%）

【配件】
靈能劍、交換用靈能劍柄部

　這款商品重現托德在出擊沒多久就失去丹拜因，隨即分派接收專用配色的德拉姆隆。這架托德專用德拉姆隆的登場時間頗長，在動畫中給人的印象也格外深刻。就連細部的配色更動都經由塗裝忠實重現，透明零件的成形色更經過更改。配件方面附有火焰砲的特效零件，以及持拿靈能劍用的可動式零件。

MECHANIC FILE

德拉姆隆

DATA
全高：7.4梅特
重量：6.9魯夫托

　亞之國的主力機種。研發時考量到靈能戰士彼此進行格鬥戰，因此裝甲較厚，外形深具厚重感。

亦有供托德·基尼斯搭乘的黑色系配色版機體。

MECHANIC FILE

畢萊比

DATA
全高：9.2梅特
重量：9.5魯夫托

　研發目的在於搭載靈力增幅機，使得非地上人也可操縱機體，發揮靈能戰士的高性能。

搭乘者是拜斯頓威爾的康蒙人邦·班寧斯。

MECHANIC FILE

比亞雷斯

DATA
全高：9.1梅特
重量：9.5魯夫托

　為克之國獨自研發的靈能戰士。這架機體的設計重點在於進行高機動戰，擅長一擊遠颺等戰法。

除了托德·基尼斯，克之國的紅色三騎士也搭乘過這個機種。

MECHANIC FILE

雷普萊剛

DATA
全高：8.8梅特
重量：9.0魯夫托

　備有強力內藏火器的高機動型靈能戰士。其重武裝和重裝甲裝備剛好與過大的輸出功率取得平衡。

潔莉爾·柯契比的靈力失控時，令機體陷入超絕化狀態。

R-Number 143 SIDE AB

畢萊比

2013年6月發售
5,775円（含稅5%）

【配件】
交換用手掌零件、靈能劍、四連裝靈能砲、
五連裝靈能加農砲

不僅附有四連裝靈能砲，亦
有2挺五連裝靈能加農砲，
內容相當豐富呢。

畢萊比乃是為了不依賴地上人，讓眾康蒙人騎士也能駕馭靈能戰士，因此首度搭載靈力增幅器的機種。這個機種是以指揮官機形式，分發給擁有一定地位的騎士，在動畫中曾由邦・班寧斯搭乘。一如指揮官機的角色，主體比其他ROBOT魂丹拜因系列的尺寸算大了一號，保留本系列共通的寬廣關節可動範圍之餘，亦大量採用透明零件。武裝配件也相當豐富。

R-Number SP 魂WEB商店 SIDE AB

比亞雷斯

2016年5月出貨　8,640円（含稅8%）

【配件】
交換用手掌零件、鐮刀型靈能劍×2

比亞雷斯乃是擅長高機動戰的機體，這款商品也忠實重現其稜角分明的造型。比亞雷斯獨有的武器鐮刀型靈能劍共有2柄，可分別掛載在雙臂上。具備本系列共通的寬廣關節可動範圍之餘，膝關節還能彎曲到近180度，能更自然流暢地重現各種架勢。同樣備有可開闔的駕駛艙蓋，翅膀亦採用透明零件呈現。

可動範圍寬廣，可
自然流暢地擺出高
跪姿。鐮刀型靈能
劍不僅能以雙手持
拿，亦可分別掛載
在雙臂上。

R-Number 186 SIDE AB

雷普萊剛

2015年10月發售
8,640円（含稅8%）

【配件】
交換用左手掌零件、
靈能劍、護盾、
線控飛彈式手榴彈

腿部側面的線控飛彈式
手榴彈比照設定，柄部
備有伸縮機構。

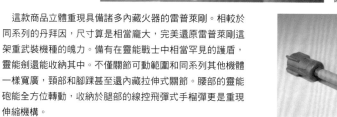

這款商品立體重現具備諸多內藏火器的雷普萊剛。相較於同系列的丹拜因，尺寸算是相當龐大，完美還原雷普萊剛這架重武裝機種的魄力。備有在靈能戰士中相當罕見的護盾，靈能劍還能收納其中。不僅關節可動範圍同系列其他機體一樣寬廣，頸部和腳踝甚至還內藏拉伸式關節。腰部的靈能砲能全方位轉動，收納於腿部的線控飛彈式手榴彈更是重現伸縮機構。

R-Number 177 SIDE AB

柏穹

2015年3月發售
6,264円（含稅8%）

【配件】
交換用右手掌零件、靈能劍、
搭乘佛爾用連接零件

這款商品立體重現曾為瑪貝爾·弗倫斯座機的柏穹，包含散發銳利感的頭部、逆向關節構造的膝蓋，可說是忠實重現這個機種的獨特外觀。堪稱特徵所在的膝關節也能按照一般方式彎曲，同樣能擺出高跪姿。為了重現複雜的駕駛艙蓋開闔機構，肩頭的鉤爪也設有可動機構。雖然附屬武裝只有一柄靈能劍，不過為了搭乘另外販售的佛爾，商品亦附有專用的連接零件。

頭部左右轉動的幅度比較小，不過上抬下垂的範圍倒是相當廣。

R-Number SP 魂WEB商店 SIDE AB

柏穹（納之國規格）

2015年8月出貨　6,264円（含稅85%）

【配件】
交換用右手掌零件、靈能劍、搭乘佛爾用連接零件、
席菈·拉帕納角色玩偶

柏穹為勞之國與納之國合作研發的機種，這款商品立體重現了納之國的規格。機體配色統一採用白色，分發給負責護衛納之國女王席菈·拉帕納的騎士團使用。商品本身和一般版沒有差異，保有寬廣關節可動範圍和駕駛艙蓋開闔機構等出色的完成度，亦重現高貴形象的機體配色。附有席菈·拉帕納的角色玩偶。

雖然僅是未塗裝零件，不過商品附有席菈·拉帕納的角色玩偶。將她與機體並列陳設，更能散發女王的威嚴。

M ECHANIC FILE

柏穹

DATA
全高：7.0梅特
重量：4.6魯夫托

納之國與勞之國合作研發，繼承丹拜因和柏森系譜的靈能戰士，作為這兩國的主力機種而大量生產並投入戰場。機體除了採用紅色系配色，亦有納之國規格的白色系、勞之國弗森國王專用機的黑色機體，以及施加褐色系塗裝的機體，版本相當多。

M ECHANIC FILE

史瓦茲

DATA
全高：7.9梅特
重量：7.6魯夫托

堪稱達到重裝甲＆重武裝型靈能戰士巔峰的機種。設有龐大的靈能轉換器，因此擁有足以與翼刃戰機匹敵的機動力，更備有火焰砲和靈能砲等諸多火器。雖然僅生產少數幾架，不過除了黑騎士專用機，亦有繆姬·鮑專用白色機體等不同版本的機體存在。

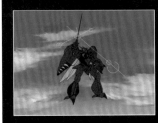

R-Number 164 SIDE AB
史瓦茲

2014年6月發售　7,020円（含稅8%）

【配件】
交換用手掌零件、靈能劍、護盾

這款商品將黑騎士專用靈能戰士以驚人分量立體重現，當然也講究地重現獨特的體型，以及深具分量的靈能轉換器。龐大的膝關節和腳掌也都具備寬廣可動範圍，足以配合主體擺出各種動作。黑色部位更運用成形色搭配塗裝表現出質感差異，可說是整體觀感都十分講究的良作呢。

R-Number SP 魂WEB商店 SIDE AB
史瓦茲（繆姬座機）

2014年11月出貨
7,020円（含稅8%）

【配件】
交換用手掌零件、靈能劍、護盾

史瓦茲以黑騎士專用機最為知名，這款商品則是重現少數相異配色版本中的白色版繆姬・鮑座機。雖然在動畫登場的期間相當短，給人的印象並不深，不過與黑騎士座機形成對比的配色堪稱特徵所在。這架繆姬座機保留主體深具分量、細部結構精緻重現等史瓦茲的獨門特色之餘，亦採更換成形色搭配塗裝的方式重現。配件方面沒有更動，同樣附有靈能劍和護盾。

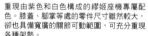

重現由紫色和白色構成的繆姬座機專屬配色。膝蓋、腳掌等處的零件尺寸雖然較大，卻也具備寬廣的關節可動範圍，可充分重現各種架勢。

M ECHANIC FILE
薩拜因

DATA
全高：－　重量：－

被稱為巴蘭巴蘭白色祕寶的靈能戰士。從外觀看來似乎是丹拜因的同系機種，但來歷不明，是一架神祕的機體。

動畫中出現的武裝只有一柄專用靈能劍。

R-Number 204 SIDE AB
薩拜因

2016年8月發售
8,424円（含稅8%）

【配件】
交換用左手掌零件、靈能劍

席捲拜斯頓威爾和地上世界的大戰結束700年後，戰亂引發的恐懼再度籠罩拜斯頓威爾。這款商品正是完美重現丹拜因系機體更具生物特色的細部結構設計。薩拜因過去甚少推出立體商品，因此這款秉持ROBOT魂系列一貫作風、講究寬廣可動範圍與造型表現的商品也格外令人期待。

重現深具生物感的頭部結構，以及擁有複雜曲面的裝甲之餘，亦具備寬廣的關節可動範圍。

重戰機艾爾鋼

播映期間：1984年2月4日～1985年2月23日
TV動畫
全54集

■主要製作成員
原案：矢立肇
原作：富野由悠季
總監督：富野由悠季
編劇統籌：渡邊由自
人物設計：永野護
音樂：若草惠

S STORY
　　五角世界乃是由環繞著雙重太陽「雙陽」運行的五顆行星所構成，這個世界長年處於歐德納‧波瑟達爾的獨裁統治下，造成文明衰退。達巴‧邁洛德是一名出身邊境行星寇亞姆，希望有朝一日出人頭地的少年，他帶著父親的遺物A級重戰機「艾爾鋼」，與好友米勞‧凱歐踏上旅程。達巴在旅途中陸續結識許多夥伴，更邂逅企圖打倒波瑟達爾的反抗軍。達巴不僅贊同反波瑟達爾派的理念，更獲知自己其實是遭波瑟達爾殲滅的亞曼族卡蒙王朝後裔，他也就此成為反抗軍的中心，為了對抗暴政而奉獻心力。

R-Number 086 SIDE HM
艾爾鋼

2011年2月發售
4,725円（含稅5%）

【配件】
交換用手掌零件、軍刀×2、雙頭長槍、能量砲×3、動力管線×3、交換用胸部吊鉤扣具、護盾、S機雷×2、輕型陸上推進器

　　艾爾鋼終於在可動性向來備受肯定的ROBOT魂登場了！艾爾鋼當年可是開機器人動畫風氣之先，連設定圖稿都畫出關節可動機構，因此這款商品也格外受到注目。不僅腿部的可動式裝甲板可開闔，就連內部骨架構造也講究地重現。膝蓋的雙重關節當然也如同設定備有寬廣可動範圍。武裝配件亦十分豐富，整體內容相當令人滿意呢。

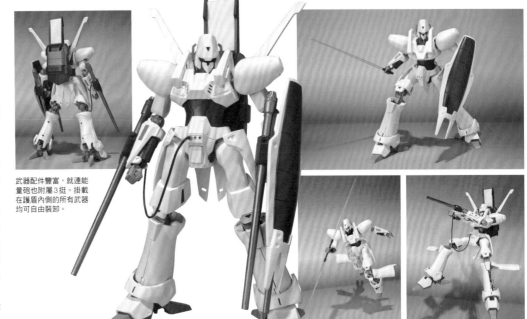

武器配件豐富，就連能量砲都附屬3挺。掛載在護盾內側的所有武器均可自由裝卸。

R-Number SP 魂WEB商店 SIDE HM
艾爾鋼（最後決戰規格）

2013年9月出貨
6,510円（含稅5%）

【配件】
交換用手掌零件、軍刀×2、雙頭長槍、能量砲×3、動力管線×3、交換用胸部吊鉤扣具、護盾、S機雷×2、輕型陸上推進器、破壞砲

　　不僅重現艾爾鋼在最後決戰之際的面貌，主體也施加塗裝，局部零件更經過改良。首要差異在於施加珍珠質感塗裝的裝甲、造型修改的頭部、延長頸部零件，以及附屬破壞砲這幾點。雖然輕型陸上推進器和能量砲等豐富武裝配件都和一般版商品相同，不過整體質感表現明顯提升許多，營造出高級品的氣息呢。

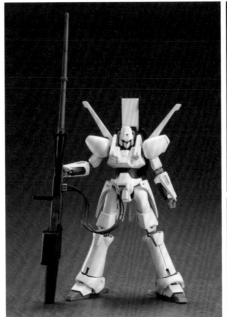

上圖右方機體為最後決戰規格，不過可動範圍並沒有更動。附屬的破壞砲也同樣施加塗裝。

R Number 188 SIDE HM

艾爾鋼
（螺旋推進器套組）

2015年11月發售　7,020円（含稅8%）

【配件】
交換用手掌零件、軍刀×2、雙頭長槍、能量砲×3、
動力管線×3、交換用胸部吊鈎扣具、護盾、
S機雷×2、輕型陸上推進器、螺旋推進器、
肩部探照燈、肩部探照燈裝設部位

配備A級重戰機用宇宙推進器的面貌。艾爾鋼主體採用配合最後決戰規格的頭部零件，雖然內容是介於前述版本和既有的一般版商品之間，卻也新增螺旋推進器和肩部探照燈等配件，其實相當划算呢。至於其他武裝配件則是和一般版艾爾鋼相同，同樣附有輕型陸上推進器。

裝設上動畫裡使用次數不多的螺旋推進器後，整體輪廓也更為簡潔俐落了。

重戰機艾爾鋼

R Number SP 魂WEB商店 SIDE HM

迪瑟德

2016年3月出貨
8,424円（含稅8%）

【配件】
交換用手掌零件、
能量砲、護盾、
軍刀柄部×2、
光束刃×1

這款ROBOT魂商品立體重現反抗軍參考艾爾鋼後量產的B級重戰機。機體本身重現採用紅色配色的格烏‧哈‧蕾希專用試作1號機，關節可動範圍也如同動畫設定，具有和艾爾鋼同等的水準。由於有著能量砲和護盾等諸多共通裝備，可說是相當適合與艾爾鋼並列陳設的商品呢。

能量砲、護盾，以及軍刀柄部等零件造型都與艾爾鋼的相同。

與艾爾鋼的比較圖。由於是參考藍本製作，因此整體的輪廓非常相似呢。

M ECHANIC FILE

艾爾鋼

DATA
頭頂高：20.7m
主體重量：19.1t

　　由亞曼王朝始祖重戰機蓋拉姆為基礎改良的A級重戰機。從養父手中繼承這架機體後，達巴便駕駛愛機遍訪五角世界，在旅途中結識反波瑟達爾派，從此加入反抗軍。雖然艾爾鋼的戰鬥力和性能均衡度都很出色，不過以A級重戰機來說，這只是標準機種而已。

M ECHANIC FILE

迪瑟德

DATA
全高：20.2m
重量：19.3t

　　參考艾爾鋼的構造後，由反抗軍成功量產的B級重戰機。採紅色系配色的生產1號機為格烏‧哈‧蕾希座機，據說只有這架機體可發揮出足以與A級重戰機相匹敵的性能。以武裝為首的機體構造有不少與艾爾鋼共通，據信有80%的零件為可共用。

R-Number 084 SIDE HM
艾爾鋼Mk-Ⅱ
2011年1月發售　6,264円（含稅8%）

【配件】
交換用手掌零件、軍刀×2、能量砲×1、
動力管線×4、護盾×2、破壞砲、
變形用替換零件

　這商品重現達巴・邁洛德第二架愛機的艾爾鋼Mk-Ⅱ。關節設置明顯與人類不同，堪稱特徵所在的腿部可動機構當然也完全重現。肘關節也精心設計與設定圖稿相同的可動機構，當然更少不了能夠變形為普羅拉戰機的變形機構，在本系列中算是尺寸龐大的商品呢。兼顧深具魄力的造型和高度可動性，有著相當高的完成度呢。

龐大的破壞砲也能搭配專用手掌零件牢靠地持拿。護盾共附2面，可分別裝設在雙肩上。

R-Number SP 魂WEB商店 SIDE HM
阿蒙杜爾「史塔克」
2013年5月出貨
6,090円（含稅5%）

【配件】
交換用手掌零件、軍刀×2、能量砲、
動力管線×4、護盾×2、破壞砲、變形用替換零件

只要替換專用的頭部零件，即可變形為普羅拉戰機。普羅拉戰機形態的穩定性也相當高。

　作為艾爾鋼Mk-Ⅱ基礎（頭部以外的母體）的可變A級重戰機試作機，在動畫中幾乎沒有展露身手的機會，頭部一下子就被更換掉了，可說是一架夢幻機體。主體與艾爾鋼Mk-Ⅱ相同，就造型來說只有省略些許細部結構。雖然堪稱特色的破壞砲等附屬武器和艾爾鋼Mk-Ⅱ相同，但護盾造型略有出入；商品也特別附了2面本機體專用的護盾。

M ECHANIC FILE
艾爾鋼Mk-Ⅱ
DATA
全高：26.5m
全備重量：36.8t

　回收頭部遭破壞的阿蒙杜爾「史塔克」並修復完成的A級重戰機，用以取代已逐漸落伍的艾爾鋼，作為達巴（卡蒙）・邁洛德的新座機。具備能夠變形為普羅拉戰機的變形機構，並將破壞砲列為標準裝備，成為反抗軍的代表機體。

M ECHANIC FILE
阿蒙杜爾「史塔克」
DATA
全高：－
重量：－

　由歐德納・波瑟達爾進行基本設計，以迪瑟德為基礎結合變形機構的新時代A級重戰機。雖然是以融合亞曼和波瑟達爾雙方技術為目標，卻仍有未引進螺旋浮空系統等諸多缺陷。遭達巴一行人搶奪走後，經由凱歐等人改良，以艾爾鋼Mk-Ⅱ的面貌重獲新生。

SP 魂WEB商店 SIDE HM

伐修（EX 13 Ver.）

2015年1月出貨
8,100円（含稅8%）

【配件】
交換用手掌零件、破壞砲、能量砲、能量炸彈、
護盾、台座連接零件、大型軍刀、軍刀用光束刃×2
（這款並沒有附朗格斯皮亞〔長柄矛〕）

先前的伐修是以成形色來呈現配色，這款翻新商品不僅重新製作頸部動力管的造型，還施加了由職業模型師NAOKI先生審核的光澤塗裝。有別於前一款商品接近紫色的配色，EX 13 Ver.重現動畫中帶有光澤的藍色。和艾爾鋼最後決戰Ver.的珍珠質感塗裝、歐傑的金色塗裝一樣，營造出相當高級的質感呢。

相較於既有商品，頸部動力管零件經過延長，更忠實重現設定圖稿的面貌。附屬武裝等配件則大致和既有商品相同。

SP 魂WEB商店 SIDE HM

伐修

2012年5月出貨　5,775円（含稅5%）

【配件】
交換用手掌零件、破壞砲、能量砲、能量炸彈、護盾、台座連接零件、大型軍刀、軍刀用光束刃×2、長柄矛

這款商品不僅立體重現伐修既苗條又粗獷的輪廓，亦具備可動範圍相當寬廣的關節機構。附屬的破壞砲更是忠實比照設定圖稿重現造型，為本機體專屬的版本。

以能量砲為首，附有能量炸彈、護盾，以及長柄矛等豐富的武裝。

SP 魂WEB商店 SIDE HM

葛萊亞

2016年6月出貨　5,400円（含稅8%）

【配件】
交換用手掌零件、交換用天線零件（左右）、葛萊亞用能量砲×2、選配式雷射砲×2、動力管線×1

這款商品立體重現代表性的B級重戰機。雖然在動畫中武裝和關節機構經過簡化，但關節可動機構卻也一如ROBOT魂的作風，具備可自由擺設的寬廣可動範圍。附屬的2挺能量砲為專屬版本，可裝設在雙臂上。尺寸當然是以設定為準，重視比A級重戰機等既有商品（艾爾鋼等機體）更小的個頭。

雖然葛萊亞附有2挺能量砲，不過可與主體連接的動力管線僅附有1條。

M ECHANIC FILE

伐修

DATA
全高：21.2m
重量：20.0t

波瑟達爾軍旗下A級重戰機中具有最高等戰鬥力的傑作機種，主要搭乘者為加布雷・蓋布爾。由於已經失去僅剩一架的始祖機，現存的十幾架全是複製機。除了能使用破壞砲，亦備有大型軍刀和長柄矛等武裝，可說是擅長遠近戰鬥的機種。

M ECHANIC FILE

葛萊亞

DATA
全高：17.0m
重量：25.7t

波瑟達爾軍的量產型B級重戰機，與亞隆等機種一樣數量眾多，尚有葛萊亞・諾達和太空型葛萊亞等衍生機型。由於價格低廉，生產量相當多，從軍方到民間都普遍可見其身影。主要武裝是低功率能量砲，必要時亦能使用破壞砲。

R-Number 167 SIDE HM
歐傑

2014年8月發售
7,020円（含稅8%）

【配件】
交換用手掌零件、軍刀×2、連射飛槍×2、
雙頭長槍柄部、腰部替換零件

這款商品立體重現波瑟達爾王家代代相傳的A級重戰機。堪稱特徵的曲面護盾是由3個區塊組成，均可獨立活動，不會干涉臂部動作。護盾末端設有能量砲，收納在內側的連射飛槍也一併重現。本系列共通的寬廣可動範圍更是不在話下，自然也少不了腿部可動式裝甲板的開闔機構。

軍刀等光束刃零件附有2種（共4柄）。
腰部另外附有設置連接組裝槽的版本。

R-Number SP 魂WEB商店 SIDE HM
葛倫

2013年10月出貨
6,090円（含稅5%）

【配件】
交換用手掌零件、長柄矛、軍刀×2、
能量砲×1、破壞砲、動力管線×3

考量到這是波瑟達爾軍A級重戰機中最為活躍的機體，ROBOT魂會選擇推出這款機型也是理所當然。不僅重現堪稱外觀特徵的頭部尖角，在尖銳肩甲、代表武器長柄矛等襯托下，使整體呈現稜角分明的俐落造型。雖然長柄矛和軍刀這些武裝給人擅於格鬥戰的印象，不過實際上亦附有破壞砲和動力砲等豐富的火器類配件。

長柄矛和伐修所附為相同規格。
雖然並未出現在照片裡，不過附
屬的破壞砲和艾爾鋼Mk-Ⅱ為相
同版本。

R-Number SP 魂WEB商店 SIDE HM
阿修羅宮殿

2015年10月出貨
8,640円（含稅8%）

【配件】
交換用手掌零件、能量砲×2、軍刀

連同可全方位活動的馬戲團護盾在內，這款商品可說是徹底重現阿修羅宮殿這架機體。機體配色局部（紅褐色部位）是以金屬質感塗裝呈現。膝蓋和肩部採用拉伸式關節機構，可動範圍寬廣。雙肩的馬戲團護盾的可動範圍也十分寬廣，足以搭配擺設各種動作。當然亦重現腿部可動式裝甲板的開闔機構，可說是具備高度的娛樂性呢。

胸部的反擊炸彈不僅重現艙蓋開闔機構，亦製作內部的武裝結構。馬戲團護盾亦能改為持拿在手上。

110 SIDE HM

卡弗里宮殿 「埃爾米納」

2011年12月發售
5,250円（含稅5%）

【配件】
交換用手掌零件、能量砲×2、軍刀×2、
動力管線×2

這款商品立體重現由葵瓦桑‧奧莉碧搭乘的卡弗里宮殿。堪稱特色的頭部造型、左右不對稱的臉部、可動式胸部反射板，以及腿部可動式裝甲板的開闔機構等部位均完整重現。掛載在背面的軍刀亦能自由裝卸。當然更少不了本系列共通的寬廣關節可動範圍，膝蓋也藉由雙重關節機構確保可動性，得以充分重現各種動作架勢。

算是擅長近接戰的機體，因此附屬武器的種類較少。能量砲作成與動力管線連為一體的形式。

SP 魂WEB商店 SIDE HM

卡弗里宮殿 （近衛軍ver.）

2012年9月出貨
5,775円（含稅5%）

【配件】
交換用手掌零件、
破壞砲、能量砲×2、
大型軍刀×2、
能量砲用動力管線×2、
破壞砲用動力管線×3

以近衛軍ver.的面貌推出卡弗里宮殿的衍生機型。漆黑的機體配色以消光塗裝呈現，藉此提升整體的質感。配件不僅包含既有商品的能量砲和軍刀，更追加破壞砲。該挺破壞砲在造型上是以伐修的版本為準，交換用手掌零件也追加可供持拿的專屬版本。

附有造型與伐修相同的破壞砲。配合這挺武裝，亦一併附了動力管線和專屬的持拿用手掌零件。

重戰機艾爾鋼

M ECHANIC FILE

歐傑

DATA
頭頂高：20.0m
重量：23.1t

這架A級重戰機複製自波瑟達爾王家代代相傳的始祖重戰機，搭乘者為奈伊‧莫‧寒。

雙肩的曲面護盾內藏諸多武器。

M ECHANIC FILE

葛倫

DATA
全高：26.0m
重量：—

波瑟達爾軍的A級重戰機，現存機體僅剩下複製機。主要搭乘者為奈伊‧莫‧寒等人。

多半使用長柄矛之類的近接戰武器。

M ECHANIC FILE

阿修羅宮殿

DATA
頭頂高：22.0m
重量：39.7t

波瑟達爾軍的A級重戰機。雙肩處備有馬戲團護盾，可憑此展開全方位攻擊。

馬戲團護盾也能卸下以雙手持拿。

M ECHANIC FILE

卡弗里宮殿

DATA
頭頂高：23.1m
重量：31.1t

波瑟達爾軍的A級重戰機。宮殿系列機體之一，亦有說法指出這架其實是始祖重戰機。

據說除了「埃爾米納」以外，其餘近衛軍規格均為複製機。

魔神英雄傳

播映期間：1988年4月15日～1989年3月31日
TV動畫
全45集

■主要製作成員
原作：矢立肇
總監督：井內秀治
人物設計：蘆田豐雄
機械設計：中澤數宣
編劇主筆：小山高生
音樂：兼崎順一、門倉聰

S STORY

戰部渡是小學四年級的學生，某天住家附近的龍神池突然出現龍，把他帶到異世界去。小渡醒來後發現自己被一群村民奉為救世主，請求他前往位於世界中心的諸神之山「創界山」，打倒統治該處的邪惡帝王多惡達。救世主的力量之一，就是能召喚出魔神「龍神丸」並肩作戰，其實祂原本是小渡在美勞課上製作的黏土機器人，因為裝上在龍神池祠撿到的勾玉才會化身為魔神。成為救世主的小渡與龍神丸，以及在旅途中結識的劍部暫、忍部日美子一同前往創界山，一路打倒邪惡的黨羽。

R-Number 161 SIDE MASHIN

龍神丸 Ver.2

2014年5月發售
6,840円（含稅8%）

【配件】
交換用手掌零件、登龍劍、
龍牙拳特效零件、飛龍拳特效零件、
炎龍拳特效零件、「戰部渡」角色玩偶

　救世主小渡專用魔神「龍神丸」，以翻新形式再度推出立體商品。相較於著重在可動性上的舊版商品，這款新作在頭身比例方面製作得更貼近設定圖稿和動畫中的可愛版體型。雖然頭身比例較短，不過肩部和腳踝採用拉伸式關節機構，仍具備寬廣的可動範圍。附有多樣的必殺技特效零件供搭配使用。

M ECHANIC FILE

龍神丸 —— **DATA**
全長：3.75m
重量：7.95t

除了從胸部兩側孔洞射出的飛龍拳之外，亦附有龍牙拳和炎龍拳等種類豐富的特效零件。

戰部渡的角色玩偶在比例上顯得略大一些，能稍微改變姿勢。

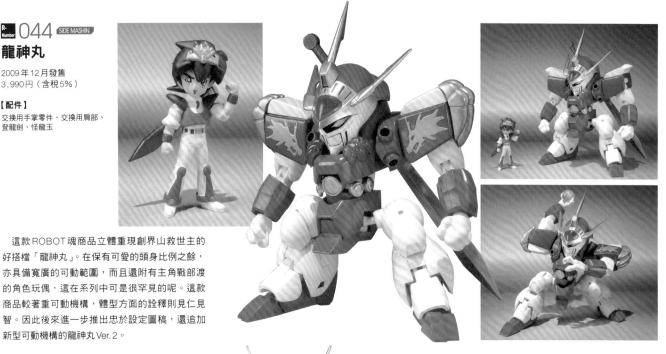

龍神丸

2009年12月發售
3,990円（含稅5%）

【配件】
交換用手掌零件、交換用肩部、
登龍劍、怪龍玉

　這款ROBOT魂商品立體重現創界山救世主的
好搭檔「龍神丸」。在保有可愛的頭身比例之餘，
亦具備寬廣的可動範圍，而且還附有主角戰部渡
的角色玩偶，這在系列中可是很罕見的呢。這款
商品較著重可動機構，體型方面的詮釋則見仁見
智。因此後來進一步推出忠於設定圖稿，還追加
新型可動機構的龍神丸 Ver.2。

龍王丸

2012年5月發售
6,300円（含稅5%）

【配件】
交換用手掌零件、鳳龍劍、含特效零
件鳳龍劍、鞘盾、龍雷拳特效零件、
「戰部渡」角色玩偶

　這款ROBOT魂商品重現龍
神丸復活後力量強化的面貌。
由於和空神丸的靈魂融合，因
此能變形為鳳凰丸，獲得龍神
丸欠缺的單獨飛行能力。關節
機構方面亦採用拉伸式關節和
增設可動軸，在保有忠於設定
的體型之餘，亦具備寬廣的關
節可動範圍呢。

MECHANIC FILE

龍王丸

DATA
全長：3.97m
重量：8.42t

附有含特效零件鳳龍劍、龍雷拳
等特效零件。鳳龍劍一共附有2
柄，也能重現無特效的狀態。

鳳龍劍特效零件可從劍
身上取下。

變形為鳳凰丸時需要替
換的零件並不多，造型
也顯得相當俐落。相當
於鳳凰喙部的地方設有
開闔機構，內部還做出
鳳雷破（槍口）結構，
相當講究呢。

附屬的戰部渡角色玩偶，服裝方
面改以搭乘龍王丸時為準。

THE ROBOT SPIRITS TAIZEN

SP 魂WEB商店
SIDE MASHIN
新星龍神丸

2015年7月出貨
6,480円（含稅8%）

【配件】
交換用手掌零件、星龍劍、翅膀1套

小渡與龍神丸結束拯救創界山之旅後，在《魔神英雄傳2》又獲得拯救星界山的任務，龍神丸在該地獲得群星之力加持而強化力量，改頭換面為新星龍神丸。這款ROBOT魂商品不僅立體重現這個全新面貌，還採用珍珠白塗裝來呈現堪稱特色的白色身軀，更和本系列其他商品同樣具備寬廣的關節可動範圍，足以比照動畫擺出各種架勢。讓龍神丸能獨立飛行的翅膀可上下擺動。

M ECHANIC FILE

新星龍神丸

DATA
全長：—m
重量：—t

星龍劍可佩掛在背後。翅膀零件不僅可自由裝卸，還能上下擺動。

147 SIDE MASHIN
龍星丸

2013年8月發售
6,300円（含稅5%）

【配件】
交換用手掌零件、光龍劍、「戰部渡」角色玩偶

當小渡在暗黑空間中奮戰獲得大幅成長之際，新星龍神丸也轉生成龍星丸。ROBOT魂向來以寬廣的可動範圍為特徵，這次自然也完全重現龍星丸，不僅肩部採用拉伸式機構，踝關節的可動範圍也相當廣，更能充分重現動畫各種動作。當然亦少不了變形機構，用不著替換零件即可變身為飛龍形態呢。就連金色的配色也是以珍珠質感塗裝來呈現喔。

M ECHANIC FILE

龍星丸

DATA
全長：—m
重量：—t

流暢地變形為飛龍形態。不僅龍爪部位可開闔，飛龍形態的下顎和頸部也能活動。

同樣附有戰部渡角色玩偶，和動畫一樣披身披金色鎧甲、手持光龍劍。

R-Number 150 SIDE MASHIN

戰王丸

2013年10月發售
6,300円（含稅5%）

【配件】
交換用手掌零件、劍部豪刀、刀部斬夢刀、三月之、火炎X字斬特效零件×2

劍部暫的搭檔「戰神丸」，在創界山第七層力盡敗北後，重新復活時的新面貌。腰際的名刀「劍部刀」和「刀部刀」也一併增強成為「劍部豪刀」與「刀部斬夢刀」，必殺技亦強化為野牛暫流火炎X字斬。ROBOT魂趕在戰神丸之前就先推出這款戰王丸，由於造型上幾乎沒有身體部位可言，因此設計時可說是傾力設置各種拉伸式關節，才得以讓可動範圍比照動畫，完全重現深具搞笑風格的架勢呢。

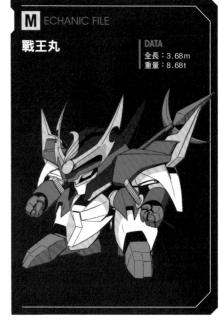

MECHANIC FILE 戰王丸 DATA 全長：3.68m 重量：8.68t

名槍三月之雫可掛載在背後。亦附有火炎X字斬的特效零件。

R-Number 166 SIDE MASHIN

幻王丸

2014年7月發售
6,480円（含稅8%）

【配件】
交換用手掌零件、電光手裏劍、電光手裏劍特效零件、幻武星流手裏劍、雷牙刀、「忍部日美子&幻龍齋」角色玩偶

幻神丸原本在與東哥羅交戰時陣亡，這款ROBOT魂商品則是重現後來復活為幻王丸的面貌。雖然肩部和腳掌並未採用拉伸式關節，卻也具備寬廣的可動範圍，甚至還重現腳底的幻龍劍機構。配件除了配備在左臂上的幻武星流手裏劍外，亦附有可分離為兩半並裝設在背後的忍部流電光手裏劍，以及該武器的特效零件，因此整體的娛樂性依然相當高呢。

MECHANIC FILE 幻王丸 DATA 全長：3.51m 重量：8.28t

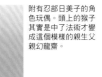

背部電光手裏劍能如同設定組合成龐大的手裏劍。特效狀態本身是獨立零件。

附有忍部日美子的角色玩偶。頭上的猴子其實是中了法術才變成這個模樣的親生父親幻龍齋。

R-Number **172** SIDE MASHIN

空神丸

2014年10月發售　6,480円（含稅8%）

【配件】
鷹波銃特效零件、魂STAGE 1套、
「渡部鞍馬」角色玩偶

這架飛行型魔神是由原為雙面間諜的渡部鞍馬所駕駛。雖然是在ROBOT魂中相當罕見的非人型機體，卻也在寬廣關節可動範圍的前提下設計成立體商品。不僅能流暢地變形為飛行形態，亦重現翅膀的收納＆展開機構，甚至能和另外販售的龍神丸 Ver.2合體，只要搭配附屬的連接零件即可牢靠地固定呢。由於是飛行型機體，因此還附有專用的魂STAGE。

M ECHANIC FILE

空神丸

DATA
全長：3.00m
重量：7.83t

翅膀基座採用球形關節，能夠自由活動。腳爪和腿部等處亦重現可動機構。

附有通稱鳥先生的渡部鞍馬角色玩偶。細部配色也都塗裝得相當完美呢。

R-Number **129** SIDE MASHIN

邪虎丸

2012年11月發售　6,300円（含稅5%）

【配件】
交換用手掌零件、猛虎之劍、雙頭長槍、
手裏劍、猛虎之盾、
重現猛虎形態用零件、
「虎王」角色玩偶

這是供多惡達之子，也就是魔界皇子虎王搭乘的虎型魔神。和小渡的龍神丸互為宿命勁敵，曾數度激烈交戰。ROBOT魂為這架魔神完全重現寬廣的關節可動範圍和變形機構，頭部、雙肩、腰部、腳踝等處均採用拉伸式關節，連背部翅膀、尾巴、腳尖亦設有可動機構，整體設計得相當講究呢。當然也可變形為猛虎形態，附有武器和盾等豐富配件。

M ECHANIC FILE

邪虎丸

DATA
全長：3.15m
重量：8.23t

猛虎之劍可收納在猛虎之盾裡。不僅有手裏劍，亦附有雙頭長槍，這些配件與主體的可動性堪相輔相成，營造出極高的娛樂性。

只要替換組裝腳部零件即可變形為猛虎形態。亦附有虎王的角色玩偶。

THE ROBOT SPIRITS TAIZEN

SP 魂WEB商店
SIDE MASHIN

合體達

2015年1月出貨　10,260円（含稅8%）

【配件】
交換用手掌零件、機身魔神主體、右魔神主體、左魔神主體、W-9長槍1套、魂STAGE用連接零件

這款商品立體重現故事中期最強敵人殘家三兄弟搭乘的最強魔神。機身魔神、右魔神、左魔神能夠組合成最強魔神。在動畫中不僅將戰神丸、空神丸打到無法繼續戰鬥，龍神丸更是力盡陣亡才勉強退敵。這款ROBOT魂的3架魔神即使各自獨立也都備有寬廣可動範圍，足以重現動畫的各種架勢。腿部在合體後更能穩定擺出各種動作，合體後的龐大身軀堪稱是本系列之最呢。

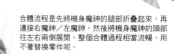

■機身魔神

合體流程是先將機身魔神的腿部折疊起來，再連接右魔神／左魔神，然後將機身魔神的頭部往左右兩側展開。整個合體過程相當流暢，用不著替換零件呢。

■右魔神／左魔神

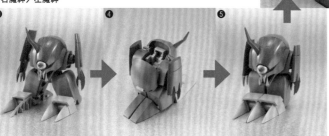

M ECHANIC FILE

合體達

DATA
全長：6.08m
重量：32.71t

C OLUMN

「魔神英雄傳」 系列連動背景特效片

　為了慶祝「空神丸」和「合體達」發售，官方網站特別提供可在展示時營造氣氛的背景特效片圖檔，供玩家下載（2016年3月時）。只要自行列印剪裁，再搭配市售夾子擺設在「龍神丸 Ver.2」和「龍王丸」背後，即可重現動畫中的經典場面了。

使用範例

銀河漂流拜法姆

播映期間：1983年10月21日～1984年9月8日
TV動畫
全46集

■主要製作成員
原作：矢立肇、富野由悠季
原作：神田武幸、星山博之
監督：神田武幸
人物設計：蘆田豐雄
機械設計：大河原邦男
音樂：渡邊俊幸

S STORY

時值公元2058年，人類已成功在距離40數光年彼方的伊普賽隆星系開拓新天地。然而殖民行星克雷亞德星突然遭到外星人攻擊，陷入毀滅。倖存的人類紛紛逃亡，用來逃生的練習艦傑納斯號上只剩下一名成人，其餘全都是小孩。這群小孩被迫學著運用傑納斯號，以及遺留在該船艦上的廣域推進載具，合作抵抗外星人的攻擊以求生存。後來他們獲知家人遭到外星人俘虜，因而下定決心進攻敵方的基地……。

R-Number 154 SIDE RV

拜法姆

2014年2月發售
5,400円（含稅8%）

【配件】
交換用手掌零件、交換用天線（硬質零件）、光束槍、護盾、懸掛式推進器、駕駛艙小艇2種

　　這款ROBOT魂商品立體重現地球軍作為宇宙戰鬥機而研發的廣域推進載具。關節可動機構不僅根據動畫版設定詮釋得細膩精巧，甚至還設計成更高層次的立體構造。由於雙肩採用拉伸式關節，得以擺出用雙手持拿光束槍等複雜的動作。肘關節處也進一步增設可動軸，股關節更追加上下方向的可動軸，甚至有著連腳尖都能活動的機構，得以徹底重現動畫中的各種架勢呢。

附有動畫中用來提高機動性的裝備「懸掛式推進器」，亦能重現從傑納斯號拆下裝甲後打造的護盾。

駕駛艙小艇有可收納在主體裡，以及展開起落架的版本。座艙罩部位更是以透明零件來呈現。

M ECHANIC FILE

FAM-RV-S1
拜法姆

DATA
頭頂高：16.8m
主體重量：15.3t

地球軍為宇宙戰鬥用機種而研發的第一種廣域推進載具，亦是目前的主力機種。無論在地面或太空等環境都可發揮高性能，編組小隊行動時也多半會作為指揮官機使用。

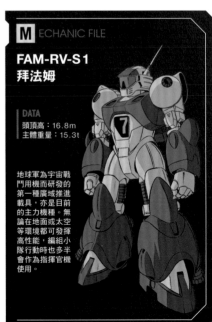

SP 魂WEB商店 SIDE RV
拜法姆（練習機）

2014年9月出貨
4,536円（含稅8%）

【配件】
交換用手掌零件、光束槍、駕駛艙小艇2種

　拜法姆的練習機版本雖然幾乎沒什麼戲分可言，但和史考特的活躍表現卻令人留下深刻印象，如今也順勢推出商品。除了將機體配色改成以黃色為主，還取消腹部的編號；配件方面亦省略懸掛式推進器和護盾，不過光束槍和駕駛艙小艇倒是與既有商品一樣。主體也和一般版商品相同，頭部攝影機部位同樣以透明零件來呈現。

191 SIDE RV
拜法姆
（雙重增裝燃料槽推進器裝備）

2016年1月發售　7,020円（含稅8%）

【配件】
交換用手掌零件、懸掛式推進器、駕駛艙小艇、光束槍、魂STAGE連接零件2種、交換用天線、護盾、雙重增裝燃料槽推進器、編號貼紙

　雙重增裝燃料槽推進器可用來延長拜法姆的續航距離，是一種能發揮增裝燃料槽效果的選配式增裝裝備。懸掛式推進器正是以雙重增裝燃料槽推進器為基礎研發而成。這款ROBOT魂採用為既有商品追加配件的形式推出。拜法姆主體並沒有顯著的差異，不過腹部編號改用貼紙來呈現。雖然配件方面同樣有著懸掛式推進器、護盾、光束槍等內容，卻省略了放下起落架狀態的駕駛艙小艇。

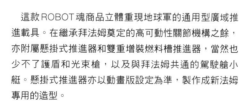

SP 魂WEB商店 SIDE RV
新法姆

2016年7月出貨　8,424円（含稅8%）

【配件】
交換用手掌零件、懸掛式推進器、雙重增裝燃料槽推進器、駕駛艙小艇、光束槍、護盾

　這款ROBOT魂商品立體重現地球軍的通用型廣域推進載具。在繼承拜法姆奠定的高可動性關節機構之餘，亦附屬懸掛式推進器和雙重增裝燃料槽推進器，當然也少不了護盾和光束槍，以及與拜法姆共通的駕駛艙小艇。懸掛式推進器亦以動畫版設定為準，製作成新法姆專用的造型。

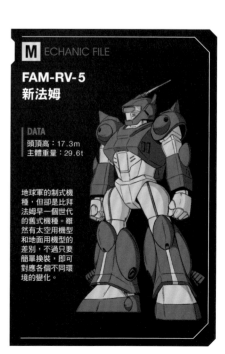

M ECHANIC FILE

FAM-RV-5
新法姆

DATA
頭頂高：17.3m
主體重量：29.6t

地球軍的制式機種，但卻是比拜法姆早一個世代的舊式機種。雖然有太空用機型和地面用機型的差別，不過只要簡單換裝，即可對應各個不同環境的變化。

機甲戰記龍騎兵

播映期間：1987年2月7日～1988年1月30日
TV動畫
全48集

■主要製作成員
原案：矢立肇
監督：神田武幸
人物設計：大貫健一
機械設計：大河原邦男
編劇統籌：五武冬史
音樂：渡邊俊幸、羽田健太郎（25集～）

S STORY

時值公元2087年，「基格諾斯帝國」視月球為國土，並且對地球的統一聯合發出宣戰布告。在基格諾斯帝國運用人型兵器「鋼鐵機甲（MA）」和質量投射裝置的攻勢下，設置於地球圈的太空殖民地和地球本土都被捲入戰火中。基格諾斯帝國在戰局中居於上風，地球有七成都落入帝國的控制下。此時，太空人學院的肯恩・若葉等3名學生偶然搭上地球聯合軍製鋼鐵機甲「D兵器」。由於機體已進行生物特徵認證，肯恩三人只好以正規駕駛員身分參戰，駕駛試作兵器「龍騎兵」對抗基格諾斯帝國。

R-Number 169 SIDE MA

龍騎兵1特裝型

2014年9月發售
5,940円（含稅8%）

【配件】
交換用手掌零件、交換用天線、雷射劍×2、雷射劍柄部（雙頭劍）、突擊短刀×2、手持式磁軌砲、超級複合式護盾

以針對近接戰用特化的龍騎兵1型為基礎，進一步提升各種性能的特裝機。在設計立體造型時，這款ROBOT魂商品選擇著重在動畫中詮釋得格外威風的作畫形象上。重現深具立體感的造型比例之餘，設計上亦為肩部配置雙重球形關節，使整體得以具備寬廣的可動範圍。雖然省略固定式武裝的機構，卻足以重現和動畫一樣的豪邁架勢。

雷射劍比照動畫形象，附有光束刃較長的版本。

只要抽出掛載在小腿肚背面的突擊短刀，即可雙手持拿。

機甲戰記龍騎兵

175 SIDE MA
龍騎兵2特裝型

2015年2月發售
6,480円（含稅8%）

【配件】
交換用手掌零件、交換用天線、
88㎜手持式磁軌砲、突擊短刀×2

　這款ROBOT魂商品立體重現龍騎兵
2型的強化版本。背部配備的載具設有
2門640㎜磁軌加農砲，整體造型展現
全系列數一數二的驚人魄力。雖然背負
龐大裝備，整體的配重平衡卻設計得很
不錯，獨自站穩也不成問題。關節可動
範圍的寬廣程度亦不遜於龍騎兵1特裝
型，深具立體感的造型比例，以及可重
現動作的幅度之高，可說是賦予整體格
外值得一提的出色完成度呢。

磁軌加農砲是以球形關節連接，因此能
上下左右擺動。載具的機翼亦能轉動＆
折疊。

SP 魂WEB商店 SIDE MA
龍騎兵3型

2015年3月出貨
5,940円（含稅8%）

【配件】
交換用手掌零件、交換用天線、手持式磁軌砲、
突擊短刀×2

　這款商品立體重現屬於偵察＆電子戰
機種的龍騎兵3型。由於D3本身的基
礎性能較高，因此外觀上並未特化，
僅針對電腦性能和程式進行升級。在歷
來各種商品中，這款ROBOT魂是唯一
能自由裝卸飛行輔助組件，亦即載具的
立體產品。這架機體畢竟是以偵察＆電
子戰為重點，附屬武裝就相較較少，
不過照樣具備龍騎兵系列共通的寬廣關
節可動範圍。

配件中附有可供交換的硬質素材製頭部天線零件。載具部
位則可自由裝卸。

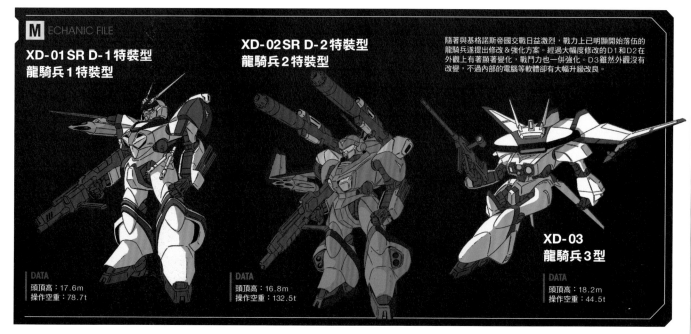

M ECHANIC FILE

XD-01SR D-1特裝型
龍騎兵1特裝型

XD-02SR D-2特裝型
龍騎兵2特裝型

隨著與基格諾斯帝國交戰日益激烈，戰力上已明顯開始落伍的
龍騎兵遂提出修改＆強化方案。經過大幅修改的D1和D2在
外觀上有著顯著變化，戰鬥力也一併強化。D3雖然外觀沒有
改變，不過內部的電腦等軟體卻有大幅升級改良。

XD-03
龍騎兵3型

DATA
頭頂高：17.6m
操作空重：78.7t

DATA
頭頂高：16.8m
操作空重：132.5t

DATA
頭頂高：18.2m
操作空重：44.5t

R-Number SP 魂WEB商店 SIDE MA

法爾根

2015年9月出貨
7,344円（含稅8%）

【配件】
交換用手掌零件、輔助飛行組件1套、手持式磁軌砲、雷射劍×2

　這款ROBOT魂商品重現「基格諾斯蒼鷹」麥悠·柏拉圖的愛機，機體乃是比照動畫中明顯比設定圖稿更為苗條俐落的輪廓設計而成。除了具備龍騎兵系列共通的寬廣關節可範圍外，腰部設有結合球形關節和可動軸的複合機構更是值得一提，得以重現動畫中各種深具動感的架勢。換裝輔助飛行組件後，更能呈現飛行能力強化後的法爾根M.A.F.F.U.（鋼鐵機甲輔助飛行組件）型。

M ECHANIC FILE

XFMA-09 法爾根

DATA
頭頂高：17.9m
操作空重：66.1t

附有可供在大氣層內確保飛行能力的選配式裝備「輔助飛行組件」。機翼部位也能夠折疊起來。

R-Number SP 魂WEB商店 SIDE MA

史塔克·達因

2015年4月出貨
6,264円（含稅8%）

【配件】
交換用手掌零件、50㎜手持式磁軌砲、彈鏈

M ECHANIC FILE

FMA-04G 史塔克·達因

DATA
頭頂高：17.9m
操作空重：62.3t

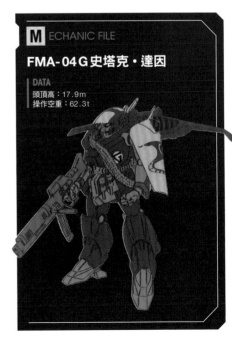

　這款商品立體重現貢·傑姆隊唯一女性成員敏的專用機，是以達因M.A.F.F.U.型為基礎施加獨門改裝。雙臂配備的鏈鋸狀複合鋸可活動，能展開為攻擊形態。堪稱特徵所在的彈鏈則是以軟質素材來呈現，不太會妨礙到各關節的活動。

重現尺寸對比

　　ROBOT魂各系列採用統一的比例感來呈現，使各機體在並列陳設時尺寸差異顯得相當自然。雖然各商品基本上會製作成全高120～130㎜，不過若是在作品中原本就格外龐大的機體，亦會因應其比例採用較大的尺寸立體重現。這類統一比例有時也會經由跨品牌的形式來呈現，以《機甲戰記龍騎兵》的巨大敵方MA基爾格薩姆涅為例，這架機體雖然採用與魂SPEC龍騎兵系列相同的比例推出，不過與〈SIDE MA〉的龍騎兵並列時，其實尺寸對比上也會更貼近動畫場面，得以重現該作品的世界觀和設定呢。

「TAMASHII NATION 2014」的展示內容。以最後一集的激戰場面為藍本，展出ROBOT魂〈SIDE MA〉與魂SPEC基爾格薩姆涅。

零件大量採用鑄模金屬而成，連同重量感也一併重現。青龍刀和複合闊刃軍刀等附屬武裝也相當豐富。這款商品的全高約210㎜。

魂WEB商店限定
魂SPEC
YGMA-14 基爾格薩姆涅
（德爾契諾夫規格）
2014年4月出貨
18,360円（含稅8%）

M ECHANIC FILE

YGMA-14 基爾格薩姆涅 （德爾契諾夫規格）

DATA
全高：28.3m
戰鬥重量：176.8t

基格諾斯軍的巨大MA。能夠藉由人類的腦波操控，因此身驅龐大，卻能發揮驚人的機動力。機體各部位搭載多樣化的武裝，攻擊力也相當高。

手掌零件

　　對可動玩偶來說，手掌零件可是擺設動作時的關鍵部位。視手掌零件而定，手掌造型是否生動亦是重現各類場面時不可或缺的要素，因此光是從手掌零件的表現，就能看出ROBOT魂在造型上的講究喔。雖然是尺寸小巧的零件，卻也配合機體本身還原各具特色的手掌；即便同屬SUNRISE旗下作品的機器人，其實在尺寸和造型方面也有許多種類呢。

RX-78-2 鋼彈
ver. A.N.I.M.E.

蘭斯洛特

丹拜因

艾爾鋼

新星龍神丸

拜法姆

龍騎兵

維爾基斯

是我痛

播映期間：2006年4月6日～2006年9月28日
TV動畫
全26集

■主要製作成員
原作：矢立肇、伊東岳彦
監督：下田正美
人物設計：山下明彥
機械設計：中原れい
編劇統籌：關島真賴
音樂：大塚彩子

S STORY

京是一名就讀於千葉縣舞濱南高中、熱愛游泳的少年，為了重振即將廢社的游泳社而四處奔走。就在此時，他在游泳池畔邂逅一名如夢似幻的少女紫乃。在她的引導下，京搭乘進機器人──「是我痛」裡，就此捲入對抗神祕敵人「世界蛇」的戰鬥。他也請紫雫乃和青梅竹馬的少女了子協助招募社員，還和存有心結的前游泳隊成員川口等人重建情誼，享受青春的校園生活。可是在不斷進行戰鬥之後，京開始產生某種不可思議的不協調感……。2016年為本作品首播10週年，當時發表「是我痛10週年計畫」。

R-Number 070 SIDE HL

是我痛天鷹型

2010年7月發售
4,200円（含稅5%）

【配件】
交換用手掌零件、光子翼、光砲、光刀、光盾、光旋壓鑽用特效零件、光波紋特效零件×2、舞濱閃光海洋飛拳用纜線、「守凪了子」無比例角色玩偶（首批生產版限定附錄）

利用透明零件重現光載具（HL）特徵的半透明狀光裝甲（HOLONIC ARMOR），可窺見的內部結構也都製作得相當精緻，使這款立體商品高度重現動畫的面貌，相當驚人呢。武裝同樣運用透明零件呈現，重現幅度也相當高，而且還附有光波紋力場和光旋壓鑽的特效零件，足以充分展現動畫的各種場面呢。

附有「舞濱閃光海洋飛拳」用纜線，可重現最後一集的經典場面。

除了運用透明零件來呈現的造型之外，亦具備寬廣的可動範圍，足以重現動畫中深具動感的架勢。

首批生產版附有身穿術士服裝的「守凪了子」角色玩偶。

R-Number 082 SIDE HL

是我痛兇鷲型

2010年12月發售
4,515円（含稅5%）

【配件】
交換用手掌零件、光子翼、光步槍×2、光刀×4

　雖然基本造型和天鷹型相同，卻也比照動畫中充滿力量感的形象立體重現。堪稱特徵的重裝甲為全新開模零件。有別其他機體，能夠展開的光子翼也是以數個零件加以呈現，還能展開成如同罩住肩部的模樣。重武裝的光步槍、光刀則是能重疊裝設在一起。

比照天鷹型，各部位的光裝甲都是以透明零件來呈現，就連腳跟等處也是如此，即使從底下觀賞也顯得相當精緻帥氣呢。

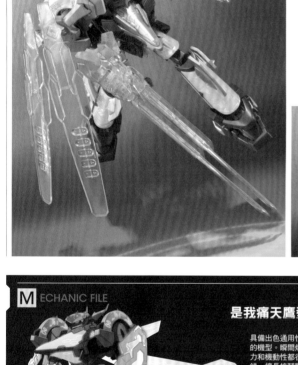

MECHANIC FILE

是我痛天鷹型

具備出色通用性能的機型。瞬間爆發力和機動性都很不錯，擅長格鬥戰＆近／中程戰。附帶一提，HL需要由負責操縱和射擊的槍手，以及擔綱射控系統和飛航管制的術士，以兩人一組的形式駕馭。

DATA
全高：13.5m
重量：─

MECHANIC FILE

是我痛兇鷲型

重武裝＆重裝甲的陸戰機型，機動性不足之處就靠威力和裝甲來彌補。QL搭載量為其他機型的2倍，最大輸出功率為天鷹型的3倍，活動時間則約為2倍。

DATA
全高：─
重量：─

THE ROBOT SPIRITS TAIZEN

R-Number 080 SIDE HL

是我痛神鷲型

2010年11月發售
4,200円（含稅5%）

【配件】
交換用手掌零件、光子翼、光長矛、交換用鞭零件、
光盾、光旋巨鑽用特效零件×2

　　雖然造型上與天鷹型幾乎一樣，不過改用紅紫
色透明零件來呈現光裝甲，整體給人的印象也截
然不同。光子翼基座和天鷹型一樣能夠活動。神
鷲型特有武裝當然也是以透明零件來呈現，光長
矛還附有可重現矛尖變化為鞭狀的交換用零件。

M ECHANIC FILE

是我痛神鷲型

擅長偵察和祕密行
動的機型。資料處
理效能相當出色，
可作為司令機。藍
色型因為自爆而喪
失，同型機則在調
整後提升性能，採
紅紫色的光裝甲。

DATA
全高：—
重量：—

附有多樣的武裝和特效零件，與主體的可動性
相輔相成之下，足以重現動畫的各種場面。

R-Number SP 魂WEB商店 SIDE HL

是我痛神鷲型
（藍色配色Ver.）

2011年3月出貨
4,200円（含稅5%）

【配件】
交換用手掌零件、神鷲型零式重現用
頭部、光子翼、光砲、光刀、光長
矛、交換用鞭零件、光盾

　　這款商品立體重現在動畫中
直到第6集為止備有藍紫色光
裝甲的神鷲型。雖然基本造型
和紅色的神鷲型一樣，不過配
件內容稍有更動。在省略光旋
巨鑽用特效零件之餘，亦新增
光砲和光刀。另外還附屬神鷲
型零式的頭部，因此也能用來
重現黑汐座機。

除了附有以透明黃零件來呈現的光砲和光刀，亦附有護目鏡型的交換
用頭部零件。

SP 魂WEB商店 SIDE HL

反是我蛇神型

2011年6月出貨
5,250円（含稅5%）

【配件】
交換用手掌零件、光束砲發射狀態重現用頭部、
光束刃×1

　　外形不同於是我痛，是經由全新開模立體重現，光裝甲比照既有商品同樣採用透明零件呈現。隨著透明與透明紫並用的表現手法，得以令近乎黑色的深藍色機身從中透出，營造另類的黑色光裝甲樣貌。而且在透明零件的襯托下，設置於機身表面的紋路狀細部結構也展現出絕佳美感。宛如猛禽般的腳爪部位可活動，臂刀則能經由替換零件重現伸出刀刃的狀態。

只要更換零件即可重現發射光束狀態的頭部，內部也運用透明零件講究地重現應有的造型。

M ECHANIC FILE

反是我蛇神型

世界蛇的反是我痛量子兵器。以奪取自天鷹型的資料為基礎研發而成，採用黑色的光裝甲。擁有獨特的力量，能夠令HL的光裝甲失效。

DATA
全高：—
重量：—

SP 魂WEB商店 SIDE HL

反是我虹蛇型

2011年9月出貨
5,250円（含稅5%）

【配件】
交換用手掌零件、魔法陣特效零件、尖爪伸長狀手掌
零件×2

　　這款商品的素體是以反是我蛇神型為基礎立體重現，當然亦把重點放在營造出具有異類感的外形上。臂刀和腳爪均為可動式，除了附有可重現五指伸長尖爪的交換用手掌零件外，亦有大尺寸的魔法陣零件，足以完全重現最後決戰場面呢。

魔法陣不僅以透明零件呈現，還印製獨特的紋路。

M ECHANIC FILE

反是我虹蛇型

蛇神型的高階機種。具備近乎無限的QL搭載量，還能使用小型量子傳送裝置的魔法陣。

DATA
全高：—
重量：—

CROSSANGE 天使與龍的輪舞

播映期間：2014年10月4日～2015年3月28日
TV動畫
全25集

■主要製作成員
企劃‧原作：SUNRISE
監督：蘆野芳晴
創意製作人：福田己津央
企劃製作人：古里尚丈
編劇統籌：樋口達人
人物概念設計：松尾祐輔　人物設計：小野早香　帕拉美露設計：阿久津潤一
龍設計：宮武一貴　服裝設計：黑銀
音樂：志方あきこ　動畫製作：SUNRISE

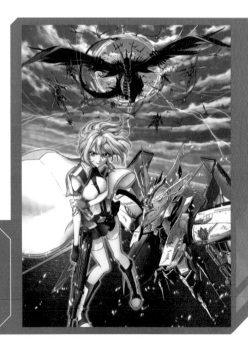

S STORY

人類獲得臻至極高境界的資訊技術「瑪娜」之後，憑藉該力量克服戰爭、飢餓、汙染等各種問題，造就了理想國度。米斯爾吉皇國第一皇女安琪莉婕也過著自由自在，不受任何拘束的生活，更在民眾祝福中進行成年洗禮儀式。然而她被當場揭發真實身分是無法使用「瑪娜」，受到眾人忌諱的種族「諾瑪」。安琪莉婕被剝奪一切，被放逐到非人之物聚集的偏僻島嶼上隔離。她在那裡成為名喚「安琪」的一介士兵，以變形人型兵器「帕拉美露」的騎士身分參與戰鬥，負責對抗龐大的攻擊性「龍」。

R Number 184 SIDE RM

維爾基斯

2015年8月發售
9,180円（含稅8%）

【配件】
交換用手掌零件、零式超硬度斬鱗刀「萊傑耶爾」、步槍×2、凍結彈用交換臂甲零件、飛行形態用核心零件、展開用機翼零件、安琪透明版角色玩偶（首批生產版限定附錄）

　　這款商品為〈SIDE RM/RSK〉的首作，搭載變形機構，立體重現主角機維爾基斯。在徹底帥氣十足的驅逐形態＆飛行形態呈現造型＆配色之餘，只要換裝局部零件，即可忠實重現這兩種形態。以零式超硬度斬鱗刀為首，各種頗具分量的武裝可說是毫無保留地附屬其中，不僅能選擇持拿在手中，亦可掛載在機體上。另外更附有替換式的展開用機翼零件。

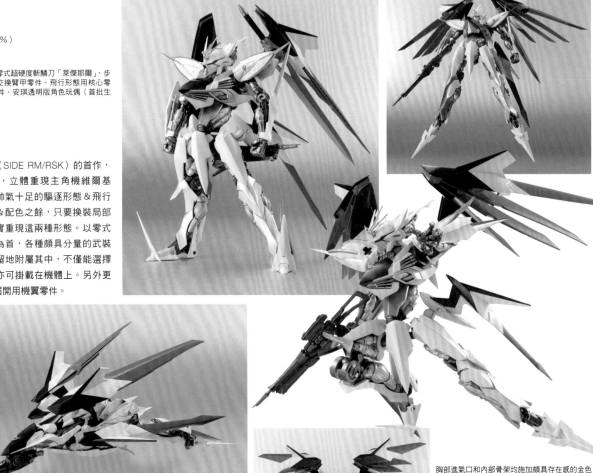

只要以飛行形態核心零件為中心組裝零件，即可變形為該形態。採用替換組裝方式來呈現，因此整體輪廓相當自然流暢。

首批生產版限定附錄為可騎乘在飛翔形態上的透明藍版安琪角色玩偶。

胸部進氣口和內部骨架均施加頗具存在感的金色塗裝。作為首批生產版限定規格，額部的女神像特別施加電鍍效果。

SP
魂WEB商店
SIDE RM

維爾基斯 最後決戰規格

2016年6月出貨
9,936円（含稅8%）

【配件】
交換用手掌零件、零式超硬度斬鱗刀「萊傑耶爾」、步槍、破壞砲×2、光束盾、飛行形態用核心零件、收斂時空砲啟動狀態用肩甲零件、萊傑耶爾用特效零件、安琪最後一集造型透明版角色玩偶。

豐富的武裝不僅能手持，亦能掛載在機體上。破壞砲尚附有飛行形態用的版本。

堪稱為定案版維爾基斯的全裝備規格，不僅附有光束盾和焰龍號的破壞砲（崩壞粒子收束砲「晴嵐」）等武裝，亦附屬「萊傑耶爾」用特效零件、重現收斂時空砲啟動狀態用的肩甲零件等配件，擁有諸多可重現決戰高潮場面的零件呢。就連外觀也與R-184維爾基斯不同，這款可是製作成各部位均浮現紋路的覺醒規格喔。

重現排除左肩甲處徽章等決戰時的規格，更全新開模製作最後一集造型的安琪角色模型。

收斂時空砲充滿厚重感的造型＆配色，可替換零件予以重現。

亦能忠實重現與希斯特里卡展開最後決戰的場面。雙方都是以替換組裝方式來呈現變形機構，因此以驅逐形態擺設動作架勢時，也能格外穩定。

M ECHANIC FILE

AW-CBX007(AG)/EM-CBX007 維爾基斯／維爾基斯 最後決戰規格

DATA
頭頂高：7.3m
重量：4,300kg

對龍戰鬥機關「亞捷那爾」所持有的舊式機種，為安琪的愛機。主兵裝備有連大型龍也能劈開的零式超硬度斬鱗刀「萊傑耶爾」。維爾基斯可說是與亞捷那爾其他機動兵器截然不同的高層次機體，原為末日戰爭時製造的絕對兵器「拉格納美露」之一，很久以前即被上古之民奪走，後來交給亞捷那爾保管。唯有在「傳承歌」、「王族血統」、「戒指」三大要素到齊時，維爾基斯才能解開封印，發揮出真正的能力，因此具備前述三大條件於一身的安琪得以使這架機體覺醒，展開最後決戰。

最後決戰規格

雖然具備高性能，但輸出功率和操作系統難以駕馭，因此維爾基斯長期以來擱置在亞捷那爾的機庫裡。直到安琪流的血沾附到王家戒指，促使機體對該戒指起反應後，維爾基斯才恢復原本的莊嚴面貌。

DATA
頭頂高：7.3m
重量：4,300kg

R-Number 187 SIDE RSK

焰龍號

2015年11月發售
9,180円（含稅8%）

【配件】
交換用手掌零件、破壞砲×2、積層鍛造光子
劍天雷、飛翔形態用零件1套

這款商品立體重現統治另一個地球
的龍族巫女公主莎拉曼蒂涅所駕駛，
屬於龍族終極兵器的焰龍號。武裝方
面附有破壞砲（崩壞粒子收束砲「晴
嵐」）×2和積層鍛造光子劍天雷。
搭載與R-184維爾基斯不盡相同的
驅逐形態＆飛行形態用變形機構，亦
徹底重現具銳利感又優雅的外形。堪
稱特徵所在的機體發光部位則是藉由
珍珠質感塗裝來呈現。

M ECHANIC FILE

龍神器
試作零式 焰龍號

DATA
頭頂高：7.8m
重量：4,350kg

與帕拉美露具有同類機構的機動兵器。其試作零式 焰龍
號搭載可經由歌唱啟動的絕對兵器「收斂時空砲」，一砲
就摧毀了亞捷那爾。

亦可忠實重現射擊架勢。和動
畫中一樣可以把破壞砲讓給維
爾基斯使用。

R-Number SP 魂WEB商店 SIDE RM

特奧多拉
《米迦勒模式》

2016年2月出貨
9,720円（含稅8%）

【配件】
交換用手掌零件、零式超硬度斬鱗刀「萊傑耶
爾」、步槍、光束盾、飛行形態用核心零件、萊
傑耶爾用特效零件、希爾姐透明版角色玩偶

特奧多拉是鑽石玫瑰騎士團在最後決
戰前夕交給反恩布利歐勢力的機體，這
款商品則重現意指司掌炎之天使的「米
迦勒」模式。雖然其優美輪廓與姊妹機
維爾基斯不相上下，卻也全新開模製作
頭部的女神像，更忠實重現堪稱特徵所
在的深紅色系機體配色，以及獨有的機
身標誌。萊傑耶爾用特效零件為米迦勒
模式專屬的版本。

M ECHANIC FILE

EM-CBX004 特奧多拉

這是強化砲擊機能
的拉格納美露。原
是克莉絲的座機，
在最後決戰時交給
希爾姐駕駛，並還
展露米迦勒模式。

附有透明紅版希爾姐角色玩偶，重現她
特別的髮型。

SP 魂WEB商店
SIDE RM

克莉奧佩特拉
《亞列爾模式》

2016年3月出貨
9,720円（含稅8%）

【配件】
交換用手掌零件、步槍、光束盾、變形用骨架、薩莉
亞角色玩偶

　這款商品立體重現恩布利歐賜給薩莉亞
的維爾基斯姊妹機「克莉奧佩特拉」。機體
造型和配色均呈現薩莉亞在最後決戰時力
量覺醒的面貌；機體以藍色為基調，象徵
司掌風之天使的「亞列爾」模式。頭部的
女神像亦為全新開模零件，忠實重現該處
特有的造型。不僅如此，亦附有透明藍版
的薩莉亞角色玩偶，當然連騎士裝和雙馬
尾等細部也都講究地重現了。

M ECHANIC FILE

EM-CBX002 克莉奧佩特拉

相當於維爾基斯姊妹機的拉格納美
露。強化作為指揮官機的通信機能，
由薩莉亞搭乘，在最後決戰時展露亞
列爾模式。

SP 魂WEB商店
SIDE RM

希斯特里卡

2016年1月出貨
9,936円（含稅8%）

【配件】
交換用手掌零件、步槍、光束盾、光束軍刀、變形用
骨架、重現收斂時空砲用零件

　恩布利歐乃是自稱「調律者」的神祕男
子，這款商品立體重現他的專用拉格納美
露「希斯特里卡」。不僅重現堪稱其特徵的
猙獰樣貌，以及比維爾基斯更為複雜的造
型之餘，亦採用專屬設計的新型連接臂，
確保造型獨特的背部組件能牢靠地連接在
主體上。只要替換組裝局部零件即可變形
為飛翔形態。附帶一提，為了重現屬於本
機體首要特徵的「收斂時空砲」，附有共計
6處的展開狀態零件。

M ECHANIC FILE

EM-CBX001 希斯特里卡

DATA
頭頂高：7.5m
重量：Unidentify

恩布利歐所持有，為末日戰爭時製造的絕對兵器。據說
末日戰爭的真相，其實就是這架機體率領其他拉格納美
露將所有文明摧毀殆盡。

背部組件各部位均可自由活
動，有助於擺出極為生動的
架勢呢。

飛行形態連坐席造型都有製
作出來，可供〈SIDE RM/
RSK〉系列的透明版角色玩
偶搭乘。

SIDE ▶ COLUMN

示意機器人

魂STAGE和ROBOT魂同樣於2008年問世。後來也不斷更新版本,如今更進化為魂STAGE ACT. COMBINATION。各位可曾留意過,包裝盒上尚有原創ROBOT魂的身影存在喔。雖然這是展示的機器人樣品,可動範圍卻極為寬廣,就立體產品來說其實具備相當高的完成度呢。在此正要介紹堪稱無名英雄的示意機器人,以及在擺設展示時能增添更多樂趣的擴充組件「魂STAGE」和「魂EFFECT」。

可動範圍相當廣,能自由擺出各種動作的示意機器人。不僅同樣能使用魂STAGE,亦可搭配魂EFFECT擺設展示呢。

示意機器人有在「魂STAGE」的包裝盒上亮相。還在照片中展露多種動作架勢呢。

■ 示意機器人(黑)

輪廓較為圓潤,以具備粗獷的鎧甲風格造型為特徵。可動範圍相當廣,持拿軍刀和步槍之類武器時相當便於擺出帥氣的架勢。

肩部採用拉伸式機構,採不會妨礙到臂部活動的設計。

■ 示意機器人(白)

這款有著稜角分明的外形,在造型上和前者形成對比呢。身體一帶和小腿肚的外形令人頗有親切感呢。

身體的可動範圍能夠做到讓身體「後仰」的動作呢。

魂STAGE

ACT.COMBINATION
(透明藍)
2015年8月發售
1,944円(含稅8%)

ACT.COMBINATION
(黑色)
2015年9月發售
1,944円(含稅8%)

ACT.COMBINATION
(透明)
2015年9月發售
1,944円(含稅8%)

魂STAGE搭配魂EFFECT的展示方式具備無限的可能性,可藉此擺出宛如施展特技動作的架勢呢。上方照片就是龍騎兵加上魂STAGE ACT.COMBINATION搭配EXPLOSION Red Ver.的成果。

魂EFFECT

IMPACT Gray Ver.
2014年3月發售
1,944円(含稅8%)

IMPACT Beige Ver.
2014年3月發售
1,944円(含稅8%)

BURNING FLAME
RED Ver.
2014年7月發售
2,376円(含稅8%)

BURNING FLAME
BLUE Ver.
2014年7月發售
2,376円(含稅8%)

EXPLOSION
Red Ver.
2015年2月發售
2,700円(含稅8%)

EXPLOSION
Gray Ver.
2015年2月發售
2,700円(含稅8%)

TAMASHII NATION 2014會場
IMPACT Magma Ver.
2014年10月發售
2,000円(含稅8%)

THUNDER Blue Ver.
2015年9月發售
2,916円(含稅8%)

THUNDER
Yellow Ver.
2015年9月發售
2,916円(含稅8%)

WAVE Clear Ver.
2015年10月發售
2,700円(含稅8%)

WAVE Blue Ver.
2015年10月發售
2,700円(含稅8%)

ENERGY
AURA Yellow Ver.
2015年11月發售
2,700円(含稅8%)

ENERGY
AURA Blue Ver.
2015年11月發售
2,700円(含稅8%)

TAMASHII NATION 2015會場
BURNING FLAME
DARK Ver.
2015年10月發售
2,500円(含稅8%)

SIDE AS

驚爆危機

播映期間：2002年1月8日～2002年6月18日／
2005年7月13日～2005年10月19日（The Second Raid）／
2003年8月26日～2003年11月28日（驚爆危機 校園篇）
TV動畫　全24集／全13集（The Second Raid）／全12集（驚爆危機 校園篇）

■主要製作成員
原作：賀東招二、四季童子
監督：千明孝一／武本康弘（The Second Raid／驚爆危機 校園篇）
人物設計：四季童子（原案）、堀內修
機械設計：海老川兼武、渭原敏明
編劇統籌：千明孝一、志茂文彥、賀東招二／賀東招二（The Second Raid）／賀東招二／
志茂文彥（驚爆危機 校園篇）
音樂：佐橋俊彥

S STORY

由於出現人型兵器「武裝從動兵」（AS）理應不可能存在的知識——黑科技，致使世界走
向扭曲的發展路途。為了爭奪獲知黑科技天分的特殊人士「傾聽者」，世界各國和諸多祕密
組織在檯面下暗中較勁。「祕銀」乃是不屬於任何國家，以憑藉軍事力量維持和平為職志的
祕密傭兵組織，獲悉身為傾聽者的高中生「千鳥要」成為各方目標後，隨即派遣年紀相近
的少年隊員「相良宗介」前往同一所高中就讀，就近擔綱護衛任務。不過宗介本身自幼便在
戰場上討生活，完全個曉得何謂「平凡生活」，才剛開始上學就惹出一大堆麻煩……。

R-Number 035　SIDE AS

大石弓

2009年9月發售
3,675円（含稅5%）

【配件】
交換用手掌零件、單分子刀、反戰車短刀、57㎜散
彈砲、Λ驅動裝置啟動狀態用零件、掛載短刀狀態
臉部零件

這款商品為AS系列的首作，立體重現
之際具備在當時堪稱達到巔峰水準的可動
範圍。腳尖、胸部、腹部等處均可靈活擺
動，得以擺出需要講究高可動性的架勢。
拳擊手式57㎜散彈砲也備有豐富機構，
不僅槍機部位可伸縮，還能整挺掛載在腰
部後側，亦附有可重現如同忍者叼著卷軸
般將反戰車短刀掛載在臉上的替換用零
件。啟動Λ驅動裝置的狀態亦可藉替換
零件予以重現。

R-Number 113　SIDE AS

大石弓
「Λ驅動裝置」

2012年2月發售　3,990円（含稅5%）

【配件】
交換用手掌零件、單分子刀、反戰車短刀、散彈加農
砲、Λ驅動裝置特效零件、XM18鋼纜發射器、Λ驅
動裝置啟動狀態用零件、掛載短刀狀態臉部零件

這款商品是以全新開模的形式徹底翻新R-035大石弓。除了
更動塗裝和追加武裝掛架之外，還引進回饋自R-091炎之劍的
技術，得以進一步擴大關節可動範圍。武裝方面沿襲原本就很
豐富的R-035各式配件之餘，亦追加XM18鋼纜發射器。Λ驅
動裝置特效零件中還包含可套在拳頭上的版本，可說是一款把
玩起來饒富樂趣的商品呢。

R-Number SP 魂WEB商店 SIDE AS

大石弓「Λ驅動裝置」專用 緊急部署推進器＋ 原型破碎炮套組

2012年8月出貨
2,940円（含稅8%）

【配件】
飛行組件、原型破碎炮、彈射甲板、支柱

　這款商品是由根斯巴克式／大石弓／獵鷹型對應緊急部署推進器修改而成，為R-113大石弓「Λ驅動裝置」專用的規格。緊急部署推進器不僅更改配色，機翼底面還加掛架臂。原型破碎炮採用原創設定，造型與武器套組附屬的不同，為全新開模製作的武裝。這挺武器可分離為前後兩截，還可搭配掛架臂配備在大石弓身上，進而展開為使用形態。

R-Number SP 電擊屋HOBBY館限定 SIDE AS

大石弓（M9配色）＋ 武器套組

2010年10月出貨
6,000円（含稅5%）

【配件】
大石弓（M9配色）主體1套、對無裝甲目標用格林機槍、火焰放射器、原型破碎炮、大型護盾、鞍式機關槍、手槍

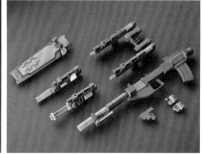

　這款商品的大石弓是以R-035為基礎，將配色更改為M9規格的版本，更附有對無裝甲目標用格林機槍＆火焰放射器兩種獨家的武裝。各武裝也都備有諸多機構，原型破碎炮的砲架部位可折疊，鞍式機關槍能掛載在腰部後側並往前方展開，對無裝甲目標用格林機槍＆火焰放射器也同樣能裝設在腰部上，手槍的握把為可動機構，至於大型護盾表面則設有武裝掛架，可將武器套組裡未用到的裝備都掛載在這裡。

R-Number SP 電擊屋HOBBY館限定 SIDE AS

武器套組

2010年10月出貨　2,500円（含稅5%）

【配件】
原型破碎炮、大型護盾、鞍式機關槍、手槍

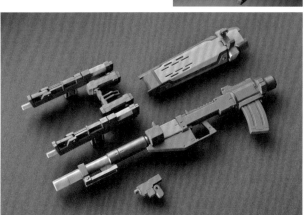

這些AS用武器是由本作品的機械設定師海老川兼武老師全新設計而成，供大石弓（M9配色）配備後如上方照片所示。亦可供其他AS使用。

M ECHANIC FILE

ARX-7 大石弓

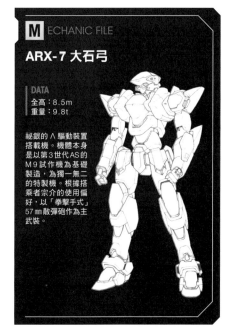

▌DATA
全高：8.5m
重量：9.8t

祕銀的Λ驅動裝置搭載機。機體本身是以第3世代AS的M9試作機為基礎製造，為獨一無二的特製機。根據搭乘者宗介的使用偏好，以「拳擊手式」57mm散彈炮作為主武裝。

THE ROBOT SPIRITS TAIZEN

R-Number 091 SIDE AS

炎之劍

2011年4月發售
4,725円（含稅5%）

【配件】
交換用手掌零件、破碎砲（折疊式）、拳擊手二式散彈砲、單分子刀展開形態×2、單分子刀收納形態×2、反戰車短刀、妖精之翼（左右）、輔助臂（左右）、頭部散熱索

　　根據原作小說立體重現的故事尾聲主角機。以既有的AS系列為基礎，關節構造經過全新設計，得以大幅增加全身各處的可動範圍。頭部的散熱索展開狀態是以透明特效零件呈現，肩部的Λ驅動裝置反制系統（妖精之翼）可自由裝卸。當然亦比照故事描述附屬所有武裝，可搭配輔助臂重現展開狀態，擺設出多種動作架勢。各武裝亦備有不遜於大石弓附屬配件的豐富機構，破碎砲（多功能破碎榴彈砲）具備可分解開來、可自由裝卸彈匣等機構。QDAW-4單刀了刀除了可供手持外，亦可替換組裝重現在膝裝甲上展開的狀態。

R-Number SP 魂WEB商店 SIDE AS

炎之劍用
緊急部署推進器XL-3
最後決戰套組

2011年7月出貨
3,150円（含稅5%）

【配件】
緊急部署推進器XL-3、拳擊手二式散彈砲、GEC-B 40㎜突擊步槍×2、仄洛斯式20㎜格林式機關砲、專用台座

　　只要為另外販售的R-091炎之劍裝設這款套組，即可重現執行美利達島登陸作戰的全裝備規格。設定中描述緊急部署推進器XL-3是將兩具緊急部署推進器XL-2強行拼裝，因此這型與先前的XL-2不同；台座也在沿襲舊有商品的設計之餘，亦採用相異規格來呈現，支架換成較粗且能微調角度的款式。至於GEC-B 40㎜突擊步槍和仄洛斯式20㎜格林式機關砲，則是本商品全新附屬的武裝，更追加一挺拳擊手二式散彈砲供搭配。

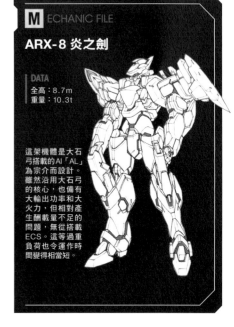

M ECHANIC FILE

ARX-8 炎之劍

DATA
全高：8.7m
重量：10.3t

這架機體是大石弓搭載的AI「AL」為宗介而設計。雖然沿用大石弓的核心，也備有大輸出功率和大火力，但相對產生酬載量不足的問題，無從搭載ECS。這等過重負荷也令運作時間變得相當短。

R-Number 049 SIDE AS

根斯巴克式（毛座機）

2010年1月發售
3,675円（含稅5%）

【配件】
交換用手掌零件、單分子刀、40㎜突擊步槍、火箭發射器

毛座機為頭部強化電子戰機能的版本。不僅附有標準裝備的40㎜突擊步槍，亦附有「標槍」超高速飛彈，以及刀劍型的單分子刀，這柄武裝還能收納進刀鞘裡。

R-Number 050 SIDE AS

根斯巴克式（克魯茲座機）

2010年1月發售
3,675円（含稅5%）

【配件】
交換用手掌零件、57㎜滑膛砲、76㎜狙擊砲、搬運用箱

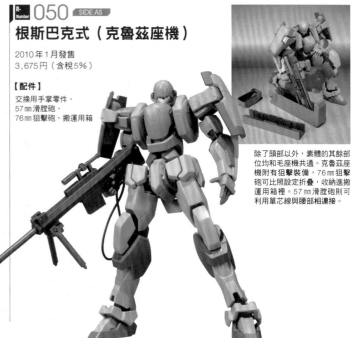

除了頭部以外，素體的其餘部位均和毛座機共通。克魯茲座機附有狙擊裝備，76㎜狙擊砲可比照設定折疊，收納進搬運用箱裡。57㎜滑膛砲則可利用單芯線與腰部相連接。

SP 根斯巴克式 印度洋戰隊 沙漠塗裝Ver.

HOBBY JAPAN誌上販售
SIDE AS

2010年8月出貨
3,800円（含稅5%）

【配件】
交換用手掌零件、GEC-B 40㎜突擊步槍、拳擊手式57㎜散彈砲、「標槍」超高速飛彈、GRAW-2 單分子刀、指揮官機（毛座機沙漠塗裝規格）頭部零件

沙漠配色版M9，頭部附有一般版以及與毛座機同為指揮官用的兩種版本。武裝除了有M9附屬的步槍和飛彈外，亦加上大石弓附的單分子刀和拳擊手式。

057 獵鷹型

SIDE AS

2010年3月發售
3,675円（含稅5%）

【配件】
交換用手掌零件、單分子刀、40㎜突擊步槍

這是貝爾法岡・克魯佐搭乘的D系統黑色M9。與E系列相異的雙眼型頭部、肩部、臂部、腰部都是參考根斯巴克式重新開模製作。當然也附有造型獨特的單分子刀「紅刃式」，這柄武裝和毛座機的單分子刀一樣能收納進刀鞘裡。雖然40㎜突擊步槍在造型上與毛座機的相同，不過配色改由塗裝呈現，可自由裝卸的彈匣就連子彈也經過塗裝呢。交換用手掌零件的種類相當豐富，也包含可斜持緋紅刀的版本。

SP 根斯巴克式／大石弓／獵鷹型對應緊急部署推進器

魂WEB商店
SIDE AS

2010年5月出貨　2,625円（含稅5%）

【配件】
飛行組件、彈射甲板、裝設用交換零件×2、支架、大石弓用左手掌

機翼為固定式，附有以突擊登陸潛水艦達努神號上彈射甲板為藍本的台座，以及可供大石弓組裝的交換用左手掌，這是R-035未附的持拿武器用左手版本。

M ECHANIC FILE

M9 根斯巴克式

DATA
全高：8.4m
重量：9.5t

第3世代型AS。搭載具備高輸出功率的鈀反應爐，因此達到全面電力驅動的境界，得以擁有出色的靈敏性和靜音性，亦搭載高性能AI。祕銀使用的機體是以E系列為主體。

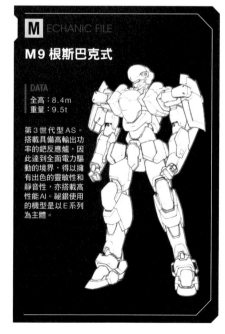

THE ROBOT SPIRITS TAIZEN

R-Number 096 SIDE AS

幻魔式

2011年6月發售
4,410円（含稅5%）

【配件】
交換用手掌零件、單分子刀、突擊步槍2種、手榴彈攜帶盒

　　銀色機身是採全面塗裝的方式，透明的散熱索基座可轉動，可配合主體動作調整角度。交換用手掌零件包含伸出食指手勢的右手，與主體本身的寬廣可動範圍相輔相成，無論要擺出豪邁誇張的架勢，或是深具人類韻味的動作都不成問題。武裝方面也相當豐富，這類配件也幾乎都具備精巧的機構。單分子刀能收納進刀鞘裡，2種突擊步槍的彈匣均可自由裝卸，手榴彈共附有4顆，而且能收納進專用的攜帶盒裡。

R-Number SP 魂WEB商店 SIDE AS

幻魔式i（猛毒）

2012年6月出貨
4,410円（含稅5%）

【配件】
交換用手掌零件、機關槍×2、格林機砲、單分子刀、∧驅動裝置啟動狀態背部刀刃零件、∧驅動裝置啟動狀態頭部零件

　　繼承幻魔式的造型之餘，亦採用全新開模製作的零件來呈現，附有∧驅動裝置啟動狀態的背部刀刃和頭部零件。交換用手掌零件共有7組，伸出食指手勢的版本左右手均有，武裝也和幻魔式一樣各具精巧機構。格林機砲的彈鏈為軟質素材零件，砲身也經由塗裝營造出金屬質感。機關槍不僅能掛載在背後，亦可展開供雙手持拿。單分子刀同樣能收納進刀鞘裡。

R-Number SP 魂WEB商店 SIDE AS

幻魔式m

2012年7月出貨
3,675円（含稅5%）

【配件】
交換用手掌零件、步槍

素體與R-096幻魔式相同，但配色不同。武裝僅附有步槍。交換用手掌零件也和幻魔式相同。

R-Number SP 魂WEB商店 SIDE AS

幻魔式武器套組

2012年7月出貨
2,625円（含稅5%）

【配件】
交換用手掌零件、刀、鐮刀、鎚、大劍、矛

供幻魔式使用的武器套組，可像照片型單分子刀的刀刃部位可活動，能變形為鐮刀。長柄刀型單分子刀的刀刃部位，亦附有蓋茲座機配備的大尺寸單分子刀。

R-Number 149 `SIDE AS`

墮天使式

2013年9月發售
4,725円（含稅5%）

【配件】
交換用手掌零件、先知骨弓、交換用40㎜機關砲、專用台座

兼具稜角分明的帥氣外形與寬廣的可動範圍，無論擺出雙手交錯抱胸，還是拉弓引箭的動作都不成問題。設置於左右腋下和背後的大小飛行組件在基座處都設有可動軸，雙臂處固定武裝40㎜機關砲可替換零件重現展開狀態。先知骨弓亦能比照設定展開＆伸縮。這是唯一能夠單獨飛行的AS，因此特別附屬可供重現空戰場面的專用台座。

R-Number SP `魂WEB商店` `SIDE AS`

影子式（狙擊規格）

2014年3月出貨
4,410円（含稅5%）

【配件】
交換用手掌零件、蘇聯製狙擊砲「流星」、彈匣×2、單分子刀、突擊步槍

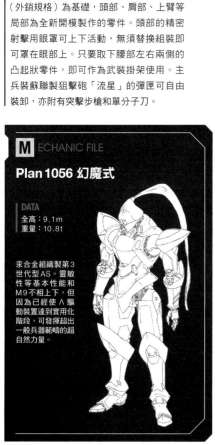

這款商品立體重現克魯茲在小說最後一集搭乘的影子式。素體是以SP版的影子式（外銷規格）為基礎，頭部、肩部、上臂等局部為全新開模製作的零件。頭部的精密射擊用眼罩可上下活動，無須替換組裝即可罩在眼部上。只要取下腰部左右兩側的凸起狀零件，即可作為武裝掛架使用。主兵裝蘇聯製狙擊砲「流星」的彈匣可自由裝卸，亦附有突擊步槍和單分子刀。

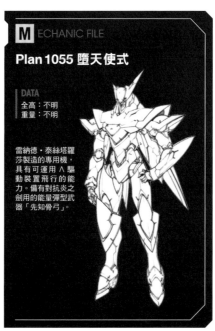

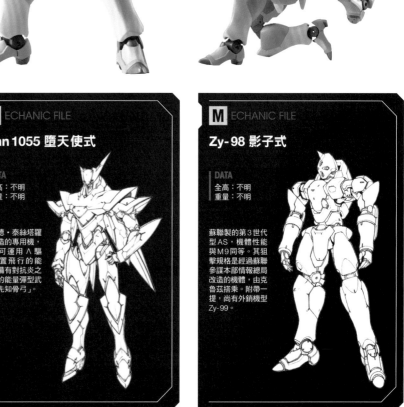

M ECHANIC FILE

Plan 1056 幻魔式

DATA
全高：9.1m
重量：10.8t

汞合金組織製第3世代型AS。靈敏性等基本性能和M9不相上下，但因為已驅使ᴧ驅動裝置達到實用化階段，可發揮超出一般兵器範疇的超自然力量。

M ECHANIC FILE

Plan 1055 墮天使式

DATA
全高：不明
重量：不明

雷納德・泰絲塔羅莎製造的專用機，具有可運用ᴧ驅動裝置飛行的能力。備有對抗炎之劍用的能量彈型武器「先知骨弓」。

M ECHANIC FILE

Zy-98 影子式

DATA
全高：不明
重量：不明

蘇聯製的第3世代型AS，機體性能與M9同等。其狙擊規格是經過蘇聯參謀本部情報總局改造的機體，由克魯茲搭乘。附帶一提，尚有外銷機型Zy-99。

R-Number 036 SIDE AS
蠻人式（沙漠配色）

2009 年 10 月發售
2,625 円（含稅 5%）

【配件】
交換用手掌零件、突擊步槍、單分子刀、反戰車短刀

這款商品立體重現鐵幕國家的主力 AS。素體的背部、腋下、肩部、手肘、大腿等處均設有武裝掛架，能享受自行搭配多樣武裝的樂趣。由於附屬武裝相當豐富，因此亦附有諸多可供對應的交換用手掌零件。沙漠配色版的反戰車短刀除了有手持版本之外，亦有可供掛載腋下的版本左右一對。灰色配色版的小型鎚則附有手持版，以及多柄綁成一束的掛載用版本。單分子刀也有大小兩種版本。

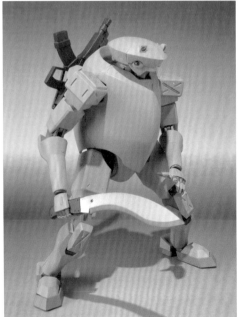

R-Number 037 SIDE AS
蠻人式（灰色配色）

2009 年 10 月發售
2,625 円（含稅 5%）

【配件】
交換用手掌零件、突擊步槍、單分子刀2種、鐵拳火箭彈、小型鎚

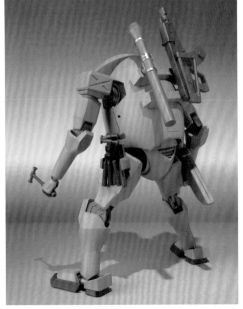

R-Number SP 魂 WEB 商店 SIDE AS
蠻人式（石弓）

2010 年 2 月發售
3,675 円（含稅 5%）

【配件】
交換用手掌零件、HEAT 鎚×2、HEAT 鎚掛載用零件、突擊步槍、備用彈匣

　在《驚爆危機 燃燒的 One man force》中由宗介搭乘，施加大石弓風格配色的蠻人式。素體與 R-036、R-037 的蠻人式相同。HEAT 鎚附有 2 柄，可藉由專用零件掛載在背後，還能背負成 X 字形。HEAT 鎚無論用單手或雙手持拿都相當自然流暢。這款商品具備寬廣的可動範圍，足以擺出扭腰使勁之類的動作，便於重現動畫中在 AS 鬥技場裡的戰鬥場面。

M ECHANIC FILE
Rk-92 蠻人式

DATA
全高：8.1m
重量：12.5t

蘇聯製的第 2 世代型 AS。由於構造簡潔，相當堅韌耐用，可靠性也備受肯定。屬於鐵幕國家的主力 AS，不僅投入中東與非洲戰線，游擊隊運用的例子也很常見。

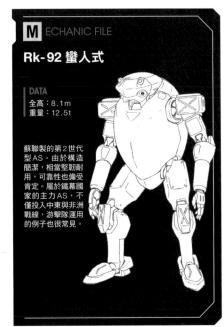

R-Number 053 · SIDE AS?
蹦太君

2010年2月發售
3,150円（含稅5%）

【配件】
相良宗介頭部零件、臉部零件3種汗滴零件、交換用掌心零件、手槍、散彈槍、突擊步槍、特殊警棍、手榴彈、武器用連接零件

遊樂園「蹦太君樂園」的布偶裝。不僅附有各種武裝，亦附屬3種表情零件，以及穿戴者宗介的交換用頭部零件，更有汗滴零件磁鐵，是一款能充分表現搞笑風格的精巧商品呢。臉部零件內側還做出顯示器造型，備有出自海老川兼武老師設計，象徵戰鬥中、啟動中與待命中3種狀況的貼紙。更附有3種連接零件，可供持拿其他商品的附屬武器。

R-Number 069 · SIDE AS?
蹦太君（實戰裝備規格）

2010年7月發售
3,150円（含稅5%）

【配件】
交換用頭部零件、交換用掌心零件、武器用連接零件、無線電對講機、散彈槍、反戰車步槍、衝鋒槍

這套強化服是因為宗介莫名中意蹦太君布偶裝而特別改造成。素體是以R-053為基礎，比照動畫版追加軍用頭盔和戰術背心立體重現。雖然省略交換用表情零件，不過依舊附有頭部顯示器的3種貼紙。至於附屬槍械則是經過全面翻新，散彈槍更是全新開模製作的版本。最值得注目之處就是只要更換專用頭部零件，即可重現匍匐伏地姿勢。

R-Number SP · 魂WEB商店 · SIDE AS?
蹦太君（量產型）

2010年10月出貨
3,150円（含稅5%）

【配件】
交換用掌心零件、機關槍、火箭砲、木箱、彈藥盒、油罐

由於蹦太君的性能比想像中來得更好，使用起來也相當不錯，顯然可以當作商品販售，因此宗介便與軍需產業合作研發這種量產型。素體是以R-069為基礎，針對軍用頭盔局部修改後，採用以動畫版為準的配色立體重現。除了附有顯示器貼紙之外，亦包含可黏貼在頭盔上的編號貼紙（02～06）。槍械也經過全面翻新，附有全新開模製作的機關槍和火箭砲，甚至還附有可營造戰鬥氛圍的木箱、彈藥盒、油罐等配件。

驚爆危機
ANOTHER

發行：2011年8月20日～2016年2月20日

■主要製作成員
原案・審核：賀東招二
作者：大黑尚人
插畫：四季童子
機械設計：海老川兼武、渭原敏明

S STORY

市之瀨達哉是一名高中生，家裡開建設公司，能夠自在操作工程機具「強化從動機」，平時也會幫忙家業。某天他代替一名負傷的少女艾德莉娜駕駛AS擊退失控的AS，以此為契機，民營軍事公司 D.O.M.S. 招募他，他也就這樣成為自衛隊試作AS「火焰渡鴉」的測試操作員。

R-Number 124 `SIDE AS`

火焰渡鴉

2012年9月發售
4,410円（含稅5%）

【配件】
交換用手掌零件、單分子刀、連接零件

這款商品由擔綱設計造型的海老川兼武老師徹底審核，完全立體重現設定圖稿的造型。令人聯想到武者鎧甲的肩甲部位為特殊推進器「敏捷推進器」，能夠以基座為軸全方位活動。使用時的展開狀態無須替換零件即可重現，還會露出隱藏在內部的噴嘴。單分子刀除了能連同刀鞘掛載在腰際左右兩側外，亦可利用新設定的連接零件掛載在背後。另外附有持拿刀鞘用的手掌零件，可藉此擺出拔刀出鞘的架勢。

R-Number SP 驚爆危機ANOTHER第5卷特裝版附錄
`SIDE AS`

火焰渡鴉2號機

2013年2月發售
4,725円（含稅5%）

【配件】
交換用手掌零件、單分子刀、連接零件

原作小說第5卷特裝版附贈的火焰渡鴉兄弟機，以紅色為基調的2號機是由艾德莉娜搭乘。除了更改配色外，其餘造型和構造都和R-124這款1號機相同。配件方面也沒有更動，同樣附有無須替換組裝就能收刀入鞘的日本刀型單分子刀、持拿刀鞘用手掌零件，以及其他豐富的交換用手掌零件。湊齊2架機體後，即可比照原作，重現艾德莉娜賭上信念，拿出真本事與達哉的1號機對決的場面了。

M ECHANIC FILE

AS-1 火焰渡鴉

DATA
全高：8.6m
重量：9.8t（乾重）

以純日本製第3世代型AS為目標，研發出的自衛隊試作機。備有能做出特殊機動和急加速等行動的敏捷推進器，不過控制面仍存在諸多問題。

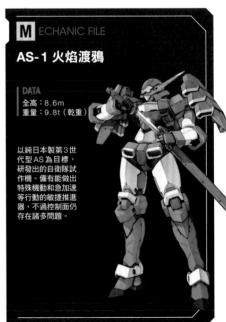

THE ROBOT SPIRITS TAIZEN

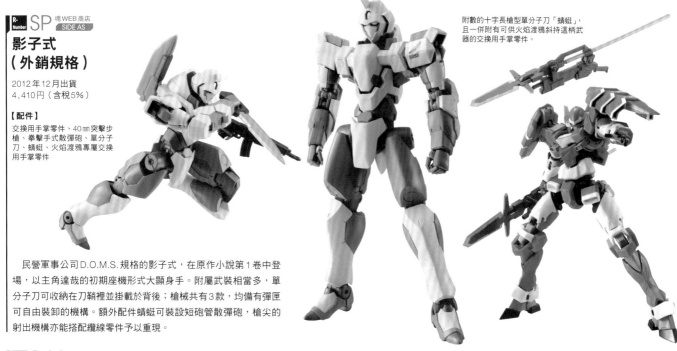

SP 魂WEB商店 SIDE AS

影子式
（外銷規格）

2012年12月出貨
4,410円（含稅5%）

【配件】
交換用手掌零件、40mm突擊步槍、拳擊手式散彈砲、單分子刀、蜻蜓、火焰渡鴉專屬交換用手掌零件

附數的十字長槍型單分子刀「蜻蜓」，且一併附有可供火焰渡鴉斜持這柄武器的交換用手掌零件。

　　民營軍事公司D.O.M.S.規格的影子式，在原作小說第1卷中登場，以主角達哉的初期座機形式大顯身手。附屬武裝相當多，單分子刀可收納在刀鞘裡並掛載於背後；槍械共有3款，均備有彈匣可自由裝卸的機構。額外配件蜻蜓可裝設短砲管散彈砲，槍尖的射出機構亦能搭配纜線零件予以重現。

144 SIDE AS

王權式
（三条菊乃座機）

2013年6月發售
4,725円（含稅5%）

【配件】
交換用手掌零件、蝮蛇式兵裝系統×2、單分子刀「紅刃式」×2、機關槍×2

　　Rk-92蠻人式的後繼機種。有著第3世代型AS中最另類的設計概念，著重火力和防禦力更勝匿蹤性。雖然外形看起來遲鈍笨重，但可動部位相當靈活，要做出講究高可動性的姿勢也不成問題。繼承蠻人式的概念，機身各部位均設有武裝掛架。菊乃座機為近接格鬥戰規格，附有2柄紅刃式，亦有可供前臂配備的機關槍。堪稱特徵所在的蝮蛇式兵裝系統是在末端設有砲口，大小鉤爪均可活動。

蝮蛇式兵裝系統的戰術鉤爪，可替換手掌零件予以重現。肩部也設有武裝掛架。

SP 魂WEB商店 SIDE AS

王權式
（三条旭座機）

2013年11月出貨
5,040円（含稅5%）

【配件】
交換用手掌零件、格林機砲、護盾、地對空飛彈、機關槍×2

　　採用沙漠配色的旭座機為砲擊戰規格。地對空飛彈可掛載在背後，英艙部位可活動，頂部的4片艙蓋也都能獨立展開。臂部和菊乃座機一樣可替換組裝配備機關槍。主兵裝格林機砲則須先拆下手掌，再直接裝設到手臂上；砲管備有旋轉機構，外罩部位也可活動。附帶一提，這款商品和菊乃座機可互換彼此的武裝使用。

護盾末端的鉤爪亦可活動。這其實是內藏火箭發射器的多功能兵裝，彈匣部位也能自由裝卸。

福音戰士新劇場版：破

電影上映：2009年6月27日

■主要製作成員
原作・劇本・總監督：庵野秀明
監督：庵野秀明、摩砂雪、鶴卷和哉
主・人物設計：貞本義行
主・機械設計：山下いくと
音樂：鷺巢詩郎

S STORY

前所未見的超大規模災害「第二次衝擊」突然來襲，導致全世界失去半數以上的人口。西元2015年，14歲少年碇真嗣成為特務機關NERV旗下通用人型決戰兵器福音戰士（EVA）初號機的駕駛員，奉命對抗襲擊第3新東京市的神祕敵對物體「使徒」。在進行多次戰鬥後，真嗣選擇依循自身的意志戰鬥，世界的命運也就此託付在他手中。《福音戰士新劇場版》乃是將TV版（1995～1996年）的設定重新詮釋，並重新建構整個故事的電影版作品系列。《破》乃是該系列的第2作。

R-Number 058 SIDE EVA

福音戰士初號機

2010年4月發售
3,675円（含稅5%）

【配件】
交換用手掌零件、高頻振動短刀×2、板形步槍×2、臍帶纜線、交換用頭部、天線零件×2、A.T.力場零件

這款商品忠實地重現了將體型重新詮釋得較為瘦長的新劇場版規格EVA初號機。不僅附有高頻振動短刀等武裝，頭部天線也有PVC製和ABS製硬質零件兩種版本。為了重現堪稱初號機經典場面之一的失控狀態，還特別附有開口咆哮狀頭部零件。當然亦少不了加施漸層塗裝的A.T.力場和專用支架，以便重現與使徒交戰的戰鬥場面。

板形步槍除了可用雙手持拿，亦能搭配ROBOT魂獨有的關節可動機構擺出各種架勢，毫無保留地重現動畫中的各種經典場面。

由連接零件和纜線構成的臍帶纜線。纜線本身為較粗的單芯線，能藉此表現全力奔馳時的躍動感。

 SP 魂WEB商店 SIDE EVA

福音戰士初號機
（覺醒 Ver.）

2011年6月出貨
3,990円（含稅5%）

【配件】
交換用頭部、交換用胸部、交換用左臂、
交換用手掌零件、光環零件、A.T.力場零件×2

　這款商品忠實重現在與第10使徒交戰時
覺醒為「擬似神化第1覺醒形態」的EVA
初號機。外裝甲原有的螢光綠部位改塗裝
成螢光紅，配件也和R-058福音戰士初號
機有著明顯差異。由於覺醒形態並未使用
到武裝，因此改附屬全新造型的A.T.力場
&專用支架，以及設有張口機構的替換用
頭部等配件。

不僅有豐富的配件，A.T.力場等零件
也能夠沿用用R-058福音戰士初號機的
配件呢。

光環和戰鬥之際復原的左
臂，均是以透明零件&漸
層塗裝來呈現。

M ECHANIC FILE

福音戰士初號機

　　碇真嗣搭乘的EVA試驗初號機。為戰力上唯一能和使徒相抗衡的EVA系列之
一，隸屬於特務機關NERV日本總部。構造上是巨大人型素體套上外裝甲而成，駕
駛員則在圓筒型的駕駛艙組件「插入栓」裡，並且靠著連接神經的方式操縱機體。
附帶一提，在與第10使徒交戰時變化為「擬似神化第1覺醒形態」，後來更進一步
變化成三眼光之巨人「擬似神化第2形態」，這個形態不僅和第二次衝擊時出現的
物體極為酷似，更引發了第三次衝擊。

名稱源自「euangelion」（希臘語的「福音」之意）。當駕駛員碇真嗣面臨危險時，初號機會展露「失
控」的潛藏能力。

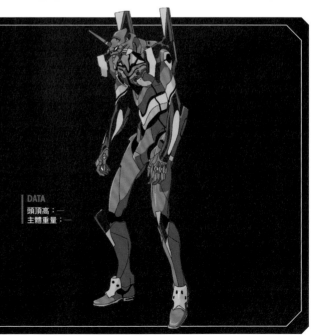

DATA
頭頂高：—
主體重量：—

R-Number SP TAMASHII FESTIVAL 2010 會場／
魂 WEB 商店 **SIDE EVA**

福音戰士初號機
（夜間戰鬥 Ver.）

2010 年 8 月出貨
3,500 円（含稅 5%）

【配件】
交換用手掌零件、高頻振動短刀×2、
板形步槍×2、臍帶纜線、交換用頭部

　　素體與 R-058 福音戰士初號機相同的
夜間戰鬥配色規格。初號機與化為使徒的
EVA 3 號機上演壯烈的殊死戰，為了重現
該場戰鬥的面貌，這款商品採用暗紫色系
透明素材和螢光線零件來製作。除了省略
A.T. 力場＆專用支架，其餘配件都和 R-058
福音戰士初號機一樣，各武裝配色也都比
照夜間戰鬥規格改以暗色系呈現。附帶一
提，這也是在聖地牙哥國際漫畫展中首賣
的限定版商品。

同樣附有失控形態用的頭
部。由於採用透明素材，
營造出宛如相異機體的造
型美感。

R-Number SP 魂 WEB 商店
SIDE EVA

福音戰士零號機（改）

2010 年 9 月出貨
5,040 円（含稅 5%）

【配件】
交換用手掌零件、格林機砲（初號機用）、N2 大型飛
彈、臍帶纜線、交換用右腿、交換用雙臂

　　這款特別規格商品在保留福音戰士零號
機本身簡潔的優美輪廓之餘，亦更改胸部
裝甲，並追加肩部武器掛架，徹底重現
《新劇場版：破》登場版零號機（改）。不
僅和 R-058 福音戰士初號機一樣具備高度
的可動性，還附有可重現動畫場面的纏繞
繃帶狀交換用手腳，以及 N2 彈頭搭載型洲
際彈道飛彈等配件。

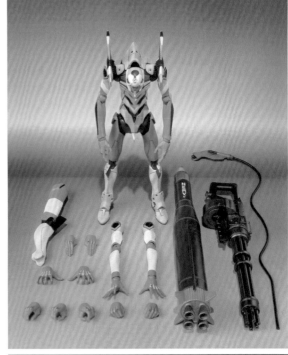

M ECHANIC FILE

福音戰士零號機（改）

DATA
頭頂高：—
主體重量：—

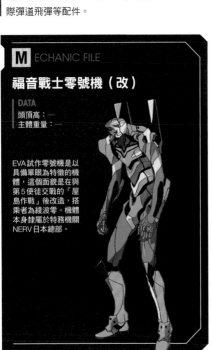

EVA 試作零號機是以
具備單眼為特徵的機
體。這個面貌是在與
第 5 使徒交戰的「屋
島作戰」後改造，搭
乘者為綾波零。機體
本身隸屬於特務機關
NERV 日本總部。

附有初號機使用的新武裝「格林機砲」，
藉此重現與第 5 使徒交戰的動作場面。

R-Number 052 [SIDE EVA]

福音戰士2號機

2010年2月發售
3,675円（含稅5%）

【配件】
交換用手掌零件、高頻振動短刀×2、超電磁洋弓銃、閃電矛、臍帶纜線、飛行組件

在萬眾期盼之下加入ROBOT魂商品陣容的〈SIDE EVA〉首作。具備獨創的關節機構，可動範圍非常寬廣，足以重現飛行姿勢、功夫飛踢，以及全力奔馳動作等動畫中的所有場面。亦毫無保留地附屬各種大分量的武裝配件，還附有造型生動的交換用手掌零件，以及在對抗第7使徒時配備的空中挺進專用S型裝備（飛行組件）這類特殊兵裝。

附有豐富的持拿用手掌零件，能用雙手持拿超電磁洋弓銃和閃電矛等武裝。

R-Number 077 [SIDE EVA]

福音戰士2號機
獸化第2形態〔The Beast〕

2010年10月發售
3,675円（含稅5%）

【配件】
交換用手掌零件、兵裝大樓A×2、兵裝大樓B×2

這款商品立體重現2號機捨棄人型，針對戰鬥特化而成的另一種形態「The Beast」。不僅呲牙裂嘴，四肢也變得更長，背部更出現堪稱特徵之一的凸起物，這些部分均忠實地重現了。正如其名所示，如同野獸般的頭部＆嘴部造型也極為生動，可充分重現動畫中激烈的動作場面。

當然也能再現四肢伏地的姿勢。凸起物是球形關節連接，能稍微調整角度，使整體輪廓顯得更加生動。

舌頭也能替換為造型更具魄力的版本。亦附有可營造作品世界觀的兵裝大樓。

R-Number SP [魂WEB商店] [SIDE EVA]

福音戰士3號機

2010年12月出貨
3,990円（含稅5%）

【配件】
交換用手掌零件、插入栓、臍帶纜線、交換用雙臂

這款商品採用以黑色為基礎的成形色，重現北美第3分部製造的福音戰士正規實用型3號機。不僅備有豐富的交換用手掌零件，還能沿用其他EVA系列的一般裝備，而且更附屬化為使徒時堪稱特徵所在的「臂部」。可重現3號機遭到侵蝕而無法控制，成為第9使徒令初號機陷入苦戰的場面。

可重現化為第9使徒，令初號機陷入苦戰的場面。嘴部無須替換組裝即可開闔。

只要組裝插入栓零件後，即可重現3號機遭第9使徒侵蝕的模樣了。

蒼穹之戰神
HEAVEN AND EARTH

■主要製作成員
原作：XEBEC
總監督：能戶 隆
監督：鈴木利正
劇本：沖方 丁
人物設計：平井久司
機械設計：鷲尾直廣
音樂：齊藤恒方

R-Number 081　SIDE FFN

法夫納 Mk.XI

2010年12月發售
3,990円（含稅5%）

【配件】
交換用手掌零件、雷擊槍、炸彈刀、磁軌砲、
破敵砲、交換用拳甲、交換用小腿肚推進器展開狀態零件

在萬眾期盼中加入ROBOT魂商品陣容的〈SIDE FFN〉首作，正是在TV版中以初期主角機身分大顯身手的機體「法夫納Mk.XI」。獨創的左右不對稱造型和細部結構，還有以雷擊槍為首的武裝均忠實重現。不僅如此，胸部和臀部等處的關節還採用斜向分割構造，可說是充滿企圖心的嶄新嘗試。由於具備ROBOT魂系列中最為獨特的關節可動機構，更容易比照動畫擺出各種架勢了呢。

不僅毫無保留地附屬各種深具特色的武裝，雷擊槍和背部推進器還搭載展開機構。只要替換組裝即可重現各種戰鬥動作場面。

法夫納 Mk.Ⅲ

2011年4月出貨
3,990円（含稅5%）

【配件】
交換用手掌零件、炸彈刀、長劍×2（展開狀態、收納狀態）、飛索標槍、簡易神盾、交換用拳甲、交換用小腿肚推進器展開狀態零件、交換用膝裝甲零件

要咲良・卡農・梅芬絲的座機。以R-081法夫納Mk.XI為基礎之餘，亦採用鮮明的橙色和珍珠質感塗裝重現整體。附有堪稱特徵的簡易神盾和長劍等裝備，這些異於Mk.XI的配件在造型表現上也不容錯過。附帶一提，具有可動式連接臂和展開機構的簡易神盾可以架在肩上，收納形態的長劍則能掛載在肩部側面。

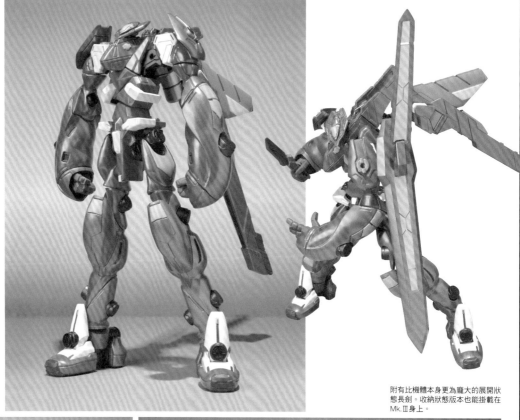

以備有纜線的飛索標槍為首附有各式武裝。此外，亦包含膝裝甲和小腿肚等部位的交換用零件。

附有比機體本身更為龐大的展開狀態長劍。收納狀態版本也能掛載在Mk.Ⅲ身上。

交換用張開狀手掌製作成攻擊時的發光狀態。飛索標槍的纜線能夠自由彎曲，可藉此呈現各種生動的攻擊狀態。

R-Number SP 魂WEB商店 SIDE FFN

法夫納Mk. Ⅵ

2012年4月出貨
4,410円（含稅5%）

【配件】
交換用手掌零件、杜蘭朵式手槍×2（展開形態、收納形態）、炸彈刀、交換用拳甲

這款商品立體重現TV版中由羽佐間翔子搭乘，以純白配色作為特徵的法夫納。飛行用大型推進背包連細部都忠實重現了，造就空戰型法夫納獨有的輪廓呢。至於關節機構方面則在腳踝處新增可動機構，得以擺出更複雜的動作。武裝也全新附屬神劍型法夫納的基本裝備「杜蘭朵式」手槍，包含展開＆收納形態兩種版本。

R-Number 099 SIDE FFN

法夫納Mk. Ⅶ

2011年8月發售
4,410円（含稅5%）

【配件】
交換用手掌零件、龍牙式狙擊步槍、同化狙擊長槍管、同化狙擊水晶零件

附有經過強化的龍牙式狙擊步槍用長槍管零件。擁有可動範圍相當寬廣的關節構造，重現立射或跪射的狙擊動作都不成問題。

這款商品立體重現了不僅具備出色的飛行性能，在長程狙擊上亦有優越表現的機體Mk. Ⅶ。與先前推出的Mk. Ⅵ互為對比，配色上採用鮮明的洋紅色為基礎。除了附有可供執行長程狙擊和支援任務的本機體用狙擊兵器「龍牙式」狙擊步槍，亦附有透明版水晶零件，可再現TV版最後一集裡與Mk. 存在進行同化狙擊的場面。

R-Number SP 魂WEB商店 SIDE FFN

法夫納Mk. Ⅴ

2012年1月出貨
4,410円（含稅5%）

【配件】
交換用手掌零件、神盾裝備、鎮魂犬44式步槍、高拜頭盔、交換用拳甲、交換用小腿肚推進器展開狀態零件

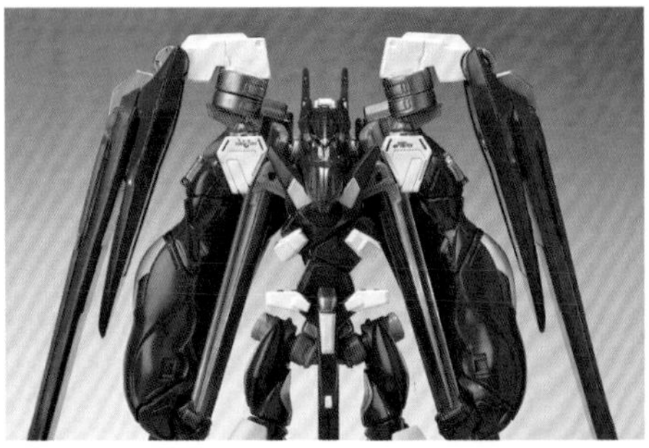

配備4具大型神盾的防禦特化型法夫納。可替換連接零件重現堪稱本機體首要特徵的神盾展開狀態。在營造出驚人的厚重感和存在感之餘，亦具備十足的穩固性。不僅如此，還附有在槍身下側備有2枚飛彈的「鎮魂犬44式」步槍作為武裝，以及小楯衛傳承給堂馬廣登的「高拜頭盔」等配件。

法夫納Mk.Ⅷ

2011年5月出貨
3,990円（含稅5％）

【配件】
交換用手掌零件、炸彈刀、蛇髮女妖式雷射砲、
鎮魂犬44式步槍、簡易神盾、交換用小腿肚推進
器展開狀態零件

　這款商品立體重現以苔綠色的機體配
色為特徵，屬於中程支援型的法夫納。
以堪稱同機型特徵所在，掛載於肩部的
大型零件為中心，連同背面的貼地輔助
用零件等細部結構在內也都完全重現。
武裝方面不僅附有炸彈刀和鎮魂犬44
式步槍，更附有大口徑雷射砲「蛇髮女
妖式」。這挺大型武裝能掛載在肩部大
型零件上，重現動畫中各種動作場面。

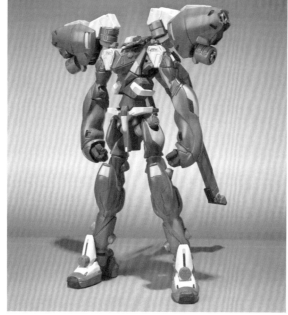

將貼地輔助用零
件伸長後，即可
重現蛇髮女妖式
射擊狀態。為使
纜線更顯生動，
是採用軟質素材
製作。

法夫納Mk.Ⅸ &
法夫納Mk.Ⅹ

2014年6月出貨
9,720円（含稅8％）

【配件】
■Mk.Ⅸ：交換用手掌零件、炸彈刀、鎮魂犬44
式步槍、火蜥蜴式火焰噴射器、交換用推進器、
拳甲
■Mk.Ⅹ：交換用手掌零件、炸彈刀、鎮魂犬44
式步槍、龍牙式狙擊步槍、交換用推進器、拳甲

　在電影版當中首度登場的Mk.Ⅸ和
Mk.Ⅹ，以雙機套組形式推出商品。兩
款是以早一步推出商品的同型機Mk.Ⅷ
為基礎，分別重現土黃色的Mk.Ⅸ，
以及灰色的Mk.Ⅹ。雖然配件中省略
Mk.Ⅷ的主兵裝蛇髮女妖式雷射砲，卻
也附屬長程狙擊兵器龍牙式狙擊步槍，
還有全新開模製作的火蜥蜴式火焰噴射
器這類特殊的射擊武器。

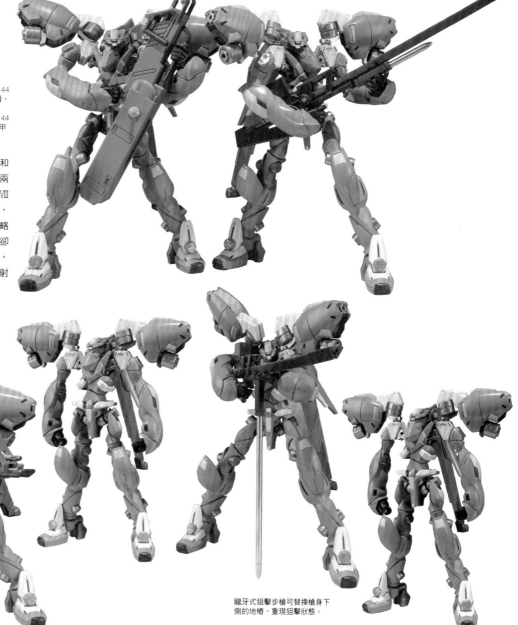

雖然火蜥蜴式火焰噴射器頗具
重量感，卻也忠實重現以雙
手持拿這挺武裝的架勢。

龍牙式狙擊步槍可替換槍身下
側的地樁，重現狙擊狀態。

R-Number 098 SIDE FFN

法夫納 Mk.存在

2011年7月發售
3,990円（含稅5%）

【配件】
交換用手掌零件、雷擊槍1套、鎮魂犬44式步槍、
交換用平衡推進翼、武器同化水晶、發光狀態零件

　這款商品為電影版的主角機 Mk.存在。為了重
現其洋溢光澤感的獨特白色機身，全面施加珍珠
白質感塗裝，而雷擊槍特效和保現同化現象用的
水晶均為透明零件製。武器不僅能以手掌持拿，
亦能藉由水晶持拿。可動式背部平衡推進翼附有
發光狀態版本，可重現電影版中的飛行場面。

雷擊槍只要交換基座部位的零件即可展
開，就算持拿2挺也能穩穩地站著。

R-Number SP 魂WEB商店 SIDE FFN

法夫納 Mk.虛無
（電影版）

2013年11月出貨
9,450円（含稅5%）

【配件】
交換用手掌零件、雷擊槍1套、同化纜線×8

　在電影版裡與 Mk.存在展開一番激戰的
紫色機體，如今以散發高級質感的面貌立
體重現了。這款商品由擔綱機械設計的鷲
尾直廣老師徹底審核，一舉重現有機的設
計，以及堪稱特徵的外形和細部結構。各
部位如同結晶體的裝甲採用透明零件來呈
現，更利用 ROBOT 魂首見的全指可動機構
重現充滿猙獰感、深具特色的手掌部位，
得以擺出更為生動的手勢呢。

雷擊槍附有可重現發射形態的特效零件，亦備有在動畫中未使用過的導向雷射和同化纜線展開機構。

交響詩篇艾蕾卡7

播映期間：2005年4月17日～2006年4月2日
TV動畫
全50集

■主要製作成員
原作：BONES
監督：京田知己
編劇統籌：佐藤大
人物設計・主要動畫師：吉田健一
機械設計：河森正治
音樂：佐藤直紀

S STORY

　　這是一個地表被名為「珊瑚岩」的特殊物質覆蓋、大氣中瀰漫不明粒子「光粒子」的行星。瑞登原本是居住在邊境城市的平凡少年，某日目擊巨大人型機動載具LFO墜落，意外邂逅搭乘員少女艾蕾卡，她竟是對抗塔州聯邦軍的反政府組織「月光州」成員之一⋯⋯。以這次的相遇為契機，瑞登也加入月光州，將成為改變世界命運的關鍵人物。

　　2009年上映了劇情設定皆相異的電影版《交響詩篇艾蕾卡7 口袋裏的彩虹》，2012年播出接續本作的TV動畫《交響詩篇AO》。

R-Number 066　SIDE LFO

尼爾瓦修
type ZERO

2010年6月發售
3,675円（含稅5%）

【配件】
交換用手掌零件、滑空板、迴旋鐮型短刀、
大型步槍、連接纜線、光之台座

　　ROBOT魂〈SIDE LFO〉系列的第6作、最初期主角機「尼爾瓦修 type ZERO」。這款商品以相當於該系列改良版本的形式立體重現，兼具獨特體型與豪邁的可動性，更擁有別具魅力的展示方式。胸部和背面的駕駛艙均採用透明零件呈現，大型步槍的瞄準器、腳底輪胎也均備有可動＆轉動的精巧機構。

附有透明零件製專用台座。可藉此重現乘著光粒子波浪在空中滑行的「滑空」場面，還能營造出絕佳的滑行感和躍動感呢。

M ECHANIC FILE

尼爾瓦修 type ZERO

DATA
頭頂高：—
主體重量：—

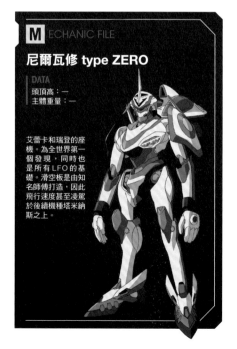

艾蕾卡和瑞登的座機。為全世界第一個發現，同時也是所有LFO的基礎。滑空板是由知名師傅打造，因此飛行速度甚至凌駕於後續機種塔米納斯之上。

R-Number SP　塊WEB商店　SIDE LFO

尼爾瓦修 type ZERO
（軍用Ver.）

2010年10月出貨
3,675円（含稅5%）

【配件】
交換用手掌零件、滑空板、迴旋鐮型短刀、
大型步槍、連接纜線、光之台座

　　這款商品是以具備高度可動性的R-066尼爾瓦修type ZERO為基礎，配色統一採用白色與灰色作為基調的塔州聯邦軍機規格。堪稱特徵的大型步槍自然不在話下，亦附有配色比照主體的迴旋鐮型短刀和滑空板，更少不了R-066尼爾瓦修type ZERO首要賣點的「光之台座」，重現乘著滑空板的架勢。

R-Number 024 SIDE LFO

尼爾瓦修
type ZERO spec 2

2009年6月發售
4,725円（含稅5%）

【配件】
交換用手掌零件、迴旋鐮型短刀、滑空板（大、中、小）、幼生體尼爾瓦修（首批出貨版附錄）、其他

　這款規格提升版主角機，在體型方面的表現自然不在話下，甚至還能夠變形為機具形態和高速飛行形態。頭部、肩部、胸部與腹部之間都具備以球形關節為主的豐富可動機構，得以擺出各種豪邁的動作架勢。其他形態也充分運用到本體的可動範圍，只要替換局部零件即可流暢地完成變形。

堪稱本機特徵的滑空板，有掛載於肩部用、騎乘用等各種尺寸與造型的版本。

平時裝設在肩部上的迴旋鐮型短刀也能改為手持。可重現奔馳時充滿尼爾瓦修風格的格鬥場面。

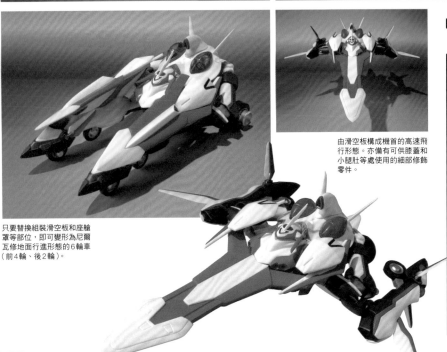

只要替換組裝滑空板和座艙罩等部位，即可變形為尼爾瓦修地面行進形態的6輪車（前4輪、後2輪）。

由滑空板構成機首的高速飛行形態。亦備有可供膝蓋和小腿肚等處使用的細部修飾零件。

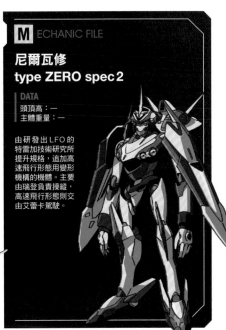

M ECHANIC FILE

尼爾瓦修
type ZERO spec 2

DATA
頭頂高：—
主體重量：—

由研發出LFO的特雷加技術研究所提升規格，追加高速飛行形態用變形機構的機體。主要由瑞登負責操縱，高速飛行形態則交由艾蕾卡駕駛。

R-Number 021 SIDE LFO

尼爾瓦修
type the END

2009年5月發售
3,990円（含稅5%）

【配件】
交換用手掌零件、軍刀、滑空板（大、中、小）、幼生體the END（首批出貨版附錄）、其他

ROBOT魂〈SIDE LFO〉系列的首款商品，立體重現安妮莫奈搭乘的塔州聯邦軍最強KLF（軍用LFO）。由獨特曲面設計構成的身材線條、帶有光澤的機體配色均完美重現。滑空板附有滑板型和滑橇型兩種形態可使用，為了重現其獨特的滑空動作，以腿部為中心全身皆具備充分的可動性。可替換零件重現巴斯庫德危機（光粒子波放射特殊兵器）的發射形態，以及鉤爪射出狀態。

背部駕駛艙的獨特外形令人聯想到蝶蛹。駕駛艙蓋亦備有開闔機構。

除了可以龐大又有稜有角的滑空板重現滑空動作之外，亦能將滑空板分離為滑橇型，展演滑空狀態。

M ECHANIC FILE

尼爾瓦修
type the END

DATA
頭頂高：—
主體重量：—

根據type ZERO製造的軍用LFO。搭載可放射出獨特光粒子波，令敵方腦內神經元受創的特殊武器「巴斯庫德危機」。

R-Number SP CHARA-HOBBY 2009會場／魂WEB商店 SIDE LFO

幼生體尼爾瓦修&
幼生體the END SET

2009年8月出貨
1,000円（含稅5%）

【配件】

這是在2009年8月29日、30日舉辦的CHARA-HOBBY 2009會場中販售，以及於魂WEB商店抽選販售的商品。原為R-021和R-024首批出貨版附錄，後來亦在電影版《交響詩篇艾蕾卡7 口袋裏的彩虹》登場的幼生體，由本作設計師コヤマシゲト和京田知己監督審核後，重現表情相異的幼生體尼爾瓦修（白）和幼生體the END（黑），並以套組商品形式販售。

R-Number 034 SIDE LFO

魔鬼魚

2009年9月發售
4,725円（含稅5%）

【配件】
交換用手掌零件、滑空板、交換用頭部、
導向雷射展開狀態用零件

　這款商品立體重現以備有大型推
進背包為特徵，整體輪廓有稜有角
的機體「魔鬼魚」。帶有光澤的銀
色機身和滑空板均以金屬質感塗裝
呈現，營造出亮晶晶的面貌。武裝
方面則備有設置於雙臂的格鬥戰用
刀刃，推進背包也設置2門長程雷
射砲和8門導向雷射。雷射砲的砲
管能自由調整角度，導向雷射也能
替換零件重現槍口開啟狀態。

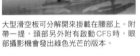

大型滑空板可分解開來掛載在腰部上。附
帶一提，頭部另外附有啟動CFS時，眼
部攝影機會發出綠色光芒的版本。

M ECHANIC FILE

塔米納斯 type B303
魔鬼魚

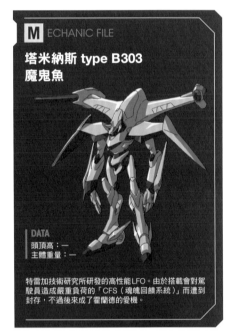

DATA
頭頂高：—
主體重量：—

特雷加技術研究所研發的高性能LFO。由於搭載會對駕
駛員造成嚴重負荷的「CFS（魂魄回饋系統）」而遭到
封存，不過後來成了霍蘭德的愛機。

R-Number 060 SIDE LFO

矛頭（蕾座機）

2010年4月發售
3,990円（含稅5%）

【配件】
交換用手掌零件、劍×2、頭部尖矛

　這款商品立體重現由細長雙腿搭
配壯碩上半身所構成的獨特體型，
以及蕾座機典型特徵的紅色系機體
配色，亦完全重現由奇特曲面構成
的身材線條。雖然外形顯得不太均
衡，整體的穩定度卻相當高，各部
位也備有十足的可動範圍和關節穩
固性。就算試著擺出有點複雜的姿
勢，照樣能輕鬆辦到可獨自站穩，
絕對足以重現各種動作架勢喔。

臂部內藏劍和頭部尖矛，可替換組裝重現攻擊形態。只要將裙甲部位展開，
即可呈現馬戲團機動展開狀態。

M ECHANIC FILE

矛頭 SH-101

DATA
頭頂高：—
主體重量：—

　這是畢姆斯夫妻
持有的LFO。名
稱源自設置於頭
部的近接戰鬥用
槍矛型武器。裙
甲部位和臂部擾
流板擁有獨特設
計，能做出其他
LFO辦不到的特
技動作。

R-Number 061 SIDE LFO

矛頭
（查爾斯座機）

2010年5月發售
3,990円（含稅5%）

【配件】
交換用手掌零件、劍×2、頭部尖矛

　以R-060矛頭（蕾座機）為基礎，
配色改以藍色為基調的查爾斯·畢姆
斯愛機。此機種原本是供塔州聯邦軍特種
機動部隊專用而研發，這款商品在忠實
重現獨特外形之餘，亦設計具備寬廣可
動範圍的關節機構，得以擺出各種深具
動感的架勢。同樣備有腳掌＆臂部擾流
板的展開機構，也能重現馬戲團展開狀
態，就連細部也和R-060一樣製作精
緻，娛樂性十足。

SIDE **HERO**

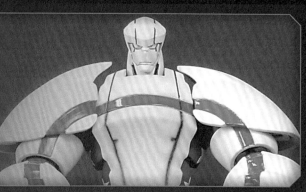

SIDE **CB**

SIDE **YOROI**

SIDE **OVID**

MORE

HEROMAN

播映期間：2010年4月1日～2010年9月23日
TV動畫 全26集

■主要製作成員
原作：史丹・李
監督：難波日登志
編劇統籌：大和屋曉
人物設計：コヤマシゲト
怪物設計：武半慎吾
音樂：METALCHICKS・MUSIC HEROES

S STORY

在美國西海岸中心市，有名憧憬英雄的少年喬伊，他將撿到的玩具機器人修好後命名為「英雄超人」。某天夜裡，一道閃電擊中喬伊家，那架玩具機器人也被雷光籠罩。擁有強大戰鬥力、能夠運用閃電的嶄新英雄「英雄超人」就在喬伊眼前誕生了。與此同時，神祕生命體「斯庫拉古」也對地球展開侵略……。這部TV版動畫乃是由以《X戰警》和《蜘蛛人》等漫威作品為人熟知的史丹・李擔綱原作，並由日本的動畫製作公司BONES負責製作，堪稱是日美合作的話題作呢。

R-Number 105 SIDE HERO

英雄超人

2011年10月發售
3,990円（含稅5%）

【配件】
交換用手掌零件、喬伊、怒髮電特效零件、交換用臉部表情零件、專用台座、台座用連接零件

　由曾為ROBOT魂經手諸多可動模型的設計專家坂埜龍先生擔綱研發，堪稱是化不可能為可能的全可動模型。不僅如此，亦請到負責設計英雄超人的コヤマシゲト審核，得以完全重現獨特外形，同時也兼顧可動玩偶的機能。附有交換式臉部表情零件、怒髮電特效零件，以及專用台座等豐富的配件。當然更附有主角喬伊的角色玩偶，重現令人印象深刻的雙人站姿架勢呢。

備有球形關節、多重構造轉軸關節，以及拉伸式連接機構等設計，因此具備寬廣的可動範圍，充分兼顧外形美感與可動性。

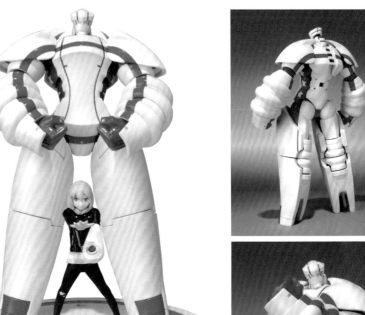

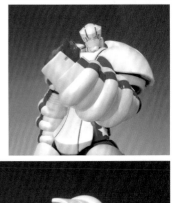

只要為肩部和頭部後側裝設怒髮電特效零件，即可重現全力施展的狀態。附有專用台座，以便重現豪邁的動作場面。

STAR DRIVER 閃亮的塔科特

播映期間：2010年10月3日～2011年4月3日
TV動畫 全25集

■主要製作成員
原作：BONES
監督：五十嵐卓哉
編劇統籌：榎戸洋司
人物設計：伊藤嘉之
賽巴迪設計：コヤマシゲト
音樂：神前曉、MONACA

S STORY

南十字島是座位於日本南方海面上，綠意豐饒的島嶼。其天夜裡，名為特納西・塔科特的少年獨自來到這座島嶼，即將轉學至島上的南十字學園高中部。他在這裡結識各具個性的學生，也與眾人締結深厚的友誼。然而這間學校隱藏一個大祕密，那就是沉眠地底的龐大人像「賽巴迪」，更有著自稱「綺羅星十字團」的神祕組織在檯面下蠢蠢欲動。眾巫女的歌聲，以及塔科特自身其實也隱藏一個祕密……。這部作品乃是每日放送公司在星期日傍晚5點播出，由動畫公司BONES負責製作的「校園機器人題材」TV版動畫。

R-Number 088 SIDE CB

濤邦

2011年3月發售
3,675円（含稅5%）

【配件】
交換用手掌零件、星之劍×2、專用台座

這款商品立體重現主角特納西・塔科特駕駛的賽巴迪「濤邦」。經由擔綱賽巴迪設計的コヤマシゲト老師審核，以及由設計專家坂埜龍先生負責設計＆建模，得以完全重現具有獨特造型美感的纖細機身。由於構造本身相當簡潔，再加上採用球形關節搭配擺動機構連接各個部位，因此具備充分的可動範圍，足以擺出堪稱特徵的招牌架勢。

附有以透明零件呈現的星之劍「綠寶石」（綠）和「藍寶石」（藍）。亦附有象徵這部作品的星形台座。

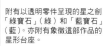

槍與劍

播映期間：2005年7月4日～2005年12月26日
TV動畫　全26集

■主要製作成員
監督：谷口悟朗
劇本：倉田英之
人物設計：木村貴宏
主要機械設計：反田誠二
設計總監：寺岡賢司
音樂：中川幸太郎

S STORY

那是位在宇宙深處的某個傳說國度。荒野中潛藏夢想，城鎮裡暴力橫行，對一票莽漢來說卻是再適合也不過的理想之地。梵安是在這顆行星上四處流浪的男子，某天邂逅了找尋哥哥下落的少女溫蒂，兩人一同踏上追緝「鉤爪人」的命運之旅……這部TV動畫在首播時乃是以「痛快娛樂復仇劇」為宣傳口號，2007年時也曾在臺灣和韓國的ANIMAX頻道播出。不僅如此，《少年冠軍週刊》（秋田書店）也有短期連載改編漫畫版作品，幻冬社亦發行全新繪製的改編漫畫版單行本《槍與劍-another-》，媒介相當多元化呢。

R-Number 102 SIDE YOROI

星期四之彎刀

2011年9月發售
3,990円（含稅5%）

【配件】
交換用手掌零件、大刀、小刀、可動用交換動力管線×2、佩刀連結零件×2

「無限幻影」行星上被稱為「鎧甲機」的巨大機器人。主角梵安所搭乘的，正是最古老的「原體7人用鎧甲機」之一，ROBOT魂〈SIDE YOROI〉系列立體重現這架名為「星期四之彎刀（Dann of Thursday）」的鎧甲機。運用透明零件來呈現局部骨架，表現機體本身獨特的造型美感之餘，亦運用單芯線製作堪稱特徵的機身各部位動力管線，整體具備高度可動性，足以擺出豪邁威風的揮劍架勢。

附有作為武裝的大刀和小刀，這兩柄刀還能合體為單一的巨劍。

R-Number 106 SIDE YOROI

伯魯凱因

2011年11月發售
4,410円（含稅5%）

【配件】
交換用手掌零件、光束砲、步槍、手榴彈、斗篷

這款商品立體重現由雷·朗格所駕駛，使用「槍械」戰鬥的勁敵機體。與R-102星期四之彎刀正好相反，這架機體不僅有著粗獷的外形，還採用紅褐色與槍鐵色的機身和藍色動力管線呈現整體配色。斗篷不僅可自由裝卸，更是由連接在頂部基座的5片零件所構成，因此能表現出多樣化的飄揚動態。另外附有全長為機體高度2倍以上的「光束砲」，以及動畫中令人印象深刻的步槍，可重現各種槍戰動作場面。

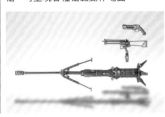

重現既龐大、造型又深具特色的光束砲，亦附有豐富的槍械類武裝。

輪迴的拉格朗日

播映期間：2012年1月8日～2012年3月25日（第1期）／2012年7月1日～2012年9月23日（第2期）
TV動畫　全12集（第1期）／全12集（第2期）

■主要製作成員
原作・製作協力：Production I.G
總監督：佐藤龍雄　監督：鈴木利正
編劇統籌・劇本：菅正太郎
人物原案：森澤晴行
人物設計：乘田拓茂、小林千鶴
奧維德設計：日產汽車全球設計總部〔大須田貴士／菊地宏幸／村林和展〕
音樂：鈴木さえ子、TOMISIRO

S STORY

千葉縣鴨川市鄰近蔚藍大海。京乃圓是一名向來以開朗活潑、行動力十足而自豪的少女，某天她邂逅了不可思議的美少女蘭，對方寬然邀請她：「要不要試試看搭乘機器人？」從這一天開始，她的日常生活變得截然不同。蘭起初畏懼戰鬥，後來又有一名目的與蘭不同，名為麥波的少女加入，她們搭乘3架機器人「沃克斯」對抗來自外星的敵人。附帶一提，本作品機器人（奧維德）的造型是委託日產汽車全球設計總部設計，最後由該公司擔綱汽車內裝設計的大須田貴士先生為主角機沃克斯系列定案。

R-Number 123 SIDE ovid
沃克斯・奧拉

2012年8月發售
3,990円（含稅5%）

【配件】
交換用手掌零件、亞空劍、亞空盾、專用台座

這是圓所搭乘的主角機。這架機體乃是運用立體曲面，設計出有別以往、顯得格外流暢典雅的機器人造型，因此採用3D技術立體重現。機翼和武裝也都積極運用透明零件，就連素材也極力追求還原設定和動畫所描述的形象。為了表現出可動玩偶應有的動感，研發時亦委託擔綱機械作畫監督的松村拓哉審核，這才得以不受限於複雜的造型，充分比照動畫形象重現各種動作架勢。

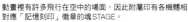

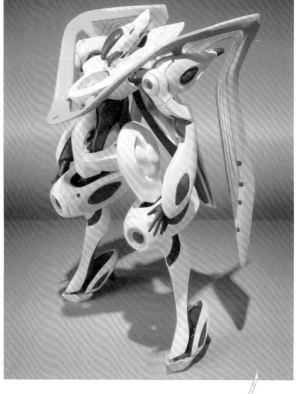

動畫裡有許多飛行在空中的場面，因此附屬印有各機體相對應「記憶刻印」徽章的魂STAGE。

R-Number SP 魂WEB商店 SIDE ovid
沃克斯・琳梵

2013年1月出貨　4,410円（含稅5%）

【配件】
交換用手掌零件、亞空步槍、亞空盾、專用台座

這是蘭操縱的沃克斯系列機體之一。配色以藍色為基調，和R-123沃克斯・奧拉一樣，絕大部分採用ABS素材製作，兼顧令人聯想到車身的流暢曲面，以及深具機械感的精悍氣息。表面還巧妙地運用珍珠質感塗裝、半光澤＆消光塗裝，賦予各部位相異的質感。附有大型亞空盾「托蘭提姆」作為本機體專屬的配件，當然也少不了印有琳梵專屬「記憶刻印」的專用台座。

琳梵是針對防禦能力特化的機體。可利用透明特效零件重現亞空盾展開模式。

R-Number SP 魂WEB商店 SIDE ovid
沃克斯・伊格尼斯

2013年1月出貨　4,410円（含稅5%）

【配件】
交換用手掌零件、亞空雙頭劍、亞空盾、專用台座

麥波所操縱的沃克斯系列機體之一。這款商品當然少不了〈SIDE ovid〉系列的特色，也就是分別運用珍珠質感塗裝、半光澤＆消光塗裝忠實重現以橙色為基調的機體配色。本機體獨有武裝「卡斯塔修」不僅能掛載在肩上，還能變形為射擊形態手持使用，更可合體為亞空雙頭劍模式。龐大的雙頭劍模式附有專屬的輔助固定零件。

本機體在沃克斯系列中攻擊力特別高。只要搭配專用台座，即可重現與動畫中幾乎一模一樣的豪邁戰鬥場面。

藤子・F・不二雄角色作品

R-Number 103

哆啦A夢

2011年9月發售
3,780円（含稅5%）

【配件】
耳朵、銅鑼燒、正要拿出來的任意門、竹蜻蜓、空氣砲、縮小燈、老鼠、交換用眼神零件×4、交換用臉部表情零件×2

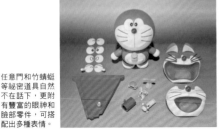

任意門和竹蜻蜓等祕密道具自然不在話下，更附有豐富的眼神和臉部零件，可搭配出多種表情。

這款商品立體重現粉絲橫跨國境、不分年齡層的世界知名角色，也就是來自未來的貓型機器人「哆啦A夢」。各部位均內藏磁鐵，兼顧持拿道具所需和外形的完整性。不僅如此，肩部和腳部還設有獨特的關節機構，得以擺出各式各樣的動作呢。

R-Number 093

聖誕武士

2011年5月發售
3,675円（含稅5%）

【配件】
交換用手掌零件、嗶啵

取下胸部艙蓋後，即可看到駕駛艙內部的模樣。

附有聖誕武士操縱者嗶啵（原本是聖誕武士的頭部電腦）的角色玩偶。

這款商品立體重現在2011年3月上映的電影版動畫《新・大雄與鐵人兵團》中登場的巨大機器人，還是以可動玩偶形式精湛重現體型呢。

R-Number SP 魂WEB商店

哆啦A夢（2112 ver.）

2012年12月出貨
4,200円（含稅5%）

【配件】
耳朵、銅鑼燒、正要拿出來的任意門、竹蜻蜓、空氣砲、縮小燈、老鼠、交換用眼神零件×4、交換用臉部表情零件×2

這款商品是為了紀念哆啦A夢誕生前100年而特別製作，為R-103哆啦A夢的2112版金色電鍍規格。

R-Number 194

哆啦A夢
DORAEMON
THE MOVIE 2016

2016年3月發售　5,832円（含稅8%）

【配件】
動物遺傳基因劑×8、無性繁殖蛋×3、飛馬、農產餐點、衝擊棒、交換用臉部表情零件×2、交換用眼神零件×2、交換用手掌零件

這款商品重現在2016年3月上映的電影版動畫《新・大雄的日本誕生》中，哆啦A夢身穿空調裝，手持衝擊棒，也就是搭配「原始生活組件」的模樣。這也是ROBOT魂首度以布料重現服裝的商品。模型組附有在該作品中利用道具「動物遺傳基因劑」和「無性繁殖蛋」創造出來的飛馬。

R-Number 094

複製機器人（1號）

2011年5月發售
2,940円（含稅5%）

【配件】
帕門徽章

藤子・F・不二雄角色系列第一款立體重現的商品，正是《小超人帕門》的複製機器人。雖然造型相當簡潔，卻也講究地重現作品中的機構，例如鼻子部位內藏彈簧，確實還原按壓該開關時的觸感呢。配件則是身為小超人帕門的證明「帕門徽章」。

SIDE ▶ COLUMN

ROBOT魂所蘊含的可能性
[TAMASHII NATION 2015篇]

「TAMASHII NATION」乃是BANDAI COLLECTORS事業部
（現為BANDAI SPIRITS COLLECTORS事業部）所舉辦的機
器人與角色玩偶慶典，可說是ROBOT魂迷絕對不能錯過的活
動。在這個每年舉辦一次的活動中，不僅會展出近期即將發
售的商品，亦少不了有機會成為今後商品陣容的提案參考展示
品。在此要一舉介紹「TAMASHII NATION 2015」的ROBOT魂
系列提案參考展示品。還請各位仔細玩味饒富趣味且充滿魄力
的表現手法喔。

發表ver. A.N.I.M.E.系列的「TAMASHII
NATION 2015」會場一隅。展示品充分
凸顯本系列的設計概念──重現動畫的
經典場面。

〈SIDE MS〉

連同提案參考展示品在內，ver.
A.N.I.M.E.一舉展出多樣化的陣
容。包含配合其他機體比例製作
的畢格薩姆，其尺寸之龐大令人
瞠目結舌。畢格薩姆旁可以見到
聯邦軍量產機吉姆。

出自MSV的薩克沙
漠型，能令人聯想
到今後衍生發展的
形式呢。

Ka signature版迪
傑，由カトキハジメ
先生擔綱監製。

《機動戰士鋼彈SEED C.E.73 -STARGAZER-》的蔚
藍決鬥鋼彈和地獄獵犬型巴庫。SEED系的衍生機型
也深具魅力呢。

暴風鋼彈的衍生機型「翠綠暴風鋼
彈」。多樣化武裝所造就的分量感深
具娛樂性呢。

〈SIDE HM〉

《重戰機艾爾鋼》的展示區，運用單芯線等支撐物陳列。艾爾鋼的陸上推進器靈魂
號亦以提案參考展示品形式陳設在上空。

〈SIDE AB〉

柏穹的量產機，為勞之國與
納之國共同研發的機體。

〈SIDE RM〉

《CROSSANGE天使與龍的輪舞》展示區再現與恩布利歐決戰的場面。
包含2015年發售的維爾基斯和希斯特里卡等機體。

〈SIDE RV〉

《銀河漂流拜法姆》
的圖蘭法姆。根據
可動機構考證方案
和海老川兼武老師
繪製的完稿草圖立
體重現。

籟吉亞的提案參考展示品。
這架拉格納美露是針對長程
射擊而特化，特徵為橙色的
紋路。

贈送活動

　　ROBOT魂誕生1週年和2週年時，都曾舉辦紀念贈送活動。當時分別贈送展示台座之類可供ROBOT魂使用的擴充組件，可說是點出了ROBOT魂的玩法。後來對這類擴充組件贈送活動進行調整，改成首批出貨版限定附錄的方式加以宣傳。配合2016年問世的A.N.I.M.E.系列，甚至舉辦以古夫和鋼加農為對象的「吉翁的威脅」贈送活動。

■ ROBOT魂1週年紀念贈送活動

　　自2009年10月起舉辦的店面贈送活動。只要購買指定對象商品，即可獲得魂STAGE ACT.3.5（Proto Type）和商品陣容墊板。配合活動，亦重新販售過去的商品陣容。
※本活動已結束。

■ ROBOT魂2週年紀念贈送活動

　　自2010年10月起舉辦的店面贈送活動。贈品為能夠如同情景模型般陳列展示的專用台座與擴充組件套組。比照1週年活動，購買指定對象商品即可獲贈。第一波為都市風格台座＆組件，第二波為小行星風格台座＆組件。
※本活動已結束。

都市風格台座＆
都市風格組件

小行星風格台座＆
小行星風格組件

贈送內容共有2種，都市風格套組是以城市戰為藍本的大樓群，小行星風格套組則是以小行星為藍本的岩塊群。

■「吉翁的威脅」贈送活動

　　自2016年7月起舉辦的A.N.I.M.E.系列贈送活動。贈品為切入畫面背景片和專用台座的套組。第一波「～阿姆羅覺醒～」為古夫的首批出貨版限定附錄，第二波「～吉翁的王牌～」為鋼加農的首批出貨版限定附錄。

第一波「～阿姆羅覺醒～」的背景片出自第19集「蘭巴・拉爾殊死戰」，以及第24集「追擊！三重德姆」。

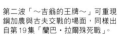

第二波「～吉翁的王牌～」可重現鋼加農與古夫交戰的場面，同樣出自第19集「蘭巴・拉爾殊死戰」。

ROBOT魂1週年紀念贈送活動宣傳海報。

ROBOT魂「吉翁的威脅」贈送活動的宣傳海報。

INTERVIEW

PACKAGE

GALLERY

EXTRA

研發負責人對談會
暢談ROBOT魂8年的歷史與未來
INTERVIEW

THE ROBOT SPIRITS TAIZEN

2016年2月進行的這段特別專訪,特別邀請到時任ROBOT魂研發負責人的3位BANDAI COLLECTORS事業部成員與會,
請他們一同暢談ROBOT魂這8年來的軌跡,還有現今發展,一路延伸至未來的展望。
第一線打造「魂」的3位負責人究竟抱持著什麼樣的想法,本次對談會將揭曉「ROBOT魂」的核心精神。

■ROBOT魂的歷史

——今年已是2016年,ROBOT魂算起來也已經發展了8年呢。希望能請教各位從創設這個品牌到發展至今的歷程。

佐藤:當時「MS IN ACTION!!」(※1)系列已經發展得相當成熟,再加上其他公司也陸續推出各式各樣的可動玩偶,BANDAI顯然也到了應該再開創新品牌拓展新局的時候了……。於是自2008年10月起便推出這個新品牌。

岡本:當時HOBBY事業部也有「HCMPro(先進高完成度模型)」(※2)這個系列呢。

佐藤:當時BANDAI本身也在設法擴增更多的系列,於是我們便往「打造嶄新的機器人玩偶基準」這個方向努力,創設了新的品牌。那時不僅舉辦媒體發表會之類的宣傳活動,甚至還在會場裡分發ROBOT魂「煎餅」(※3)當作紀念贈品呢。

——記得那份煎餅上還印著ROBOT魂的商標呢(笑)。

佐藤:至於商品陣容,打從初期就積極地想湊齊《機動戰士鋼彈00》系列的機體呢。

野口:當時不但手工製作原型,也有運用CAD進行設計,就連鋼模也改使用放電加工機之類的方式來製作,以求做出精確度更高的稜邊造型,更視部位選用ABS和PVC等素材來生產零件,奠定嶄新基準的商品就是從這裡起步呢。

佐藤:當時還特地構思了「硬、滑、柔」作為宣傳關鍵字。之所以使用到ABS和PVC,甚至是POM等素材,用意正在於創造出容易把玩的可動玩偶。

岡本:能儘管自由自在把玩的安心感,亦是魅力所在呢。

佐藤:那正是屬於PVC素材特質的「柔」呢。POM的「滑」源自出色的耐磨損性,因此會使用在講究能靈活轉動的關節部位上。至於要營造出機器人應有的銳利感,這點就得靠著ABS的「硬」來發揮了。雖然這種視情況採用最佳

素材的做法打從以前就存在了,不過這次還是特地從明確定義品牌概念來著手。

野口:當時我還在HOBBY事業部任職,因此是從局外人的觀點來看ROBOT魂呢(笑)。

佐藤:畢竟是8年前的事了,那時我們3個都還沒擔任研發負責人的職務呢。當時把複合素材當作宣傳口號,其實也是為了讓消費者更容易理解ROBOT魂的特色。

——具備與既有可動玩偶截然不同的銳利感,這點在當時是相當嶄新的體驗呢。

野口:為了配合整體的銳利感,其實塗裝方面也相當講究呢。隨著ROBOT魂系列持續發展,如今技術也進步許多,新近商品不僅具備高精確度,就連塗裝也相當精美喔。

岡本:選用成形色時也花了不少心思呢。

佐藤:畢竟ROBOT魂就是希望大家儘管擺設把玩一番,為了避免刮漆,因此會視情況採用成形色。回顧ROBOT魂歷來的商品陣容後會發現,雖然素材的使用部位和比例不盡相同,不過根據需求,選用數種素材製作不同部位,這個概念倒是從頭到尾都沒有改變。

——比較一下8年前和現今的商品,發現近來大尺寸的商品也增加了不少呢。

佐藤:就時間點來說,這樣的趨勢應該是從〈SIDE MS〉獨角獸鋼彈(破壞模式)全可動Ver.發售那時開始的吧。畢竟為了講究地做出膝關節連動機能之類的內部構造,才會將尺寸製作得稍微大一點。

岡本:另一個考量在於若是想要美觀地重現既尖銳又細小的零件,原有的比例實在太小,難以做出令人滿意的成果。

佐藤:所以從這個時間點開始,陸續推出尺寸稍大一些的商品。確實基本上是無比例的,只是往加強細部結構的重現發展之後,卻也給人一種「這是為了讓可動玩偶更容易把玩,才會逐步改良尺寸」的印象。

——〈SIDE RM〉維爾基斯的尺寸雖然很小,造型卻也深具銳利感呢。

(※1)
MS IN ACTION!!
簡稱MIA。這是BANDAI發售的可動玩偶系列。以MS為中心,亦推出在鋼彈中登場的各式機體。在日本以外的地區亦有獨自的發展。

(※2)
先進高完成度模型
這是一種已上色完成品塑膠模型系列。採用1/220比例,全高約9cm,雖然尺寸小巧,卻也採用諸多可動機構。1/144比例「超級先進高完成度模型」更推出超精密&超可動的鋼彈,甚至能做到全整備艙蓋開啟,就連機構面也極為出色呢。

(※3)
煎餅
媒體發表會時分發的紀念品「師傅手工烘焙魂之煎餅」。在大塊煎餅上烙有ROBOT魂的商標。

(※4)
IN ACTION!! OFFSHOOT
從MIA衍生出來的系列,以可動玩偶形式推出《CODE GEASS》的人型自在戰鬥裝甲騎等商品。

P ROFILE

野口 勉

2004年進入BANDAI任職。從建築公司轉換跑道，陸續在HOBBY事業部、BOYSTOY事業部任職，於2015年4月起轉任至COLLECTORS事業部，在各事業部都曾參與鋼彈商品研發。現為「ver. A.N.I.M.E.」系列的企劃研發負責人。

佐藤 央

2010年進入BANDAI任職，在COLLECTORS事業部中是經手ROBOT魂資歷最久的。曾擔綱諸多商品的研發，現為SEED系商品負責人。大學時期專攻機械人工程學，可說是打從骨子裡喜愛機器人呢。

岡本 圭介

2012年進入BANDAI任職。對於美式漫畫和音樂的造詣頗深。目前擔綱以1980年代系商品為中心的研發。

當時還特地構思了「硬、滑、柔」作為宣傳關鍵字。（佐藤）

佐藤：這也是隨著技術進步，才總算做到即使尺寸小巧也能具備高重現度的境界。《CODE GEASS》有幾款機體便是從「IN ACTION!! OFFSHOOT」（※4）系列發展而來，不過就算把現今商品和舊有商品並列比較，其實在比例感上也沒有差異。ROBOT魂會配合角色定義明確的尺寸範疇，再依循這個原則設計立體商品。

野口：A.N.I.M.E.系列也是不斷摸索最佳尺寸，最後才以現今的尺寸定案呢。

佐藤：剛開始時是靠著《機動戰士鋼彈00》和《CODE GEASS》一舉擴大商品陣容，讓ROBOT魂這個品牌廣為人知，然後才陸續增加各個作品的商品，一路發展至今。在以SUNRISE作品為中心之餘，1980年代機器人的商品陣容也增加了不少，這一切都要感謝各方消費者的熱烈支持呢。

野口：這8年在研發各式作品、角色的過程中有過不少挑戰。即使時至今日，我們也仍在努力從各方消費者的回饋中尋求該如何精進。

■ROBOT魂的現況

——聽過各位有關這8年的發展歷程說明後，接下來想請教現今的狀況。這也是為何會特別邀請3位現任ROBOT魂研發負責人來參加本次對談會的理由。可以請各位先談談自己嗎？

野口：我是在A.N.I.M.E.系列推出後才開始擔任企劃研發負責人。其實我今年也才剛調任至COLLECTORS事業部，也是我首度擔綱ROBOT魂的業務內容。

佐藤：我是從2010年開始擔綱，現在是負責鋼彈SEED系的商品。

野口：我們當中應該就屬佐藤最清楚ROBOT魂的事情了。就算連同歷任研發負責人在內，他也是經手過最多ROBOT魂商品。

佐藤：我擔綱的時間確實最長呢。由於是從2010年起經手的，因此算起來應該是系列編號還在50幾號那時開始的吧。

岡本：我是負責1980年代作品等商品的。雖然在2012年就進入了COLLECTORS事業部，不過ROBOT魂方面是從去年的〈SIDE AB〉德拉姆隆才開始擔綱研發。

佐藤：德拉姆隆也是我最後經手的丹拜因系列〈SIDE AB〉商品呢。岡本是中途接手研發。

岡本：那麼佐藤兄第一款參與研發的ROBOT魂商品是什麼呢？

佐藤：記得是〈SIDE KMF〉薩瑟蘭‧齊格。截至目前為止，那可是（包含一般販售和魂WEB商店在內）ROBOT魂的最高價位商品喔。我也還記得當時說過希望那款的包裝盒要設計成木箱風格呢。在那之後，就是和其他幾任研發負責人一同經手相關工作了。

——是否有令您印象格外深刻的商品呢？

佐藤：應該就屬R-Number 131〈SIDE KMF〉的蘭斯洛特了吧。畢竟那是在「IN ACTION!! OFFSHOOT」版之後全面翻新的商品。當時還請到負責設計人型自在戰鬥裝甲騎的作畫監督中田榮治先生協助審核。

岡本：託了這個安排之福，許多消費者都給予「確實表現出動畫中的氣氛呢」這類正面評價。

佐藤：雖然以往同樣有請相關的設計師協助審核，不過在那款商品之後，我們請到各方創作家協助審核的機會也增加了。在那個時間點剛好還有《CODE GEASS亡國的瑛斗》、角川公司和HOBBY JAPAN公司的《CODE GEASS雙貌的OZ》等多重媒體作品，可說是促成發展的絕佳良機呢。

——《CODE GEASS亡國的瑛斗》也在2016年2月上映最終章呢。

佐藤：是啊，對我來說這部也是別具意義的作品，再來就屬《新機動戰記鋼彈W》系列了。5架主角機自然不在話下，後來還陸續推出里歐和艾亞利茲等機體，不過當時中國工廠的成本也不斷提高，所幸靠著推出各式衍生機型，使得里歐能用相對便宜的價格發售，消費者也能夠買到豐富的商品陣容。過去之所以會推出像

是《∀鋼彈》的瓦德、《CODE GEASS》的鋼體這類小尺寸機體，其實也是為了以較划算的價位豐富商品陣容呢。

──岡本先生是否也有印象深刻的商品呢？

岡本：應該就屬《CROSSANGE》的維爾基斯和焰龍號、《機動戰士鋼彈SEED》的自由鋼彈和正義鋼彈了吧，兩架機體一組個別陳列在店面的模樣相當令人印象深刻呢。再來就是今年3月要發售的哆啦A夢了。這款商品是配合2016年3月上映的新作《哆啦A夢 新・大雄的日本誕生》而推出的翻新版本。由於使用到對ROBOT魂來說相當罕見的「布料」來製作服裝，希望各位務必找機會親手把玩看看。當初為了尋找形象相符的紡織品，我們可是反覆嘗試過許多種材料呢。ROBOT魂不僅有充滿英雄氣概的機器人，有時也會推出哆啦A夢和複製機器人這類宛如變化球般的角色，這個品牌才會這麼令人喜愛。我經手這類比較獨特的角色時，其實做了許多新的嘗試，對這款商品的印象也就特別深刻囉。

■A.N.I.M.E.系列

──接下來想請教A.N.I.M.E.系列。野口先生應該也有印象格外深刻的商品吧？

野口：目前尚在創建品牌的階段。SUNRISE公司在這方面也傾力相助，肯定能造就非常有意思的商品。附帶一提，其實包裝盒（※5）上設置ROBOT魂商標的帶狀區塊，在顏色搭配上跟過去相反，以前這部分是紅底搭配白色商標，如今則是白底搭配紅色商標。

佐藤：這是首度在一般販售商品上進行的嘗試。用意其實也是更明確地表現出雖然同為ROBOT魂的商品，但設計概念並不一樣。

野口：況且因為之前已經有了（R-Number78的）RX-78-2鋼彈，這是第二輪的商品，所以就這層面來看，勢必得更講究地設計包裝盒，還要凸顯不同的設計概念。

──即使在ROBOT魂〈SIDE MS〉，這顯然也象徵一個全新系列的開始，那麼其設計概念是什麼呢？

野口：應該就屬重現動畫中的經典場面了。這個ROBOT魂的新系列確實也能自由擺設把玩，不過重點還是在於能享受到當時收看動畫所體會的樂趣，而且我們也刻意與鋼彈模型營造出區別。如果說鋼彈模型的樂趣在於製作組裝，那麼ROBOT魂的樂趣就在於擺設動作。我們分析過模型和可動玩偶各自特有的樂趣，然後具體地反映在這次的設計概念上。當然也將與既有商品做出區別納入考量，這也是企求讓消費者能懷抱更大的期待。其實每一架機體都有不

同的全新挑戰，為了能充分重現經典場面，研發時甚至會不惜重新設計可動機構呢。

佐藤：目前也發表RX-78-2鋼彈之後的幾款商品陣容，它們的可動機構其實也都不同呢。

野口：RX-78-2鋼彈是著重在頭部和胸部的可動機構，薩克Ⅱ是把重點放在頸部和腰部一帶的可動機構上，至於德姆則有著獨特的胸部可動機構，以及讓小腿肚往內縮的機構，在可動機構方面其實各具特色呢。古夫亦格外講究地設計電熱鞭的可動機構，能夠自由彎曲，要重現纏住超絕火箭砲或是鋼加農手臂之類的場面都不成問題。在設計今後的商品陣容時，我們也會滿懷野心，積極將每種MS各自的特徵納入其中。

──在特效零件方面也很豐富呢。

野口：在考量過該如何更充分地重現回憶中的經典場面後，為了在擺設動作時能進一步增添樂趣，我們在設計特效零件時也格外講究。以噴焰（※6）為例，卡榫部位其實是設計成特定角度。這樣便可以利用該處來表現噴焰的噴射方向。光是為卡榫設置特定角度這點，其實就足以讓人想像MS動起來的模樣，想必在擺設動作架勢時能享受到更多的樂趣。

岡本：A.N.I.M.E.系列特效零件的通用性也很高呢。

野口：舉例來說，只要買鋼彈、夏亞專用薩克Ⅱ、德姆這3架機體，能重現的經典場面就會更多樣。例如為德姆那挺火箭砲裝設取自夏亞專用薩克Ⅱ的火箭砲特效零件後，即可重現鋼彈vs德姆的場面，以及德姆施展噴流風暴攻擊的場面呢。

──A.N.I.M.E.系列在體型詮釋上，讓人聯想到當年的設定圖稿，這點令人印象極為深刻呢。

野口：其實我們並沒有用當年那份RX-78-2鋼彈的設定圖稿（※7）作為研發基礎喔。在設計造型時，是以動畫中的經典場面和舊商品為參考。不過擺設成單純的站姿時，看起來竟神似設定圖稿。這點給人的印象實在太過深刻，因此後來海報之類的平面宣傳都是比照設定圖稿來擺設動作架勢呢。說穿了就是先射箭再畫靶啦（笑）。

──包含體型在內，整體確實深具韻味呢。

野口：完全按照動畫中的模樣來製作或許是答案所在，不過將可動性納入考量的話，要完全照做其實是有困難的。在設法更貼近動畫形象之餘，該如何取得均衡也是個問題。在不可能有正確解答的情況下，我們只能以設法更貼近消費者心中的滿分面貌為目標。

──RX-78-2鋼彈對消費者來說，也是別具意義的存在呢。

野口：著手研發A.N.I.M.E.系列時，我們請教過

（※5）
包裝盒
詳情請見P196的介紹。

（※6）
噴焰
ver. A.N.I.M.E.系列鋼彈等商品的配件。可以裝設在推進背包或腳底，而且同系列商品之間可互換性。

（※7）
RX-78-2鋼彈的設定圖稿
這是最知名的鋼彈站姿，帶點仰視的構圖亦是重點所在。

THE ROBOT SPIRITS TAIZEN

各方人士的意見，把相關圖片上傳到魂WEB之類的媒體上刊載後，隔天一早不僅公司內部，就連沒有直接關聯的其他事業部也紛紛寫電子郵件來詢問詳情。廠商裡喜歡鋼彈的人亦陸續表達「那做得實在很不錯耶！」還有「能附屬這些配件會更好！」之類的意見，反應相當熱烈呢。

——以近來的立體商品而言，將鋼彈護盾內側製作成紅色的其實相當罕見呢，這也是根據各方人士意見做出的決定嗎？

野口：其實早在研發之初就決定這麼做了。現今立體商品確實多半是做成白色的，不過在當年的設定中是紅色才對。我個人心中有幾個判斷商品熱門程度的法則，這就包含公司內部在發售前的反應有多大、相關廠商店家提出希望看看實物的次數有多少，這些都是能否熱賣的判斷指標。A.N.I.M.E.系列目前已經獲得相當熱烈的迴響，我個人對此深抱期待呢（※本專訪是在2016年2月19日進行，也就是正式發售前一天）。我們在研發時獲得各方人士的指教，這款RX-78-2鋼彈亦將這些意見都融入其中。話說回來，在哪個年代觀賞動畫、曾接觸過哪些商品，隨著這些條件不同，大家提出的意見也各有差異呢。為了確保能穩健地走在王道上，據此決定要保留些什麼、又該省略哪些部分的抉擇可說是極為重要。其實光是鋼彈的臉該做成什麼樣子，我們就找了大約50位工作相關人士進行問卷調查，當然並沒有透露有A.N.I.M.E.系列這個新商品一事。

岡本：我就曾經突然收到3種左右的鋼彈臉孔圖片，而且完全沒透露這是要用來做什麼的。對方也只問了：「你比較喜歡哪種鋼彈的臉？」（笑）。

佐藤：還真是突然呢。

野口：是啊（笑）。分析問卷調查的結果後，發現就算完全照著當年的模樣做，大部分的人也會覺得與自身印象有出入，於是只好改以最新的商品為基礎，再稍微調整得更貼近當年的設定一些，結果認為這個模樣和印象一致的人還真的變多了。如今我們也獲得許多寶貴意見，應該也都會具體地反映在日後的商品上。

——隨著商品陣容不斷增加，這個系列應該也會變得越來越有意思呢。

野口：其實我之前就這麼說過了吧（笑）。這個系列充滿了嶄新的挑戰，終極目標就是期盼能發展成讓消費者可自行建構出如同MS大圖鑑的收藏系列。中途加入MSV亦納入評估之列。透過A.N.I.M.E.系列，讓大家重新認識MSV的幕後舞台似乎也不錯呢。希望也能重現○○戰線之類地區特有的設定和MS。期待A.N.I.M.E.系列可以讓一年戰爭變得更受矚目。

■ROBOT魂的魅力

——各位研發負責人認為ROBOT魂是個什麼樣的品牌呢？

佐藤：這是個包含現行作品在內，值得進行多方挑戰的品牌呢。最近的《CROSSANGE》系列商品就充滿了挑戰性，消費者給予的評價普遍也都相當不錯。就立體產品來說，《HEROMAN》也獲得了非常高的評價呢。

岡本：以廠商的立場來說，這個品牌能展現勇於向新事物挑戰的態度，在商品規格方面也是十分有意思的產品。例如《STAR DRIVER 閃亮的塔科特》的濤邦這款商品在造型上就顯得相當有意思呢。

佐藤：正因為有這類商品存在，才得以造就現今的發展呢。

——包含舊作品在內，有些作品首播時沒能推出商品的機體也陸續加入ROBOT魂的陣容了，此舉其實化解了許多人的心靈創傷，這或許也是能博得廣大玩家支持的重要因素所在呢。

佐藤：我們確實也有積極地規劃以往甚少有機會推出商品的機體加入ROBOT魂陣容呢。以〈SIDE AB〉丹拜因和〈SIDE HM〉艾爾鋼這兩個系列來說，其實商品陣容已經算是相當齊全了。像這樣踏實地逐一累積正面的評價，應該就是ROBOT魂這個品牌能夠不斷有所成長的原因所在。

野口：我認為ROBOT魂是既能滿足消費者需求，又可以達到廠商所需銷售成績，而且在雙方面取得了絕佳均衡的品牌。

佐藤：光是首度推出商品就足以令某些消費者欣喜若狂呢。

——而且就算當年已經推出過商品，如今可是號稱用更為精湛的品質和完成度翻新製作，自然而然會想要買新的囉。

岡本：其實除了忠於設定之外，其中亦有著讓創作家們進一步發揮想像力的商品呢。「機器人研究所」這個企劃就邀請了創作家一同構思設計，〈SIDE RV〉拜法姆系列就是最具體的成果。

佐藤：目前推出新法姆商品的企劃也正在進行中呢。

岡本：該企劃採用了在會議上對噴射器之類構造進行考證，然後將結論回饋到商品設計上的形式。甚至還有邀請海老川兼武老師繪製相關圖稿，並且交由NAOKI先生製作範例之類的做法，有別於其他系列，這種合作方式也別具樂趣呢。

佐藤：在不斷累積這類嘗試和努力之後，或許也能促成新題材的誕生呢。CODE GEASS外傳《雙貌的OZ》也讓我們製作團隊獲得了不少經驗喔。

其實我之前就這麼說過了吧（笑）。
這個系列充滿了嶄新的挑戰。（野口）

野口：說到與創作家們的合作，其實我們也從中學到了不少事物，得以藉此製作出更好的商品呢。

岡本：對ROBOT魂提供過協助的創作家、外部顧問其實也都非常喜歡機器人呢。有時還會提出多到過頭的點子，陷入了宛如舉辦「慶典」同樂的狀態。

野口：設法將這些點子整合起來就是我們的工作了（笑）。

佐藤：其實除了按照設定立體重現之外，亦有不少商品表現出了創作者的個人特色，這也是ROBOT魂的優點所在呢。

岡本：這類走向以1980年代SUNRISE作品的最為顯著呢。多少也是因為當年受到塑膠模型和工作室套件之類產品薰陶下的玩家已經長大了，所以會想用現今的技術做出升級更新版本。

佐藤：畢竟消費者能享受立體產品樂趣的環境和時間也有所改變了呢。

野口：就算想要進行全面塗裝，其實也有不少人會遇到欠缺作業空間的問題。因此完成品可動玩偶這個類別的存在，可說是享受立體產品樂趣的另一種選項呢。

佐藤：而且自行塗裝的門檻其實也很高，相對來說，ROBOT魂本身就是已上色的成品呢。

野口：當初著手研發A.N.I.M.E.系列時，為了更深入了解ROBOT魂的構造，因此特地拆解了從首作00鋼彈到當時最新的鋼彈Mk-Ⅱ等好幾款商品來研究一番。例如關節部位會使用到彈簧銷（※8）這類金屬零件，還有先組裝完成再上色等部分，其實都是和塑膠模型不同的做法。而且包含機構面、騰出容納空間和確保強度的方式在內，從構造上就能深切體會到ROBOT魂的強項所在。就塑膠模型來說，由消費者親手組裝也是商品內容的一部分。相對地，正因為ROBOT魂是完成品，所以也有完成品才能夠發揮的空間。A.N.I.M.E.系列可說是專注在如何進一步凸顯出ROBOT魂的魅力上。塑膠模型的組裝過程本身就是樂趣所在，ROBOT魂的樂趣則是在於擺設動作把玩上呢。

佐藤：即使反覆把玩也不易造成磨損，這也是優點所在呢。既然關節不易鬆弛，那麼就能放心地儘管把玩囉。

野口：就敝公司的整體發展來說，既然有著塑膠模型這類產品存在，那麼就得設法表現出屬於完成品的ROBOT魂有何不同之處。提供不同需求的消費者另一種選擇，這顯然是ROBOT魂的一大魅力所在呢。

■今後的商品陣容

——接下來想請教各位關於今後的商品陣容。

佐藤：即將推出的〈SIDE MS〉獵魔鋼彈會是款做得很不錯的商品，我們也致力賦予更多屬於玩具的樂趣，親手把玩過後，各位必然會樂在其中。另一個值得注目的，就屬ROBOT魂達到R-Number 200的紀念作〈SIDE MS〉命運型脈衝鋼彈了。這款商品特別請來重田智老師繪製超帥氣的包裝盒畫稿，敬請期待。其實這也是重田老師首度繪製命運型脈衝鋼彈喔。

岡本：〈SIDE AB〉薩拜因也相當值得注目喔。光是這架OVA主角機將推出可動玩偶一事，就獲得消費者的熱烈迴響，就連我個人也十分期待呢。畢竟當年的商品就只有工作室套件嘛。

——難道這也是為了消解心靈創傷才特別推出的商品嗎？

岡本：畢竟當年並沒有普遍販售的一般商品，這架機體應該能讓無數玩家多年來的夙願成真。當然亦包含向玩家們表達「讓各位久等了」的意義在。

佐藤：要先聲明的是，〈SIDE AB〉可不會到此就告一段落喔。看了消費者的反應後，發現似乎有些人覺得薩拜因會是這個系列的最後一款商品耶。

岡本：在「TAMASHII NATION 2015」（※9）公布提案參考試作品時，其實在薩拜因身後還有道黑色剪影，不過似乎也玩家沒有注意到這件事，或許當初該做得更清晰容易辨識吧。事到如今才反省這點好像也太晚了呢（笑）。

——或許產生這種盲點的原因，在於來場觀眾料想不到連史渥斯這等龐大機體也會推出商品吧。

岡本：其實該怎麼製作這架機體的商品才好也頗令人煩惱呢。不過既然薩拜因已經準備推出了，對此抱持期待的消費者肯定不在少數呢。

佐藤：那架藍紫色的靈能戰機（※10）也還在排隊吧（笑）。

岡本：拜託，那可是尺寸完全不同等級的大傢伙啊！

佐藤：除此之外也還有達納歐西等機體喔。

岡本：是啊，例如葛特、柏森、萊涅克、巴斯托爾之類的。這個系列向來備受各方消費者期待，我們當然也會繼續努力推出這些機體。其實不只我個人，製作團隊所有成員都是懷抱著當年的回憶全力研發呢，希望能盡力滿足消費者的期待。

佐藤：要讓一個系列持續發展下去其實也頗有難度呢。但這情況也不侷限在丹拜因上就是了。

——剛才提到了「TAMASHII NATION 2015」，當時以提案試作品形式公布的《機動警察》也蔚為話題呢。

岡本：畢竟那部作品原本就很受歡迎呢。目前正為了準備預定排入商品陣容，製作團隊也都相當努力喔，敬請期待。

（※8）
彈簧銷
這是使用在關節等部位特別講究耐用性的金屬零件。

（※9）
「TAMASHII NATION 2015」
在這場2015年舉辦的展覽活動中，不僅公布薩拜因的提案參考試作品，其實在它身後還隱藏著史渥斯的剪影。

（※10）
藍紫色的靈能戰機
指黑騎士在《聖戰士丹拜因》故事尾聲使用的格拉巴。相較於全高6.9梅特的丹拜因，這架機體的全長為22.3梅特，確實相當大呢。何況它之後還有超絕化……。

——這個系列的規格和機構已經定案了嗎？

岡本：目前正在評估的不僅有主體，還有用來營造作品世界觀的建構物零件、指揮車等配件的套組商品。而且既然要做英格拉姆，就該重現右腿收納轉輪加農砲的機構、抽出該武裝的伸長狀態手臂等特徵才對。

——會有其他後續的商品陣容嗎？

岡本：那是當然的！老實說，光是機動警察這方面的構想就能談上2小時左右呢（笑）。

——雖然也有其他公司推出這部作品的可動玩偶，不過以ROBOT魂一貫的品質來說，確實值得期待呢。那麼關節保護套之類的部分又會如何呈現呢？

岡本：應該會應用與〈SIDE AB〉丹拜因相同的技術吧。以往的商品多半著重於質感表現，選擇用橡膠套之類的素材罩在關節上，不過為了避免妨礙到關節可動性，ROBOT魂預定會比照丹拜因系列的做法，採用在關節上設置細部結構的形式來呈現。

野口：這也是ROBOT魂獨有的技術傳承呢。

佐藤：畢竟已經有了發展長達8年的歷史嘛。

岡本：其他能充分切中消費者嗜好、喜好的商品也正在進行企劃中。不過現階段只能先透露到「敬請期待」的程度，總之還大家耐心等候後續消息囉。

■未來

——ROBOT魂今後的課題會是什麼呢？

佐藤：首先就是拓展海外市場。鋼彈等作品在亞洲圈也相當受歡迎，因此應該要針對這個市場更充分傳達ROBOT魂的出色之處才是。

野口：再來就是成本問題了。無論怎麼調整，中國工廠的成本還是每年不斷地提升，在這種

狀況下，找尋新的合作工廠也是一大課題。其中也包含鋼模配置的問題，即使得設法降低成本，追求高品質也仍是不可或缺的。為了滿足消費者的需求，一定得在商品規格和造型製作能力找出解決之道才行。如今製作團隊也是拼了命在想辦法呢……。

岡本：這方面確實很辛苦呢（笑）。

佐藤：至今也仍然在摸索中呢（笑）。不過隨著格外了解鋼模的野口加入，應該得以在正面意義上提高效率才是，在造物面上也能期待可以進一步提升品質。再來就是與工廠間的緊密合作，想要製作出更好的產品，這點也是相當重要的。

——各位認為10年後ROBOT魂可以發展到什麼境界呢？

佐藤：純粹就商品種類來算的話，系列編號應該會超過R-400了吧，肯定能夠持續發展到這個境界。應該也還會有像A.N.I.M.E.系列一樣，經由翻新推出促成顯著進化的例子出現才是。

野口：各版權商手中都有相當出色的作品，據此推出精湛的商品，這就是我們的工作。在這段過程中肯定少不了和設計師等創作家合作的機會呢。其實不只是ROBOT魂，今後COLLECTORS事業部應該也有許多機會和創作家合力推出各式作品和商品，肯定能藉此造就更多讓大家樂在其中的商品。

佐藤：雖然不曉得10年後究竟會變成什麼樣子，不過ROBOT魂的「魂魄與精神」肯定會不斷地傳承下去。

——非常感謝各位今日撥冗接受採訪。

2016年2月19日於BANDAI總公司

畢竟當年並沒有普遍販售的一般商品，這架機體應該能讓無數玩家多年來的夙願成真。（岡本）

創作家評述

COMMENTS

ROBOT魂這8年來的歷史，其實有諸多創作家傾力相助。

機械設定師扮演的角色自然不在話下，研發、審核、繪製包裝盒畫稿等作業也需要多位成員付出無比心力，才得以造就ROBOT魂的成品。

趁著此次發行ROBOT魂的機會，特別邀請到諸位創作家發表評述。

THE ROBOT SPIRITS TAIZEN

アストレイズ（機械設定師 阿久津潤一 所屬）　發展成能「不斷發揮創意和玩出新變化」的商業素材。

P ROFILE

承包與製作玩具企劃，負責從設計、試作到上色樣品整個流程的製作團體。自稱「萬事通」。憑藉嶄新創意與紮實技術，經手過各式各樣的產品。在ROBOT魂方面曾參與〈SIDE KMF〉、〈SIDE RM/RSK〉、〈SIDE FFN〉諸多系列的製作。為《CODE GEASS》系列、《CROSSANGE天使與龍的輪舞》、《機動戰士鋼彈SEED ASTRAY》系列等作品擔綱機械設計的阿久津潤一老師亦是本團體成員。

C OMMENT ——————————————————— アストレイズ

其實這是我還在前一間公司就已經開始參與草創階段的商品呢。

記得是在經手「MS IN ACTION!!」相關工作的時候吧，當時接到了「從下一款商品開始會稍微更動規格」的委託，一切就是從這裡開始的，接著就一路合作好久好久呢。

鋼彈系列自然不在話下，主要負責的是〈SIDE KMF〉、〈SIDE HL〉、〈SIDE FFN〉相關系列。要怎麼製作新角色？該如何為鋼彈設置額外機構？工作內容大致上就是這樣囉。憑藉著採用多種素材的「素材」作為關鍵字，很快便與「MS IN ACTION!!」做出區隔，甚至完成顯著的進化；而且不僅發表令人印象深刻的品牌，在設計概念上也極為精巧，是個值得脫帽致敬的系列呢。初期階段其實很中規中矩，並未重新詮釋一番，不過後來從單純重現逐漸發展出許多不同變化，做到途中變得越來越好玩，新奇獨特的案子也越來越多了呢。因此我也開始多加入一些機構和變化，朝著「該怎麼做才會變得更加新奇好玩」的方向構思設計。

如今這個系列已經發展至相當成熟的階段，角色造型和可動性該製作到什麼水準，這些都是已經理所當然的事了。再來當然是往突破窠臼、自由揮灑創意增添附加價值的方向發展。舉例來說，造型上可以詮釋得更自由奔放，或是設計出更多可以發揮的玩法。說得更明白些，我希望這個系列並非只要做到「讓人喜愛」的程度就好，而是發展成能「不斷發揮創意和玩出新變化」的商業素材。

C OMMENT ——————————————————— 阿久津潤一

與「MS IN ACTION!!」相較，這個系列能讓人感受到驚人的進化幅度呢。

我原本就非常喜歡玩具，這個系列對我來說是「幾乎用不著在意會玩壞的問題，可以儘管盡情把玩一番」的玩具。

總之，有機會參與相關製作是我的榮幸，感激不盡。

我記得自己當初是從攻擊裝備衍生版本那時開始參與。有別與以往的商品，能夠自行詮釋的幅度大得驚人，做起來可說是相當自由，不過相對地，後來即使經手其他工作，我也總是會不自覺地增加重新詮釋的幅度。或許這份工作就是造就了我現今設計風格的原因吧。

我很中意雙子座鋼彈。我也很想再向重新詮釋維爾基斯挑戰，請務必要給我這個機會啊（笑）。

只要是中意的商品，我就會一次買好幾盒喔。後來才發現，我中意的商品在設計上似乎都是出自同一人之手，能表現出設計者個人喜好這點也很有意思呢。況且這些完成品也真的很精良，我會繼續購買下去的。

想要在製作精緻度、易於把玩的程度，以及強度之間取得均衡或許確實頗有難度，不過還是希望今後也能以「讓人想要購買的商品」這個形式繼續發展下去。

海老川 兼武

近8年……確實合作了很久呢。

P ROFILE

為機械設定師兼插畫家。曾參與《機動戰士鋼彈》、《機動戰士鋼彈00》、《機動戰士鋼彈AGE》、《機動戰士鋼彈 鐵血孤兒》、《驚爆危機》等諸多作品。精通玩具與模型，本身在設計機械時也會連同日後製作立體商品所需的構造納入考量。打從ROBOT魂首作00鋼彈起就參與其中，曾擔綱過〈SIDE MS〉、〈SIDE AS〉、〈SIDE RV〉等系列的審核工作。

C OMMENT

　　從ROBOT魂首作00鋼彈算來已有近8年……，確實合作很久呢。當真要聊相關回憶的話，這點評語欄是絕對不夠用的。

　　鋼彈系有特別多呈現與鋼彈模型互相競爭的商品，因此必須積極表現出ROBOT魂獨有的優點才行，這也是我經常和研發負責人談到的話題。

　　《機動戰士鋼彈00》最得一提的，當然就屬連MSV和大型機體統御式都一併推出一事，這對我來說也別具意義呢。

　　再來就屬同樣投注不少心力的《驚爆危機》系列了，這也是連尚未在動畫裡亮相的炎之劍、墮天使式，甚至就連ANOTHER的AS都有推出商品，真是令人感激不盡啊。「帥成這樣，當然該由ROBOT魂推出商品才對！」——我總是這麼說，這個系列也逐一實現這些願望。懷抱著對自我的期許，希望我也能像這樣不斷努力推出更多作品。

大張 正己

超期待鐵血的孤兒系列啊！

P ROFILE

STUDIO G-1 NEO代表取締役（相當於董事長），亦是機械作畫監督、監督。有著《機甲戰記龍騎兵》、《超獸機神斷空我》諸多代表作。大張先生別具特色的作畫、機械廣受無數玩家所熱愛，近來也經手《機動戰士鋼彈 鐵血孤兒》等眾多SUNRISE作品的作畫。ROBOT魂〈SIDE MA〉就是以大張先生筆下的片頭動畫作畫為藍本立體重現，這方面當然也請到大張先生親自擔綱審核。

C OMMENT

　　第一次接到擔綱審核的委託時，自己究竟有多麼感動，至今我仍記憶猶新。
我的工作終於獲得官方正面肯定了。
首次看到原型時，發現自己的畫、作畫時的癖好，
竟然都完美地立體重現了，這點讓我吃驚不已呢（笑）。
雖然尺寸比魂SPEC小巧得多，整體卻有顯著的進步，這點亦讓我感動不已。
其實我不時會拿龍騎兵系列來擺設動作把玩一番，順便當成作畫時的參考。
今後的各系列發展也很令人期待呢！
ROBOT魂鐵血的孤兒系列更是讓我超期待啊！

NAOKI

就算題材用完了得整個重出一輪，我也願意奉陪到底喔

P ROFILE

原型師兼機械設定師。曾為《鋼彈創鬥者TRY》、《THE BLUE DESTINY》（漫畫版）等作品擔綱設計。亦以機械題材為中心，經手商品原型和模型雜誌範例等製作，還曾負責商品企劃和監製等職務，多樣天賦可說是備受各界矚目。曾參與ROBOT魂〈SIDE RV〉的製作。

C OMMENT

　　我之前曾經為ROBOT魂經手過數款商品的原型製作，不過至今印象最深刻的還是拜法姆系列。

　　我從一開始就參與了重新設計RV造型的雜誌連載企劃，直到該企劃進展到確定會推出商品的階段後，我甚至還擔綱製作商品原型。就某方面來說，這是我參與幅度最深的系列呢。

　　身為一介玩家，總覺得現今的機器人動畫少了許多，沒想到竟然能以如同變化球的方式推出新商品，無論是ROBOT魂也好，《ROBOHOLIC》這本作品集也罷，同樣令我感激不盡啊。就算題材用完了得整個重出一輪，我也願意奉陪到底喔。

圖解 ROBOT 魂包裝盒設計

P A C K A G E

一提到ROBOT魂，就會聯想到採用櫥窗式設計的包裝盒，紅色帶狀的「ROBOT魂」商標也令人印象深刻。
雖然商品重點在於包裝盒內的可動玩偶，不過包裝盒本身其實也深具魅力喔。
在此就要以RX-78-2鋼彈ver. A.N.I.M.E.的包裝盒展開圖為例，介紹其特色何在。

ROBOT魂〈SIDE MS〉
RX-78-2 鋼彈 ver. A.N.I.M.E.

有別於以往採用在紅色帶狀區塊上印著白色商品的設計，A.N.I.M.E.系列包裝盒改以白色帶狀區塊搭配紅色商標來呈現。
包裝盒上的圖片更是以動畫經典場面為藍本設計，當年的回憶可說是整個被喚醒了呢！

頂面

頂面也採用櫥窗式設計。
視商品而定，櫥窗的形狀可能不盡相同。

附有可連結到魂WEB網址的QR CODE，可以登陸魂WEB官網確認最新資訊。

正面

此處是用塑膠片封住，可透過這裡確認包裝在裡面的商品主體。

包裝盒的設計會隨著不同系列而異。A.N.I.M.E.系列是利用拼貼風格來呈現動畫的名場面。

側面（右）

主要設有站姿圖像。站姿可說是架勢的基礎，建議從重現這個簡潔的姿勢著手。

印有ROBOT魂商標的帶狀部位。一般商品是採用紅底，A.N.I.M.E.系列則是白底。

商品編號。視商品而定，數字的顏色可能會不同。一般發售商品是以數字來表示，魂WEB商店等限定品則會標示「SP」。有時亦會將該機體所屬勢力的徽章加入設計中。

側面（左）

在A.N.I.M.E.系列是用來記載商品資訊，其他系列多半製作成櫥窗式設計。

左側面「摺口」會隨著系列不同而印有台詞！確認印了什麼台詞也是樂趣之一，因此推薦從左邊打開包裝盒！

底面

印有商品名稱和動作架勢的截圖。這裡亦有記載商品編號。

背面

連同動作架勢在內，記載了搭載機構等資訊。視系列而定，有時也會刊載機體設定解說等資料。

擺設動作時，可以參考刊載在這裡的動作架勢照片。

記載包裝盒使用的素材等資訊。此類注意事項都會集中放在這個區塊裡，並設計成不會影響到版面美觀的形式。

使用年齡為15歲以上。正因為是高年齡層取向的商品，才能具備這等高品質。

TOPICS

在此也要介紹A.N.I.M.E.系列以外的幾款包裝盒。

ROBOT魂〈SIDE MS〉
RX-78-2 鋼彈（武裝掛架追加規格）

這是最標準的ROBOT魂包裝盒。配合鋼彈本身的機型編號，這款商品推出之際特地將編號訂為R-78-2。拿來與A.N.I.M.E.系列相比較也很有意思喔。

寬300mm

高270mm

長410mm

ROBOT魂〈SIDE KMF〉
薩瑟蘭·齊格

目前ROBOT魂最龐大的包裝盒。配合機體搭乘者傑瑞米亞本身的形象，特地設計成供橘子出貨用的木製水果箱風格，還印有燒烙風格的薩瑟蘭·齊格，以及裝滿橘子的圖樣。

將包裝盒拆開來後，可以看到摺口上印有橘子圖樣。其中還有顆橘子加上傑瑞米亞的人像塗鴉，可說是饒富趣味的包裝盒設計呢。

ROBOT魂〈SIDE MS〉
卓越型GN-X

雖然ROBOT魂的帶狀區塊多半是紅底設計，不過亦有採用藍底設計的商品。屬於SP編號的魂WEB商店限定商品多半採用密封式包裝盒設計，從表面是看不到商品內容。

Micro ROBOT魂〈SIDE MS〉
RX-78-2 鋼彈

這是Micro ROBOT魂的包裝盒。乍看之下和一般的ROBOT魂相同，不過相對於一般版商品包裝盒的高度為195mm，這款的高度只有約80mm，其實小了許多呢。

ROBOT魂 CG畫廊

GALLERY

ROBOT魂具備相當高的品質,因此能重現動畫中的各種動作架勢。
要是能進一步與CG圖片合成,更能充分還原動畫中的面貌,造就充滿臨場感的情境。
在此正要介紹這類ROBOT魂CG的世界。

ROBOT魂〈SIDE MS〉能天使鋼彈修補版

ROBOT魂〈SIDE MS〉GN-X IV（TRANS-AM Ver.）

ROBOT魂〈SIDE MS〉量子型00（TRANS-AM Ver.）

ROBOT魂〈SIDE MS〉
死神鋼彈

ROBOT魂〈SIDE MS〉
里歐（宇宙用）

ROBOT魂〈SIDE MS〉
艾亞利茲（OZ機）

ROBOT魂〈SIDE MS〉獵魔鋼彈

ROBOT魂〈SIDE KMF〉高文

ROBOT魂〈SIDE KMF〉高文

ROBOT魂〈SIDE MASHIN〉新星龍神丸

ROBOT魂〈SIDE MASHIN〉合體達

ROBOT魂〈SIDE MA〉龍騎兵1特裝型

SIDE MS

〈SIDE MS〉進階型GN-X〜〈SIDE MS〉GN-X

SIDE KMF

ROBOT魂
THE ROBOT SPIRITS ロボットダマシイ®
大 TAIZEN 全
‖～機器人模型不滅的本質～‖

STAFF

編集　木村 学
企劃・編集　有限会社メガロマニア
　　　　　　鈴木秀治
設計　YUMEX＋クニノ

撮影　株式会社インタニヤ
　　　石川登写真事務所
　　　カワハラフォトボックス
　　　高瀬写真事務所

協力　株式会社バンダイ コレクターズ事業部
　　　株式会社 バンダイナムコエンターテインメント

　　　アストレイズ／海老川兼武／大張正己／NAOKI
　　　※五十音順

出版／楓樹林出版事業有限公司
地址／新北市板橋區信義路163巷3號10樓
郵政劃撥／19907596　楓書坊文化出版社
網址／www.maplebook.com.tw
電話／02-2957-6096　　傳真／02-2957-6435
翻譯／FORTRESS
責任編輯／江婉瑄
內文排版／洪浩剛
港澳經銷／泛華發行代理有限公司
定價／480元
出版日期／2020 年 4 月

國家圖書館出版品預行編目資料

ROBOT魂大全 機器人模型不滅的本質 ／
HOBBY JAPAN編輯部作；FORTRESS譯. --
初版. -- 新北市：楓樹林, 2020.04　面；公分

ISBN　978-957-9501-63-7（平裝）

1. 模型　2. 工藝美術

479.8　　　　　　　　　　　　109001320